结构噪声及防治工程

JIEGOU ZAOSHENG JI FANGZHI GONGCHENG

嵇正毓　编 著

南京大学出版社

图书在版编目(CIP)数据

结构噪声及防治工程 / 嵇正毓编著. -- 南京：南
京大学出版社，2018.5
ISBN 978 - 7 - 305 - 20095 - 3

Ⅰ. ①结… Ⅱ. ①嵇… Ⅲ. ①噪声治理—研究 Ⅳ.
①TB53

中国版本图书馆 CIP 数据核字(2018)第 079664 号

出版发行　南京大学出版社
社　　址　南京市汉口路 22 号　　　　　邮　编　210093
出版人　金鑫荣

书　　名　结构噪声及防治工程
编　　著　嵇正毓
责任编辑　刘　灿　　　　　　　　编辑热线　025 - 83593923

照　　排　南京南琳图文制作有限公司
印　　刷　南京大众新科技印刷有限公司
开　　本　787×960　1/16　印张 23.25　字数 344 千
版　　次　2018 年 5 月第 1 版　2018 年 5 月第 1 次印刷
ISBN 978 - 7 - 305 - 20095 - 3
定　　价　80.00 元

网址：http://www.njupco.com
官方微博：http://weibo.com/njupco
官方微信号：njupress
销售咨询热线：(025) 83594756

序

对大气污染,水污染和噪声污染的防治是环境保护的三大内容。从全国各个城市每年的环境污染投诉事件的统计中,噪声污染投诉总是名列第一。虽然我国已制定了有关城市声环境保护方面的一系列标准和法律法规,但是目前环境噪声超标现象普遍存在,噪声严重扰民事件也经常发生。研究噪声污染机理,从源头上控制噪声的产生和在传播途径中加以抑制,使城市环境噪声达到国家规定的标准,是声学研究人员和环保工作者的职责所在。嵇正毓高工近四十年来一直从事环境影响评价、噪声治理工程和家电设备研发中的噪声控制工作,《结构噪声及防治工程》一书是其长期从事噪声防治工作的经验总结。

目前国内外已经出版有一些噪声防治方面的书籍,但这些著作绝大多数都是从空气中的声波传播出发,除了叙述噪声传播规律外,主要论述吸声、隔声、消声等原理和措施,而对于固体传声和结构噪声的关注很少,从根本上降低噪声源强的研究和技术论述也较少。本书侧重于结构噪声的分析和控制介绍,从源头上抑制噪声的产生和辐射,这在噪声控制技术上是非常重要的环节。

全书可分为基本理论和工程实践两部分,理论部分对固体声波的产生、传播和结构噪声的辐射均作了较完整的分析,其中将固体声波的传播衰减理论运用于室内变压器结构噪声预测,结果与实测声级十分接近,这是一项很有创意的工作。本书的工程实践部分涉及各种设备噪声源,治理过程中首先对噪声的产生和传播机理进行详细深入的分析,然后给出针对性的治理措施,多个案例中通过对设备噪声源的力和力矩的分析,揭示了其振动和结构噪声增大的原因。这些经验总结对环境噪声防治、设备噪声源控制均具有现实指导意义。

本书既有基础理论,也有工程实例,是一本贴近工程、贴近实践的工程技术类图书,对从事声环境保护、土木建筑、机械设备制造等行业的工程技术人员均具有学习和参考价值。

孙广荣

2017. 11. 20

前　言

　　作者长期从事环境噪声研究和治理工作,深刻体会到结构噪声在噪声控制中的重要性,于是根据自己三四十年来的工程实践经验,主要针对结构噪声控制内容编写完成本书。全书共分十一章,除第一章概述部分外,其余十章分为理论知识和工程实践两大部分。工程实践均为作者在南京市环境保护科学研究院、扬州市方圆环保器材厂、南京常荣声学股份有限公司等单位经历的工程案例。

　　理论部分的内容包括第二章振动、第三章声波的特性和第四章固体中的声波。其中第四章对固体声波的产生、类型、传播方程、结构噪声的形成等进行了必要的介绍分析,有些阐述属于作者个人的认知和观点,敬请同仁批评指正。

　　工程实践部分包括第五章噪声源及声波传播途径的识别、第六章噪声治理的一般原则和方法以及第七章到第十一章介绍的结构噪声防治和工程案例。其中,第七章是风机和水泵噪声防治及案例,第八章为空调和冷却塔噪声防治案例,第九章为电梯和变压器噪声防治,第十章为播放音设备噪声控制和录音环境的保护,第十一章为柴油发电机、冲床、印刷机噪声控制。

　　结构噪声是固体结构件受外力激励后,结构件表面振动向空气中辐射的噪声,因此,结构噪声控制实际上包含结构件振动、传播、辐射的控制和空气噪声的控制两个方面。结构噪声防治案例中,不同章节的噪声源不同,但噪声治理的思路和分析方法是相似的,首先分析设备噪声的产生机理和声波传播途径,然后针对空气噪声和结构噪声分别提出对策措施,最后介绍作者完成的部分噪声治理工程案例,选择的案例侧重于结构噪声治理方面的工程内容。案例均按工程概况、声源和声波传播途径分析、治理措施和降噪效果四个方面来介绍。由于固体声波传播具有一定的隐蔽性,在大多数案例中均采取计算空气声传播衰减来推测固体传声和结构噪声的存在,但第九章变压器噪声控制中是逐步计算了固体声波在建筑物中的扩散和衰减,计算过程虽然烦琐,但计算得到的结构噪声水平与实际测量结果基本一致。此外,第九章电梯和第十章播放音设备的噪声产生机理分析采取了力和力矩分析的方法,通过分析发现有些情况下机械力在传递过程中被放大,导致固体声波和结构噪声大大增强。各类设备噪声的控制都是自成体系的,读者也可以只阅读这一章或这一章中的某种设备的噪声治理内容。希望本书能对机械设备研发制造人员、声环境保护工作者、建筑工程师和其他对结构噪声感兴趣的人们有所帮助。

本书得到了南京大学孙广荣教授、程建春教授,东南大学傅秀章副教授,南京市环境监测站熊光陵教授级高工等同志的支持和帮助,特致诚挚感谢。本书在出版过程中得到南京大学出版社吴汀主任和王南雁、刘灿编辑的支持,在此深表感谢。

编　者

2017. 11. 18

目　录

第一章　绪　论

第一节　声和噪声

声音是我们日常生活中时常接收到的信息,是人耳对周围传来的大气压力波动的感觉。对于人类社会,声音可以传递信息、交流思想、表达感情、陶冶情操;对于动物世界,声音可以提供各种信号,使之趋利避害,维系生存和繁衍。人类离不开声音,动物离不开声音,社会离不开声音,因为声音是人们用以传递信息的最通常、最直接、最频繁、最有效,也是最原始的方式。没有声音的世界将是沉寂的、僵死的、不可想象的。

但是并不是所有的声音都是有用的,有些声音,有些处于某种场合下的声音,不但不为人们所需要,还干扰人们的正常生活、学习、工作和休息。例如掠空而过的飞机、疾驰而去的汽车、轰鸣的机器、喧啸的气流、湍急的瀑布……这些声音虽然也向人们提供了各种信息,但是大多数情况下,人们并不需要这些信息,相反这些虽然携带某种信息的声音影响了人们的正常生活和工作,甚至对人的听觉系统和身心健康产生危害。于是人们将声音分成需要和不需要两大类型,并把那些人们不需要的声音称之为噪声。

噪声是人们不需要的声音,这里包含有两层意义:

第一,噪声是声音,这是一种物理现象,是客观存在,它与人们需要的声音具有相同的性质。例如它是由于空气等介质内的压力失衡而引起的波动,通常包含许多不同的频率成分,具有一定的强度,它是依靠弹性介质为媒体、以波的形式传播能量,且在不同介质不同温度下具有不同的传播速度,等等。此外,噪声作为特定环境中的声音仍然携带着各种各样的信息,这些信息虽然为许多人所不取,所厌恶,但它是客观存在的,在另一种环境下,或者对另一些人可能是有用的,甚至是必不可少的。

第二,噪声是不为人们所需要的声波,这是一个主观概念,与人的生理特性和心理状态有关,也与人所处的环境状况有关。这里所说的人是特指的某一个人或某一群人,而不是所有的人,因为常常同一个声音对一些人可能是有用的,而对另一些人却是无用的,甚至是讨厌的。例如正常的交谈会引起病人的烦恼,迪斯科音响会导致附近居民的抗议,这都是很典型的主观感觉的例证。因此,噪声污染与其他环境污染的显著差别在于其具有强烈的主观特性,当声级不是特别高时站在不同的角度,可能产生截然相反的主观感觉,在某种程度上,声音的强度、频率等物理特性变成了次要的,而个人的主观感觉和个人的心理、生理承受能力才是主要的。

由于噪声的内涵涉及客观的物理作用和主观的人体感受,而且主观感受又与不同人的敏感程度或承受能力密切相关,这就增加了对噪声判断和评价的难度,目前已知的噪声评价量多种多样,评价方法纷繁复杂,但是每种评价量或评价方法都存在着一定的局限性。分析其原因,主要是目前的各种噪声评价量都是采用物理的、统计分析的或人为计权的方法获得的,各个评价量虽然在某种环境下、针对某种设备噪声源和某一群人适用,但是换一种场合、针对另一类噪声源或另外一群人就不一定适合了。

为科学客观地评价噪声,国际标准化组织 ISO 制定了一系列的噪声评价方法、评价标准和评价量,有环境保护的、劳动保护的,有不同功能建筑物内部的,还有各种机械设备的。我国政府为保护环境、保护群众身心健康,也制定了一系列的噪声防治法律、法规和标准,其中最经常被引用的标准有《声环境质量标准》GB 3096—2008、《工业企业厂界环境噪声排放标准》GB 12348—2008、《社会生活环境噪声排放标准》GB 22337—2008、《民用建筑隔声设计规范》GB 50118—2010、《工业企业设计卫生标准》GBZ 1—2010 等。其中,《声环境质量标准》是根据区域用地规划的主导功能将室外环境的声质量标准分为 5 类,并以此作为环境噪声评价和控制的依据,见表 1-1。《民用建筑隔声设计规范》则是从保护民用建筑室内的声质量出发提出的各种室内场所的噪声标准,其中居民室内噪声标准见表 1-2。《工业企业设计卫生标准》是从保护工人身体健康的角度出发,对不同生产场所噪声强度做出的限制性标准,详见表 1-3。

表 1-1 声环境质量标准 ［等效声级 L_{eq} 单位:dB(A)]

功能区类别		噪声标准		适用区域
		昼	夜	
0 类		50	40	康复疗养区等特别需要安静的区域
1 类		55	45	以居民住宅、医疗卫生、文化教育、科研设计、行政办公为主要功能,需要保持安静的区域
2 类		60	50	以商业金融、集市贸易为主要功能,或居住、商业、工业混杂,需要维护住宅安静的区域
3 类		65	55	以工业生产、仓储物流为主要功能,需要防止工业噪声对周围环境产生严重影响的区域
4 类	4a 类	70	55	交通干线两侧一定距离之内,受交通噪声影响较严重的区域。4a 类为高速公路、一级公路、二级公路、城市快速路、城市主次干道、城市轨道交通(地面段)、内河航道两侧区域;4b 类为铁路干线两侧区域
	4b 类	70	60	

表 1-2 居室内的允许噪声级标准 单位:dB(A)

地点	一般住宅		高级住宅	
	白天	夜间	白天	夜间
卧室	45	37	≤40	≤30
起居室	45	45	≤40	≤40

表 1-3 工业企业设计卫生标准

[等效声级 L_{eq} 单位:dB(A)]

编号	地点类别		噪声限制值
1	生产车间及作业场所(工人每天连续接触噪声 8 h)		85
2	高噪声车间设置的值班室、观察室、休息室(室内背景噪声级)	无电话通话要求	75
		有电话通话要求	70
3	精密装配线、精密加工车间的工作地点		70
4	计算机房		60
5	主控室、集中控制室		70
6	通讯室、电话总机室、消防值班室(室内背景噪声级)		60
7	厂部办公室、设计室、会议室、实验室(包括试验、化验、计量室)(室内背景噪声级)		60
8	车间所属办公室、实验室、设计室(室内背景噪声级)		70
9	医务室、教室、哺乳室、托儿所(室内背景噪声级)		55

　　《工业企业厂界环境噪声排放标准》和《社会生活环境噪声排放标准》中的外环境排放标准是与《声环境质量标准》对应的,所有单位产生的噪声对界外的影响声级均不得超出其所在的声功能区标准,否则必须采取治理措施直至达到标准,这对保护室外的声环境质量具有十分重要的意义。此外,《社会环境噪声排放标准》和《工业企业厂界环境噪声排放标准》中还给出了建筑物室内因固体传声引起的结构噪声限值,这是国内首次提出的建筑物内部的结构噪声防治标准。表 1-4 列出的是不同声环境功能区、不同类型房间内的结构噪声等效 A 声级的排放限值标准,表 1-5 是不同类型房间内结构噪声的倍频带声压级的排放限值标准。

表1-4 结构传播固定设备室内噪声排放限值

［等效声级 L_{eq} 单位:dB(A)］

房间类型 时 段 建筑物所处声功能区	A类房间		B类房间	
	昼间	夜间	昼间	夜间
0	40	30	40	30
1	40	30	45	35
2、3、4	45	35	50	40

说明:A类房间是以睡眠为主要目的,需要保证夜间安静的房间,包括住宅卧室、医院病房、宾馆客房等;
B类房间是指主要在白天使用,需要保证思考和精力集中,正常讲话不被干扰的房间,包括学校教室、会议室、住宅中卧室以外的其他房间等

表1-5 结构传播固定设备室内噪声排放限值

(倍频带声级,单位:dB)

噪声敏感建筑物所处声环境功能区类别	时段	倍频带中心频率 房间类型	室内噪声倍频带声压级限值				
			31.5	63	125	250	500
0	昼间	A、B类房间	76	59	48	39	34
	夜间	A、B类房间	69	51	39	30	24
1	昼间	A类房间	76	59	48	39	34
		B类房间	79	63	52	44	38
	夜间	A类房间	69	51	39	30	24
		B类房间	72	55	43	35	29
2、3、4	昼间	A类房间	79	63	48	44	38
		B类房间	82	67	56	49	43
	夜间	A类房间	72	55	43	35	29
		B类房间	76	59	48	39	34

所有这些标准均是从客观条件出发以大多数人可以接受的声级作为控制限值的。但是人的主观感觉、人对噪声的敏感程度各不相同,许多情况下噪声

虽然达标,但是它对人的影响依然存在,特别是居民住宅楼内的结构噪声干扰常常引起诸多纠纷,有时室内噪声级低于 A 类房间夜间标准 30 dB(A)也不能得到居民的认同。

噪声对人的影响是多方面的,突发的强烈噪声很容易使人的耳膜破裂,造成永久性耳聋,长期在高噪声环境下不仅会导致人的听力损伤,还可能引起各种疾病,例如心血管和神经系统疾病等。对于一般的噪声污染而言,它对人们正常生活的影响也是不容低估的,这主要表现为以下三个方面:① 对睡眠的影响,这种影响与各个人的敏感程度相关,通常声级达到 40 dB(A)时有 10%左右的人睡眠受到干扰,达 30 dB(A)时仍然有人受到影响。当一个人的睡眠长期受到噪声干扰时,就会产生疲劳、乏力、神经衰弱,并引发其他疾病;② 对交谈的影响,室内噪声在 45 dB(A)以下时对交谈的影响较小,当达到 65 dB(A)以上时对交谈的影响就比较严重,使语言的清晰度降低,必须提高音量,才能保证交谈双方顺利交流;③ 对学习、思维的干扰,高噪声环境和突发的高声级对思维的影响特别大。一方面在高噪声环境下,人的思绪不能集中,工作效率低,不能深入思考问题;另一方面人在集中思想考虑问题时,突发的高噪声会打断原有的思维,甚至引起惊悸、心慌,以至于完全忘记原有的思路。可以这样说,突发的高噪声可能使科学家错漏突然而至的灵感,使音乐家遗忘妙手偶得的音符,使文学家丢失千古传颂的绝句。

第二节 噪声污染过程及其分类

1. 噪声污染过程

为了解结构噪声的基本概念,本节对噪声污染过程作一个概略介绍,后面相关章节再进一步详细分析。图 1-1 是噪声污染产生过程的示意图,首先存在一个噪声源,该噪声源可能是一台振动的电机,也可能是某个动力机械设备或结构件,还可能是一股脉动气流等,它们共同的特点是存在振动。其次,噪声源将振动传递给与其相接触的介质,振动在介质中由近及远地传递形成声波,如果介质是空气则产生空气声,介质是固体则产生固体声,介质是水则产生水声(但本书不涉及水声及其他液体中的声波内容)。再次,当声波在空气中传播到人耳的鼓膜以后,人就感受到了噪声,并可能受其污染危害。

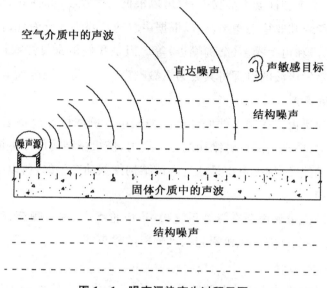

图 1-1　噪声污染产生过程示图

　　这里需要说明的是,传播声波的介质中振动的质点(由许多振动状态基本相同的相邻分子组成)也是次级噪声源,正是这些次级噪声源才能使振动在介质中依次传递形成声波。当声波传播到固体和空气两个介质的交界面时还会相互透射,特别是固体中的声波传播到与空气相接触的界面时再向空气中辐射的声波称之为结构噪声。虽然结构噪声来源于噪声源的振动激发与传递,但其已不同于初始噪声源,因为振动波在固体结构件中传播时受到结构件的调制,使其频率特性和强度发生了变化,变化后的固体结构件振动激发产生的空气声波带有结构件的频率特性,图 1-1 中平行虚线即为结构噪声。

　　如上所述,人耳听到的噪声不仅仅是声源直接激发空气并在空气中传播的直达声(包括可能存在的空气边界面的反射声),还有噪声源的振动通过固体传播以后固体结构件表面辐射出来的结构噪声。为与直接通过空气传播的直达声相区别,结构噪声也常常被称为再生噪声或二次噪声。

2. 噪声的分类

噪声的分类方法很多,可以根据噪声的来源将其分为工业噪声、交通噪声、建筑施工噪声和社会生活噪声;也可以根据噪声强度随时间的变化情况将其分为稳态噪声和非稳态噪声;可以根据声波的来源将其分为直达噪声、反射噪声、透射噪声和再生噪声(结构噪声)等。但是我们最常见的噪声分类方法是根据声源激发声波的机理将其分为机械噪声、空气动力噪声和电磁噪声。

(1)机械噪声

机械噪声是由固体结构件振动产生的噪声。例如机械设备运转时,零部件间的摩擦力、撞击力或旋转结构的非平衡力,使机械结构件产生振动而辐射出的噪声。显然,结构噪声也是通过固体结构件振动产生的,所以结构噪声也属于机械噪声。

最常见的机械噪声源有转动系统噪声、齿轮噪声、轴承噪声、阀门和管道振动噪声、柴油机气缸和风机蜗壳振动辐射的噪声等。

(2)空气动力噪声

气流因脉动或湍流产生的噪声称为空气动力噪声。空气动力噪声往往是因为高速气流、不稳定气流以及气流与物体相互作用产生的。按照空气动力噪声产生的机制和特性又可分为旋转噪声、涡流噪声、喷射噪声、周期性进排气噪声等,激波噪声和燃烧噪声也可归类于空气动力噪声。

(3)电磁噪声

电磁噪声是因电磁场交替变化引起某些机械部件或空间容积振动而产生的噪声。日常生活中,民用变压器、镇流器、开关电源等均可能产生电磁噪声。工业中变频器、变压器、电动机和发电机等则是主要的电磁噪声源。

第三节　结构噪声特性

结构噪声是因为固体构件受外力激励产生振动以及振动在构件内传播过

程中向大气中辐射的噪声。辐射噪声的固体构件并不是原始振动源或噪声源，它是受到外部力作用后产生的包含有自身结构特性的次级振动源或固体声波。其与原始振动源向空气中辐射的机械噪声显然是不一样的，前者是直接在动力源的作用下机械设备或零部件产生的振动，其辐射的机械噪声主要与动力源的强度与频率特性相关；而后者是连接、支撑等结构件受到机械设备或零部件振动的激励后产生的振动，辐射的噪声不仅与振动源的强度与频率特性相关，还与结构件的固有物理特性相关，所以称之为机械结构噪声或结构噪声。根据固体结构件的类别和功能，结构噪声又常常用结构件的名称来定义，如建筑结构噪声、车辆结构噪声、船舶结构噪声、基础结构噪声、管道结构噪声、板的结构噪声等。

结构噪声最直接的影响是污染周围的声环境，其危害程度有时甚至超出激励它振动的初始噪声源，不同的结构噪声影响的对象不同，例如建筑结构噪声会影响室内人们的正常工作、学习、生活和休息，车辆、船舶、飞机的结构噪声会影响旅客乘坐的舒适度，潜艇的结构噪声会影响其隐蔽性，容易被敌方发现。此外，结构噪声还会影响仪器仪表的精确度，严重的甚至损坏仪器设备甚至结构件本身。

结构噪声是普遍存在的一种声波辐射现象，其具有以下的特征：

（1）结构噪声是被动的再生的噪声源。结构件原来是静止的，只是受到外部的力作用才产生振动，在弹性结构件中该振动会进一步传播形成固体声波，结构件振动和固体声波传播到结构件表面都会向空气中辐射声波，于是产生了结构噪声。外力可能是机械力、电磁力、气流、水流，甚至空气中的声波等。

（2）结构噪声的大小与构件的物理特性和形状密切相关。结构噪声虽然是因外力作用产生的，但是其声级大小和频率不完全是由外力决定，还受制于构件本身的物理性质和形状。只有弹性介质的构件才能产生结构噪声，弹性大的结构件容易产生和传播振动，并向空气中辐射声波，反之传播和辐射声波的能力很差。此外，结构件的形状也十分重要，结构件为薄板时声波辐射效率高，且越薄越容易辐射结构噪声，相同材质相同重量的构件面积越大辐射的声功率越大,因此常常出现同类型的系统或设备,它们运行时的结构噪声相差很大。严重的结构噪声污染不仅声级高,而且影响范围也大,有时甚至出现环境噪声影响主要来自结构噪声。例如敲锣时激励源槌的声音很小,锣的结构噪声很大,冲击钻在墙上钻孔时整栋建筑物内都听到"咔咔咔"的噪声,冲击钻固然发出强烈的噪声,但墙面辐射的噪声能量比冲击钻要大得多。作者对一台净水器的运行噪声进行过测试,单独测量拆分开的净水器中的水泵声压级是42.8 dB(A),但将水泵安装到净水器箱体中并在相同条件下运行,净水器的声压级达到64.6 dB(A),净水器的箱式外壳产生的结构噪声高出水泵的运行噪声21.8 dB(A),两者的声能量相差150倍。

(3) 结构噪声中或多或少地携带有结构件特有的频率成分。因为结构件都具有自己的固有频率,当结构件受到激发产生振动并形成固体声波时,其必然表现出自己的固有频率特性,如果激发力的频率与构件的固有频率相差较远,固有频率不会很明显,但如激发力的频率与构件的固有频率相近,固有频率将会十分明显,当激发力的频率与构件的固有频率完全相同时,固体构件将产生共振,共振引起的结构噪声十分强烈,甚至造成结构件的损坏。

(4) 固体振动可以传播很远,导致结构噪声影响范围很大。因为结构件一旦受到激励产生振动,该振动就会在构件中形成固体声传播,由于结构件大多数都是板状或柱状,声波在固体中的扩散衰减很小,传播距离很远,并且在传播过程中不停地向空气中辐射结构噪声,这就大大增加了结构噪声的总声功率和影响范围。例如居民楼地下室的风机、水泵、变压器运行引起的结构噪声可能会影响到高层建筑10层楼以上;冲床、锻床的冲击振动可以沿基础传播数百米后在居民室内产生结构噪声;金沙江下游向家坝水电站开闸泄洪时,距离泄洪口1 500 m外的水富县城街道房屋的门窗明显抖动,居民室内听到房屋振动产生的结构噪声。

(5) 结构噪声具有一定的隐蔽性,原因如下:

第一,人们常常将注意力放在初始噪声源上,认为噪声就是来源于动力设备,结构噪声仅是初始噪声源的附产品,不会很严重。

第二,有些结构件距离初始噪声源近,其辐射出来的结构噪声被源的噪声屏蔽住了,结构噪声并不明显;而距离远处如果本底噪声较小,结构噪声就突现出来,但人们经常听到的空气中的声衰减是距离增大声级降低,对空气声衰减的固有认知容易误导人的主观判断;此外,固体声在结构件中传播时受到结构件的调制,辐射出来的结构噪声频谱与初始噪声源不完全相同,使得人们难以判断。例如某居民楼地下水泵噪声对楼上其他楼层的影响较小,但对七层居民室内的影响十分明显,一般人不能理解七层楼噪声的来源,其实七楼居民室内均采用薄板装修,固体声波传播到这里后,薄板比墙体更容易向室内辐射结构噪声,使得七楼室内的噪声比其他楼层都大。

第三,封闭空间内的结构噪声大,开放空间的结构噪声小。以建筑结构噪声为例,房间是一个基本封闭的结构,房间内的结构噪声来自六个壁面的声辐射,而室外的结构噪声只来自一个面的声辐射,如果各个壁面辐射的声功率相同,室内的建筑结构噪声级要比室外大 7.8 dB,如果再考虑房间内声波的反射和混响,则建筑物室内的结构噪声一般要比室外高 10 dB 以上,这也是结构噪声隐蔽性强的原因之一。

结构噪声是十分重要的物理现象,也是声环境保护中的重要问题,在噪声控制工程中如果不懂得结构噪声,仅针对初始噪声源采取控制措施是不可能取得预期的降噪效果;在机械设备的制造中如果不知道结构噪声的存在,未采取良好的减振阻尼等措施是不可能获得优良的低噪声产品;在航空、航天、航海产品的研发中不采取措施防止结构噪声,飞机、卫星将不能顺利发射升空,舰船、潜艇入海以后只能处于被动挨打地位。

第二章　振　动

　　振动是物体运动的一种基本且十分重要的形式,是自然界的普遍现象。在我们的周围,振动现象无处不在,有些振动人们能够感觉到,例如脉搏的跳动,树枝的摇摆,车辆的颠簸,海浪的峰谷;有些振动人们不一定能觉察到,例如大地的颤抖,声传播过程中的介质振动,分子的运动等。振动的形式是多种多样的,按振动源的性质来分,有机械振动、电磁振动、气流振动、生物振动等;按振动变化规律来分,有简谐振动、脉冲振动、随机振动、复杂振动等;按振动方向可分为垂直振动(Z向)、水平振动(X、Y向)和扭转振动;按其受力情况分类有自由振动、强迫振动和阻尼振动等。

　　尽管振动的形式多种多样,但是从微观分析,振动物体中各个具体点的运动规律相似,它们都是在其平衡位置作往复的运动,一旦物体离开平衡位置就会立即受到一个指向平衡位置的力使其回到平衡位置。所以我们首先用一个理想化的质点来代表这种具体振动点,研究振动物体的微观运动规律,当然研究得到的规律对体积较小、质量集中的振动物体也是适用的。

第一节　质点振动

1. 简谐振动

（1）简谐振动方程

简谐振动是振动质点的位移随时间以正弦（或余弦）函数规律变化的运

动,它的重要特征是质点加速度的大小与其位移成正比,而加速度的方向与位移的方向相反。简谐振动的典型模型是质量块和弹簧组成的弹簧振子,并且假设质量块的质量集中于一点,没有任何弹性,弹簧的弹性也集中于一点,没有任何质量。弹簧振子的模型如图 2-1 所示,在没有外力的作用下,物体的重力与弹簧的拉力平衡,物体处于静止状态。当人为地给物体一个向下的作用力时,物体向下运行,同时弹簧被拉伸,根据胡克定律,弹簧产生一个附加的弹性力 f 将物体向上拉,这个附加的弹性力为:

$$f = -kx \qquad (2-1)$$

式中,k 为弹簧的弹性系数,x 是振动物体的位移,负号表示弹性力与物体运动方向相反。根据牛顿第二定律:

$$f = -kx = m\frac{\mathrm{d}^2 x}{\mathrm{d}t^2}$$

改写上式得到简谐振动的运动方程:

$$m\frac{\mathrm{d}^2 x}{\mathrm{d}t^2} + kx = 0 \qquad (2-2)$$

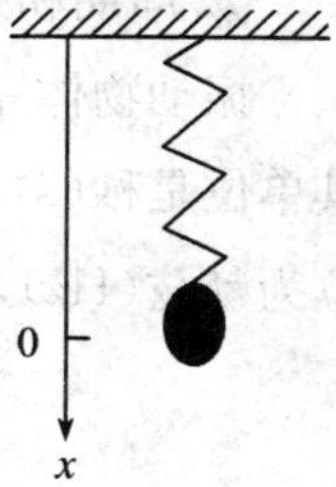

图 2-1

式中,m 为质量块的质量,这是一个二阶常系数齐次微分方程。它的普遍解为:

$$x = A\sin(\omega t + \Phi) \qquad (2-3)$$

式(2-3)中 x 是振动物体的瞬时位移,单位是米(m),A 为位移的最大幅值,ω 为振动系统的固有圆频率,t 为时间变量,Φ 为振动的初始相位角。式(2-3)表明,简谐振动中物体的位移是时间的正弦函数。A 和 Φ 可以通过振动物体的初始位移和初始速度确定。

简谐振动的运动规律是一条质点位移随时间呈正弦规律变化的曲线,如图 2-2 所示。

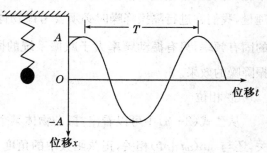

图 2-2　简谐振动中位移随时间变化曲线

（2）简谐振动的物理量

在简谐振动的解析式（2-3）中位移 x 只是时间 t 的正弦函数，在时变曲线中 x 随 t 呈周期性的变化，这里的主要参量有振幅、频率、周期和相位。

① 振幅

简谐振动中振动物体的位移是在一定范围内变化的，该变化范围的最大幅度称为振幅。从图 2-2 中可以看出，x 只能在 $+A$ 到 $-A$ 之间变化，绝不会超出这一范围。振幅 A 的单位为米（m），其大小主要由初始条件决定。

② 周期和频率

振动物体完成一个完整的运动过程所花费的时间叫周期，常用 T 表示，其单位是秒（s）。在单位时间内完成周期振动的次数叫频率，常用 f 表示，单位为赫兹（Hz），即秒分之一。显然 T 和 f 互为倒数：

$$T = \frac{1}{f} \tag{2-4}$$

式（2-3）中固有圆频率 $\omega = \sqrt{\dfrac{k}{m}}$，其和频率的关系为 $\omega = 2\pi f$，由此推导得到振动系统的固有频率：

$$f = \frac{1}{2\pi}\sqrt{\frac{k}{m}} \tag{2-5}$$

由式（2-5）可以看出，振动系统的固有频率与振动物体的质量 m 的平方根成反比，与弹簧的弹性系数 k 的平方根成正比，也就是说振动物体的固有频率、固有圆频率都是由物体本身性质决定的。固有频率是一个十分重要的物理量，我们在进行隔振降噪时必须要考虑物体所受到的振动频率和减振系统的固有频率，只有振动频率大于减振系统的固有频率 $\sqrt{2}$ 倍以上，才能获得隔振降噪的效果。

③ 相位

从公式（2-3）中可以看出，振动物体某个时刻的位移不仅与其振幅 A 相关，还与 $\sin(\omega t + \Phi)$ 相关，正弦函数中的角度 $\omega t + \Phi$ 称为相位，或相位角。当 $t = 0$ 时相位角就是 Φ，因此，称 Φ 为初相位。振动物体的位移是随相位作正弦变化的，而相位又是由圆频率、时间和初相位共同决定的。

对于单一的简谐振动，相位似乎并不是很重要的，但是对于两个或两个以上的振动，相位差可能引起振动之间相生相克、复杂而有趣的变化，因此十分重要。设有两个振幅相同、固有频率相同但初相位不同的简谐振动，它们相互叠加在一起，得到：

$$x = x_1 + x_2 = A\sin(\omega t + \Phi_1) + A\sin(\omega t + \Phi_2)$$
$$= 2A\sin\left(\omega t + \frac{\Phi_1 + \Phi_2}{2}\right)\cos\left(\frac{\Phi_1 - \Phi_2}{2}\right)$$

当 $\Phi_1 - \Phi_2 = 2n\pi$（n 为整数）时，$x = 2A\sin\left(\omega t + \frac{\Phi_1 + \Phi_2}{2}\right)$，两个简谐振动叠加在一起变成了一个幅值增大了一倍的振动频率相同的简谐振动；当 $\Phi_1 - \Phi_2 = (2n+1)\pi$（$n$ 为整数）时，$x = 0$，两个简谐振动叠加在一起使得原有的振动完全消失，详见图 2-3 所示。这是多么有趣的现象！有源消振器就是利用相位相反的原理实现消声降噪的。

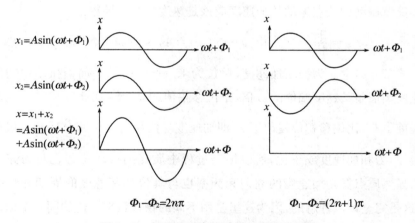

图 2-3　相位使两个振动叠加后产生干涉

（3）简谐振动的速度、加速度和能量

① 振动速度

简谐振动中物体的运行状态不仅可以用位移来表示，还可以用振动速度和振动加速度来表示。将振动物体视为一个质点，某一时刻质点的振动速度

应该是其位移的时间导数,根据式(2-3)可以得到:

$$v = \frac{\mathrm{d}}{\mathrm{d}t}x = A\omega\cos(\omega t + \Phi) = V\sin\left(\omega t + \Phi + \frac{\pi}{2}\right) \quad\quad (2-7)$$

这里,v 为振动的瞬时速度,单位为米/秒(m/s),V 为振动的速度幅值,$V = A\omega$,取正值。由式(2-7)可以看出,在简谐振动过程中质点的振动速度和方向是不断变化的,且其变化的周期和频率与质点振动位移相同,但振动的速度幅值是位移幅值的 ω 倍,速度相位比位移相位提前了 $\pi/2$。

在实际工作中,人们并不十分关心质点的瞬时振动速度,而更关心其有效值,因为振动速度瞬息变化,而有效值对人们整体把握振动的大小更有意义。振动速度的有效值也称为均方根值,它等于质点振动速度的平方值用时间平均后再开平方,约等于振动幅值的 0.707 倍。

$$v_e = \left[\frac{1}{T}\int_0^T V^2\sin^2\left(\omega t + \Phi + \frac{\pi}{2}\right)\mathrm{d}t\right]^{\frac{1}{2}} = \frac{\sqrt{2}}{2}V \quad\quad (2-8)$$

② 振动加速度

简谐振动中质点振动的加速度应该是速度的时间导数:

$$a = \frac{\mathrm{d}}{\mathrm{d}t}v = V\omega\sin(\omega t + \Phi + \pi) = A\omega^2\sin(\omega t + \Phi + \pi) \quad\quad (2-9)$$

式(2-9)中 a 为振动加速度,单位为米/秒^2(m/s^2)。简谐振动中物体的加速度幅值是其速度幅值的 ω 倍,是位移幅值的 ω^2 倍,加速度相位比速度相位提前了 $\frac{\pi}{2}$,比位移相位提前了 π,即加速度与位移的相位完全反相。根据牛顿定律,力和加速度成正比,所以振动过程中质点的振动位移也与力完全反相。显然质点振动加速度的周期和频率也与其位移和速度的周期和频率相同,这是完全可以理解的,因为这里是用不同的物理量来描述的同一个振动。

图 2-4 是同一振动物体的位移、速度和加速度的相位关系示意图。

③ 质点振动的能量

物体在简谐振动过程中的能量有动能和势能两种,动能与速度相关联,势能与位移相关联,设振动中某一时刻,物体的位移为 x,速度为 v,则此时物体的弹性势能和动能分别为 $E_p = \frac{1}{2}kx^2$ 和 $E_k = \frac{1}{2}mv^2$,则振动物体的总机械

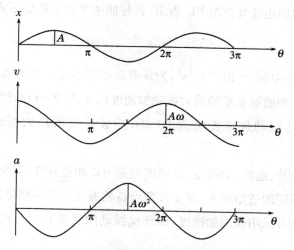

图 2-4　位移、速度和加速度的振幅和相位差

能为：

$$E = E_p + E_k = \frac{1}{2}kx^2 + \frac{1}{2}mv^2 \qquad (2-10)$$

我们从图 2-3 中可以看出，简谐振动中位移和速度相差 $\frac{\pi}{2}$ 相位角，即当位移达到最大值时，速度等于零，速度达到最大值时位移等于零。因此式（2-10）可以进一步写成：

$$E = \frac{1}{2}kA^2 = \frac{1}{2}mV^2 = \frac{1}{2}mA^2\omega^2$$

尽管振动物体的动能和势能是不断变化的，但是根据能量守恒定律，振动物体的总机械能是不变的，可以证明在一个简谐振动周期内物体的动能和势能均各占总能量的一半。

（4）振动级

① 振动加速度级

人体刚刚能够感觉到的振动加速度约为 10^{-3} m/s²，人体能够承受的最大振动加速度为 10^3 m/s²，两者之间相差一百万倍，用振动加速度表述、测量和计算振动都不很方便，因此，在一些场合人们也采用振动加速度级来代替振动

加速度。振动加速度级常用 VL 表示,其与加速度的关系如下式:

$$VL = 20\lg\frac{a}{a_0} \quad (\mathrm{dB}) \tag{2-11}$$

式(2-11)中,$a_0 = 10^{-6}\ \mathrm{m/s^2}$,为参考振动加速度。将人体刚刚能感觉到的振动加速度和能够承受的最大振动加速度代入式(2-11)计算,可知人体刚刚能感觉到的振动加速度级为 60 dB,能够承受的最大振动加速度级为 180 dB。

振动的位移、速度、加速度、加速度级是可以相互转换的,但在实际工作中它们各自有不同的适用场所,通常仪器设备的振动计量采用振动位移和速度,人体振动研究常采用振动加速度,而环境振动的测量和评价均采用振动加速度级。

② 振动加速度级的叠加和分解

对于两个以上的振动作用于同一质点,该质点振动的位移、速度、加速度的计算可以线性相加。但是对于振动加速度级就不能如此简单运算了,其运算过程是先将各个振动级换算成振动加速度(进行反对数运算),再将加速度相加得到总加速度,最后用式(2-11)换算得到总振动加速度级,全部计算可以用下式表示:

$$VL_{sum} = 20\lg\frac{\sum 10^{\frac{VL_i}{20}}}{a_0}$$

对于从总振动加速度级中扣除某一振动源(如本底振动)的影响,计算过程与前面类似,只要将相加变为相减即可。

$$VL_2 = 20\lg\frac{10^{\frac{VL_{sum}-VL_1}{20}}}{a_0}$$

2. 阻尼振动

简谐振动是物体除受到弹性力以外不再受其他因素影响的理想状态下的振动,作简谐振动的物体振幅不变,振动能量(动能和势能之和)没有损失,因此其可以永远保持原有运动状态。但是在实际环境中,这种理想的振动状态是很难见到的,如果振动系统没有能量的补充,振动就会慢慢地停止下来,因为振动系统中存在各种各样的阻力，如弹簧伸缩过程中分子间的相互作用使振动的机械能转化为热能，周围空气对振动物体的阻尼摩擦使振动能量损失，振动物体向空气中辐射声波使振动能转化为声能等。由于各种原因使机械能不断衰减的振动称为阻尼振动，阻尼振动的位移随时间变化的曲线如图 2-5 所示。

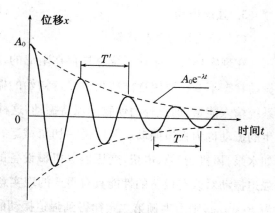

图 2-5 阻尼振动中位移衰减变化

与简谐振动相比，阻尼振动不仅需要考虑振动物体的质量和弹性力，还要考虑振动过程中物体受到的阻尼力。根据一般的运行规律，阻尼力的大小与运动速度成正比，方向与运动速度的方向相反。因此根据牛顿第二定律，可以得到阻尼振动的运动方程为：

$$m\frac{\mathrm{d}^2 x}{\mathrm{d}t^2}+R\frac{\mathrm{d}x}{\mathrm{d}t}+kx=0 \tag{2-12}$$

式中：R 为阻尼系数，其他符号同前。该方程解的一般形式可表示为：

$$x=Ae^{-\lambda t}\sin(\omega' t+\Phi) \tag{2-13}$$

式中：A、Φ 是由初始条件决定的常数，e 为自然数，$\lambda=\dfrac{R}{2m}$，为衰减系数；$\omega'=\sqrt{\omega^2-\lambda^2}$，为阻尼振动状态下的圆频率，$\omega$ 为没有阻尼时的固有圆频率。

从式（2-13）可以看出，第一，振动系统在阻尼状态下其振幅以指数规律衰减，衰减系数 λ 越大衰减越快。第二，阻尼状态下的振动频率比其简谐振动时的固有频率小，即阻尼状态下系统的振动周期增长了。当 $\lambda \geqslant \omega$ 时，ω' 为 0 或虚数，说明运动物体从偏离平衡位置慢慢地回到平衡位置，不会产生振动，$\lambda=\omega$ 时的状态称为临界阻尼，临界阻尼的阻尼系数记为 R_C，显然 $R_C=2\sqrt{mk}$。

3. 强迫振动

（1）强迫振动方程及解

在现实环境中振动系统总是存在阻尼的，即物体不可能永远保持其原始振动状态不变。要使物体持久地保持初始的振动状态不衰减，就必须给振动系统输入能量，通过外力使物体保持振动，这种对振动系统施加周期性外力产生的振动称为强迫振动。可以说一切机械运行产生的振动都是强迫振动，例如水泵、风机、音箱、电机、变压器等机械设备的振动都是强迫振动，因此研究强迫振动对改善设备的性能具有重要的现实意义。设作用于振动系统的外力为 $F_0 \sin \omega t$，则由牛顿第二定律得到强迫振动的运动方程为：

$$m \frac{\mathrm{d}^2 x}{\mathrm{d} t^2} + R \frac{\mathrm{d} x}{\mathrm{d} t} + kx = F_0 \sin \omega t \qquad (2-14)$$

式（2-14）为二阶非齐次微分方程，其解由二阶齐次微分方程的一般解和特解组成，显然一般解即为式（2-13），特解应与外加的周期性外力形式相似，设为 $x = B \sin(\omega t + \theta)$，则式（2-14）的解可写成：

$$x = Ae^{-\nu} \sin(\omega' t + \Phi) + B \sin(\omega t + \theta) \qquad (2-15)$$

分析强迫振动的过程，在外力刚刚加到振动系统上时，物体的运动状态很复杂，它受到弹性力、阻尼力和外力的共同作用，呈现出阻尼振动和外力周期性振动的叠加状态，两种振动的圆频率分别为 ω' 和 ω，此时的振动状态瞬息万变。随着时间的推移，阻尼振动逐步减弱直至消失，外加的周期性振动仍然存在，此时振动达到稳定状态，因此强迫振动的稳态解应该是：

$$x = B \sin(\omega t + \theta) \qquad (2-16)$$

将式（2-16）代入式（2-14），可求得：

$$B = \frac{F_0}{\omega \sqrt{R^2 + \left(m\omega - \dfrac{k}{\omega}\right)^2}} \qquad (2-17)$$

$$\tan \theta = \frac{R}{m\omega - \dfrac{k}{\omega}} \qquad (2-18)$$

可见强迫振动是一种圆频率与强迫力圆频率相同的振动，强迫振动的振幅不仅与强迫力的振幅成正比,还与其频率和振动系统的固有参量(质量 m、弹性系数 k 和阻尼系数 R)相关。此外,强迫振动的相位角也与强迫力圆频率 ω,以及振动系统的阻尼系数 R、弹性系数 k 和质量 m 相关。

（2）强迫振动的能量平衡

强迫振动进入稳定状态后,振动系统中阻尼仍然存在,其必然消耗能量,该能量只有通过外加力补充。可以证明强迫振动中外加力所提供的能量正好补偿了阻尼力所消耗的能量,所以振动系统可以保持其稳定振动状态。

（3）强迫振动的频率响应

进一步对式(2-17)进行分析,令 $\omega_0=\sqrt{\dfrac{k}{m}}$ (振动系统的固有频率),式(2-17)变为式(2-19):

$$B=\frac{F_0}{\omega\sqrt{R^2+m^2\omega^2\left(1-\dfrac{\omega_0^2}{\omega^2}\right)^2}} \tag{2-19}$$

① 当 $R\gg m\omega\left(1-\dfrac{\omega_0^2}{\omega^2}\right)$ 时,$B\cong\dfrac{F_0}{\omega R}$,此时振幅主要受阻尼控制,因此称为阻尼控制区。

在此区域内还会出现一种极端情况,$\left(m\omega-\dfrac{k}{\omega}\right)=0$,即外加力的频率与系统的固有频率相同,$\omega=\omega_0$,振幅将达到最大值,我们称系统处于共振状态,此时 $B=\dfrac{F_0}{\omega_0 R}$。如果 R 也很小,振幅将变得很大,这在一般的机械系统中是不能容许的。

② 当 $\omega\gg\omega_0$ 时,$B\cong\dfrac{F_0}{\omega^2 m}$,振动系统在此区域内振幅与外加力成正比,与质量成反比,因此称为质量控制区。

③ 当 $\omega\ll\omega_0$ 时,$B\cong\dfrac{F_0}{k}$,振动系统在此区域内振幅与外加力成正比,与弹性系数成反比,因此称为弹性控制区。

图 2-6 是强迫振动的频率响应曲线及三个控制区域。

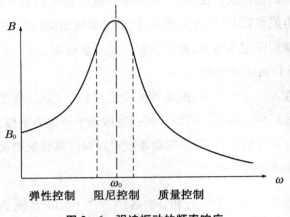

图 2-6　强迫振动的频率响应

对强迫振动的速度和加速度进行频率响应分析,可以得到同样的分析结论和类似的曲线。上面的分析结论对于我们控制机械设备的振动具有重要的意义,例如人们一般希望设备运行尽可能平稳,那么我们首先考虑使外加力的频率与系统的固有频率尽可能远离,当外加力的频率小于固有频率时,我们可以通过弹性系数来控制振幅,当外加力的频率大于固有频率时,我们可以通过质量来控制振幅;另外我们还可以通过加大振动系统的阻尼来减小振动。相反,像振动筛之类的机械设备要求振动大,我们就可以将外加力的频率尽可能与系统的固有频率相等,尽可能减小系统中的阻尼。

第二节　弹性结构件振动

现实生活中理想的质点振动是较少见的,绝大多数都是物体的振动,物体的几何尺寸与在其中传播的振动波的波长是可以相比拟的,集中参数的质点振动理论已不能正确描述物体的振动规律,因为这样的物体振动不仅与时间相关,还与空间位置相关。更重要的是弹性物体的振动是结构噪声的产生源,且不同的结构件辐射的结构噪声具有不同的性质,因此本节进一步对弹性结构件振动作深入介绍。鉴于一般物体都具有比较复杂的结构形式，不同结构形状、不同材质、不同安装方式的结构件振动都不一样，一些较复杂弹性结构件很难用数学解析式的方法来表达和求解。但是构成复杂物体的一些简单结构件却是可以用数学方法求解的，例如弦、棒、膜、板等。本节对这些典型结构件的振动进行介绍。

1. 弦的振动

弦是具有一定质量和一定长短的均匀柔软的细线，将其两端以一定张力固定，张力就使得弦具有弹性，如图 2 - 7 所示。

图 2 - 7　弦的示意图

当有一个外力瞬间作用于弦上，在张力作用下弦的各部分就会在垂直于弦长度的方向产生振动，而振动的传播只能沿着弦线方向，弦的这种振动方式称为横振动。设弦的密度为 ρ，长为 L，横截面为 S，弦线方向的张力为 T_0，弦上的某个点 x 处的张力与弦线方向间的夹角为 θ，研究微段 $\mathrm{d}x$ 的振动规律，如图 2 - 8 所示。

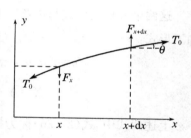

图 2 - 8　弦的微段受力分析

微段 $\mathrm{d}x$ 的质量为 $\rho S \mathrm{d}x$，微段 $\mathrm{d}x$ 受到的垂直方向的合力为 $\mathrm{d}F = \dfrac{\partial(T_0 \sin\theta)}{\partial x}\mathrm{d}x$。设弦上 x 点的垂向位移为 ξ，因弦的振动是微小的振动，$\sin\vartheta \approx \dfrac{\partial \xi}{\partial x}$，所以 $\mathrm{d}F = T_0 \dfrac{\partial^2 \xi}{\partial x^2}\mathrm{d}x$。再根据牛顿定律，$\mathrm{d}F = \rho s \mathrm{d}x \dfrac{\partial^2 \xi}{\partial t^2}$，于是得到弦振动微分方程：

$$C^2 \frac{\partial^2 \xi}{\partial x^2} = \frac{\partial^2 \xi}{\partial t^2} \tag{2-20}$$

$$C^2 = \frac{T_0}{\rho s} \tag{2-21}$$

这里，C 表示振动波沿弦线方向传播的速度。式(2-20)是一个二阶偏微分方程,它的解应该是两个独立变量 t 和 x 的函数,设其解的形式为:$\xi(t,x)=T(t)X(x)$,将其代入式(2-20)得到:

$$\frac{C^2}{X}\frac{\partial^2 X}{\partial x^2}=\frac{1}{T}\frac{\partial^2 T}{\partial t^2} \qquad (2-22)$$

式(2-22)中左边只与 x 有关,而右边只与 t 有关,因此上式必然等于一个与变量 t 和 x 都无关的常数。设该常数为 $-\omega^2$,于是得到两个独立变量的常微分方程:

$$\frac{d^2 T}{dt^2}+\omega^2 T=0 \qquad (2-23)$$

$$\frac{d^2 X}{dx^2}+\omega^2 X=0 \qquad (2-24)$$

这两个方程的形式与本章第一节的式(2-2)相同,可以将它们的解写成如下形式:

$$T=A_t\cos\omega t+B_t\sin\omega t=D\sin(\omega t+\phi) \qquad (2-25)$$

$$X=A_x\cos\frac{\omega x}{c}+B_x\sin\frac{\omega x}{c} \qquad (2-26)$$

上述两式中,式(2-26)称为振型函数,它描述了弦以固有频率作简谐振动时的形态,为主振型。将上面的两式合并,得到方程式(2-22)的一般形式的解:

$$\xi(x,t)=\left(A\cos\frac{\omega x}{c}+B\sin\frac{\omega x}{c}\right)\sin(\omega t+\phi) \qquad (2-27)$$

式中 A、B、ϕ 仍为待定系数。

因为弦的两端是固定的,所以 $x=0$ 处 $\xi(t,x)=0$,得到 $A=0$。

$x=L$ 处 $\xi(t,x)=0$,得到 $B\sin\frac{\omega L}{c}=0$,如果 B 再等于 0,则弦就不振动了,所以只能是:

$$\sin\frac{\omega L}{c}=0 \qquad (2-28)$$

式(2-28)为弦振动的频率方程,由该频率方程可以得到 $\frac{\omega L}{c}=n\pi$,因此,弦振动的固有频率为:

$$f_n = \frac{nc}{2L} \quad n=1,2,3\cdots \tag{2-29}$$

显然,弦振动的固有频率有无数多个,它们是由弦本身的力学参数决定的,是离散的。我们将 $n=1$ 的固有频率称为弦的基频,其他固有频率称为谐频。将式(2-29)的固有频率代入到式(2-26)即可得到各振动频率的振型函数,再代入到式(2-27)即得到对应的振动位移函数。

$$X_n(x) = B_n \sin \frac{2\pi f_n x}{c} \tag{2-30}$$

$$\xi_n(x,t) = B_n \sin \frac{2\pi f_n x}{c} \sin(2\pi f_n t + \phi_n) \tag{2-31}$$

图 2-9 为计算得到的弦振动的 1 至 3 阶的固有振动方式。从图中可以看出,当弦作基频振动时,弦的两端振幅为零,而在弦的某些点振幅最大。我们将振幅为零的位置称为波节,振幅最大的位置称为波腹。可以推导得到弦的 n 阶固有振动方式中有 n 个波腹和 $n+1$ 个波节,且弦的各阶固有振动的波腹、波节都是固定的。我们称这类波腹、波节位置固定的振动为驻波。

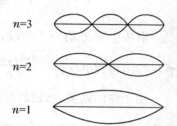

图 2-9 弦振动的 1 至 3 阶固有振动方式

一般情况下弦的振动都有无限多个固有振动存在,因此弦振动方程的解应当是所有谐频振动叠加:

$$\xi(x,t) = \sum_{n=1}^{\infty} B_n \sin \frac{2\pi f_n x}{c} \sin(2\pi f_n t + \phi_n) \tag{2-32}$$

2. 棒的振动

棒本身是具有弹性的结构件,广泛运用于机械设备和工程建筑中,棒在振动过程中恢复平衡的力是自身的劲度,与柔性的弦依靠张力振动是完全不同的。这里讨论的棒是均匀的细棒,其横截面的线度比在其中传播的弹性波的波长小得多,因此可以认为同一横截面上各个点的振动是同相位的。棒的振动不仅仅存在横向振动,还存在纵向振动和扭转振动,这里主要介绍棒的纵向振动和横向振动。

（1）棒的纵向振动

设棒的长度为 L，横截面为 S，密度为 ρ，劲度用弹性模量 E 来表示。在棒的一端施加一个纵向力，棒将被拉伸或压缩，并产生纵向位移 $\Delta(t,x)$，如图 2-10 所示。

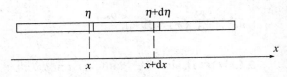

图 2-10　棒的纵向振动

取棒上 x 处的一个微段，其长为 $\mathrm{d}x$，则某一时刻微段的总压缩变形量为 $\eta(t,x+\mathrm{d}x)-\eta(t,x)=\dfrac{\partial \eta(t,x)}{\partial x}\mathrm{d}x$，相对伸缩量（应变量）为 $\dfrac{\partial \eta(t,x)}{\partial x}$。

由于棒的劲度，微段的伸缩变形引起的弹性力必将对相邻段产生纵向压应力，设其在 x 截面上的压应力为 $-F_x$，则单位面积上压应力为 $-\dfrac{F_x}{S}$，负号是因为弹性力与外部作用到该微段上的力方向相反。根据弹性范围内的应力和应变的胡克定律得到 $F_x=-ES\dfrac{\partial \eta(t,x)}{\partial x}$。而在 $x+\mathrm{d}x$ 截面上的压应力 $F_{x+\mathrm{d}x}=F_x+\dfrac{\partial F_x}{\partial x}\mathrm{d}x$，所以得到微段受到的纵向合力为：

$$\mathrm{d}F_x=-\frac{\partial F_x}{\partial x}\mathrm{d}x=Es\frac{\partial^2 \eta(t,x)}{\partial x^2}\mathrm{d}x \tag{2-33}$$

另外，微段的质量为 $\rho s\mathrm{d}x$，根据牛顿第二定律有：

$$Es\frac{\partial^2 \eta(t,x)}{\partial x^2}\mathrm{d}x=\rho s\mathrm{d}x\frac{\partial^2 \eta(t,x)}{\partial t^2}$$

令 $C^2=\dfrac{E}{\rho}$，整理后得到棒的纵向振动方程式（2-34），C 为棒中纵波的传播速度，这是由棒的材料特性决定的。

$$C^2\frac{\partial^2 \eta(t,x)}{\partial x^2}=\frac{\partial^2 \eta(t,x)}{\partial t^2} \tag{2-34}$$

棒的纵向振动方程与弦的横向振动方程完全类同,因此可以直接写出它的解:

$$\eta(x,t) = [A\cos(kx) + B\sin(kx)]\sin(\omega t + \phi) \qquad (2-35)$$

式中:$k = \dfrac{\omega}{c}$,称为波数。

棒的支撑情况不同(即边界条件),其振动形式是不完全相同的,现在分几种情况进行分析:

① 棒的两端固定

当棒的两端被固定,即两端不存在位移,因此有:

$$\eta(t,x)\Big|_{x=0} = 0, \eta(t,x)\Big|_{x=L} = 0$$

将此边界条件代入式(2-35),可以得到 $A=0$,$\sin(kL)=0$。由此得到两端固定棒的纵振动的固有频率为:

$$f_n = \frac{nc}{2L} = \frac{n}{2L}\sqrt{\frac{E}{\rho}} \qquad n = 1,2,3\cdots \qquad (2-36)$$

所有谐频振动叠加在一起就是棒的纵向振动的总位移:

$$\eta(x,t) = \sum_{n=1}^{\infty} B_n \sin(k_n x)\sin(\omega_n t + \phi_n) \qquad (2-37)$$

式中 B_n、ϕ_n 可以由初始位移$(x,0)$和初始速度$\dfrac{\partial\eta(x,o)}{\partial t}$来确定。

② 棒的两端自由

棒的两端自由,即其两端不受应力的作用,因此应变量为 0,即:

$$\frac{\partial\eta(t,x)}{\partial x}\Big|_{x=0} = 0, \quad \frac{\partial\eta(t,x)}{\partial x}\Big|_{x=L} = 0$$

将边界条件代入式(2-35),可分别得到 $B_n = 0$ 和 $\sin(kL) = 0$,可以得到两端自由的棒的纵振动固有频率,这与两端固定的棒的固有频率相同。

$$f_n = \frac{nc}{2L} = \frac{n}{2L}\sqrt{\frac{E}{\rho}} \quad n = 1,2,3\cdots \qquad (2-38)$$

所有谐频振动叠加在一起就是棒的纵向振动的总位移:

$$\eta(x,t) = \sum_{n=1}^{\infty} A_n \cos(k_n x)\sin(\omega_n t + \phi_n) \qquad (2-39)$$

显然两端自由棒的振动位移与两端固定棒的位移相位相差了$\frac{\pi}{2}$,图 2-11 为上述两种情况下棒的纵向振动振幅分布。

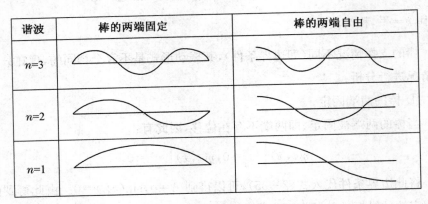

谐波	棒的两端固定	棒的两端自由
$n=3$		
$n=2$		
$n=1$		

图 2-11 棒的纵向振动振幅分布

③ 棒的一端固定,一端自由

设棒的 $x=0$ 端固定,则有 $\eta(t,x)\big|_{x=0}=0$,代入式(2-35)得到 $B_n=0$;另一端 $x=L$ 自由,则有 $\frac{\partial \eta(t,x)}{\partial x}\big|_{x=L}=0$,由式(2-35)得到 $\cos(kL)=0$。因此可以推知一端固定、一端自由棒的固有振动频率为:

$$f_n=\frac{(2n-1)c}{4L} \quad n=1,2,3\cdots \tag{2-40}$$

这种振动的固有频率与前面两端固定和两端自由的不一样,其基频只有前两者的二分之一,并且只可能存在奇数谐波。

④ 一端自由一端受强迫振动力作用

设在 $x=0$ 端自由,即 $\frac{\partial \eta(t,x)}{\partial x}\big|_{x=0}=0$,得到 $B_n=0$。

在 $x=L$ 端受到纵向强迫力的作用,使棒产生简谐振动,设其位移为 $\eta_0\cos(\omega't-\phi)$,于是得到 $\eta(t,x)\big|_{x=L}=\eta_0\cos(\omega't-\phi)$,这里 η_0、ω' 和 ϕ 分别为强迫振动的位移振幅、圆频率和相位角。将其代入式(2-35),得到 $A=\frac{\eta_0\cos(\omega't-\phi)}{\cos(kL)}$,所以棒中 x 处的位移为:

$$\eta(t,x)=\frac{\eta_0}{\cos(kL)}\cos(kx)\cos(\omega't-\phi) \tag{2-41}$$

当 $x=0$ 时（即自由端），纵向位移为：

$$\eta(t,0)=\frac{\eta_0}{\cos(kL)}\cos(\omega't-\phi) \tag{2-42}$$

从式（2-42）可以看出，自由端的振幅不仅受强迫振动的振幅影响，还受其频率影响。如果 $f'_n=\frac{(2n-1)c}{4L}$，则 $\cos(kL)=0$，自由端的振幅将达到无穷大。这就是说，当强迫力的频率与一端自由棒的固有频率一致时，棒将出现共振现象。

（2）**棒的横振动**

棒除了纵向振动外，还可能产生横向振动。假设棒受到一个垂直于棒轴方向的力，就会发生弯曲形变，由于棒自身的弹性恢复力，使得棒产生弯曲振动。因为弯曲振动的方向与振动波传播的方向垂直，一般称这样的振动为横振动，棒的横振动很容易在空气中激发产生机械噪声。

在棒的 x 处取一个微段，微段长 dx，棒受垂向力作用后，微段 dx 弯曲变形的放大情况如图 2-12 所示。弯曲的微段上部被拉伸，下部被压缩，中间存在一个既未被拉长也未被缩短的中性面，我们将中性面在平面上的投影称为中线，显然中线的长度仍然是 dx。

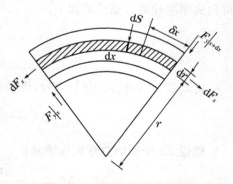

图 2-12 微段 dx 弯曲变形

在距离中线上方处选取一个薄层，薄层厚 dr，薄层横截面面积为 dS，薄层拉伸量为 δx，若微段中线的曲率半径为 r，则根据平面几何相似关系得到：

$$\frac{\delta x}{dx}=\frac{dr}{r} \tag{2-43}$$

根据胡克定律，横截面 dS 上的纵向力为 $\frac{dF_x}{dS}=-E\frac{dr}{r}$。中线以上产生的是拉力，$dr$ 为正；中线以下产生的是压力，dr 为负。纵向力 dF_x 对中线的弯矩为 $dM_x = dr dF_x = -E\dfrac{(dr)^2}{r}dS$，而整个 x 截面上的总弯矩为：

$$M_x = \int dM_x = -\frac{E}{r}\int(dr)^2 dS = -\frac{EI}{r} \tag{2-44}$$

上式中 $I = \int(dr)^2 dS$，称为轴惯性矩，其只与横截面的形状和大小有关，例如矩形棒的横截面高为 H、宽为 B 的惯性矩 $I = \dfrac{BH^3}{12}$，横截面半径为 a 的圆形棒的惯性矩 $I = \dfrac{\pi a^4}{4}$ 等。

设 $\xi(t,x)$ 是棒上某点离开平衡位置的距离（即垂直于棒方向的位移），通过数学推导可以得到位移 $\xi(t,x)$ 与曲率半径 r 之间的关系 $r = \dfrac{\left[1+\left(\frac{\partial\xi}{\partial x}\right)^2\right]^{\frac{3}{2}}}{\frac{\partial^2\xi}{\partial x^2}}$。在弯曲变形比较小的情况下，$\dfrac{\partial\xi}{\partial x}\ll 1$，略去二阶以上的小量，得到曲率半径的近似公式如下：

$$r = \frac{1}{\frac{\partial^2\xi}{\partial x^2}} \tag{2-45}$$

将式（2-45）代入式（2-44），得到：

$$M_x = -EI\frac{\partial^2\xi}{\partial x^2} \tag{2-46}$$

微段 dx 受到的总弯矩应该是：

$$M_x - M_{x+dx} = -\frac{\partial M_x}{\partial x}dx = EI\frac{\partial^3\xi}{\partial x^3}dx \tag{2-47}$$

弯曲变形除了引起弯矩外，还在截面上产生剪切力，剪切力的方向与棒的轴向垂直，记为 F_y，F_y 使微段 dx 产生力矩为 $F_y dx$。根据动量矩守恒定律，纵向力引起的弯矩与切向力产生的力矩相平衡，即：

$$F_y dx = -\frac{\partial M_x}{\partial x}dx$$

于是得到：

$$F_y = -\frac{\partial M_x}{\partial x} = EI \frac{\partial^3 \xi}{\partial x^3} \qquad (2-48)$$

式(2-48)表明,横截面上的剪切力是 x 的函数,对微段 dx 而言,两端剪切力的合力应该为

$$dF_y = F_y|_x - F_y|_{x+dx} = -\frac{\partial F_y}{\partial x}dx = -EI \frac{\partial^4 \xi}{\partial x^4}dx \qquad (2-49)$$

微段 dx 在剪切力的作用下将产生垂直于轴线的加速度,根据牛顿第二定律 $dF_y = \rho s dx \frac{\partial^2 \xi}{\partial t^2}$,结合式(2-49),得到棒的横振动方程:

$$-EI \frac{\partial^4 \xi}{\partial x^4} = \rho S \frac{\partial^2 \xi}{\partial t^2} \qquad (2-50)$$

棒的横振动方程出现了对 x 的四阶导数,但仍可以像前面一样采取分离变量法求解。令 $\xi(t,x) = T(t)Y(x)$,代入上式得到:

$$-\frac{EI}{\rho S Y(x)} \frac{\partial^4 Y(x)}{\partial x^4} = \frac{1}{T(t)} \frac{\partial^2 T(t)}{\partial t^2} \qquad (2-51)$$

式(2-51)的等式两边各自只有一个独立变量,因此可以推断它们都等于一个共同的常数,设该常用数为 $-\omega^2$,并引入一个中间变量 α,令 $\alpha^4 = \omega^2 \frac{\rho S}{EI}$,则得到两个独立的微分方程:

$$\frac{d^2 T(t)}{dt^2} + \omega^2 T(t) = 0 \qquad (2-52)$$

$$\frac{d^4 Y(x)}{dx^4} + \alpha^4 Y(x) = 0 \qquad (2-53)$$

式(2-52)是我们熟悉的,其解为:

$$T(t) = A\sin(\omega t + \phi) \qquad (2-54)$$

式(2-53)是一个 x 的四阶微分方程,设其解的形式为 $Y(x) = e^{\gamma x}$,得到 $Y(x)$ 的四个特解 $e^{\alpha x}$、$e^{-\alpha x}$、$e^{j\alpha x}$、$e^{-j\alpha x}$。可以将特解的指数函数化成三角函数和双曲函数,它们的关系如下:

$e^{\alpha x} = \cosh\theta + \sinh\theta, e^{-\alpha x} = \cosh\theta - \sinh\theta, e^{j\alpha x} = \cos\theta + j\sin\theta, e^{-j\alpha x} = \cos\theta - j\sin\theta$。因此方程(2-53)的解可进一步写为:

$$Y(x) = A\cosh(\alpha x) + B\sinh(\alpha x) + C\cos(\alpha x) + D\sin(\alpha x) \qquad (2-55)$$

考虑时间项,棒横振动的一般解为:

$$\xi(t,x)=[A\cosh(\alpha x)+B\sinh(\alpha x)+C\cos(\alpha x)+D\sin(\alpha x)]\sin(\omega t+\phi)$$

$$(2-56)$$

式中:参数 A、B、C、D 由边界条件确定,下面对几种常用见的边界条件进行分析。

① 棒的两端固定

对于两端固定的棒,其边界条件为两端的位移为 0,同时位移曲线的斜率也为 0,即:

$$\xi|_{x=0}=0, \xi|_{x=L}=0, \frac{\partial\xi}{\partial x}\Big|_{x=0}=0, \frac{\partial\xi}{\partial x}\Big|_{x=L}=0 \qquad (2-57)$$

将边界条件代入式(2-55)可以推导出 $A=C, B=D$,以及

$$\begin{cases} A[\cosh(\alpha L)-\cos(\alpha L)]+B[\sinh(\alpha L)-\sin(\alpha L)]=0 \\ A[\sinh(\alpha L)+\sin(\alpha L)]+B[\cosh(\alpha L)-\cos(\alpha L)]=0 \end{cases} \qquad (2-58)$$

要上式成立,且满足 A、B 不为 0,则必须使 A、B 的系数行列式等于 0,即:

$$\begin{vmatrix} \cosh(\alpha L)-\cos(\alpha L) & \sinh(\alpha L)-\sin(\alpha L) \\ \sinh(\alpha L)+\sin(\alpha L) & \cosh(\alpha L)-\cos(\alpha L) \end{vmatrix}=0 \qquad (2-59)$$

进一步化简上式,得到:

$$\cosh(\alpha L)\cos(\alpha L)=1 \qquad (2-60)$$

式(2-60)是两端固定棒的横振动频率方程,很难得到其解析解,只能通过图解法得到一系列的固有频率 f_n。但当 $n>3$ 时,其固有频率可以用近似公式表示:

$$f_n=\frac{(2n-1)^2\pi}{8L^2}\sqrt{\frac{EI}{\rho s}} \qquad n=1,2,3\cdots \qquad (2-61)$$

棒的横振动应该是所有主振型的叠加。

② 棒的两端自由

两端自由的棒,其两端不受外力作用,因此,其弯矩和剪切力都等于 0,边界条件为:

$$\frac{\partial^2 \xi}{\partial x^2}\bigg|_{x=0}=0, \frac{\partial^2 \xi}{\partial x_2}\bigg|_{x=L}=0, \frac{\partial^3 \xi}{\partial x^3}\bigg|_{x=0}=0, \frac{\partial^3 \xi}{\partial x^3}\bigg|_{x=L}=0 \quad (2-62)$$

代入式(2-55)可以推导出 $A=-C, B=-D$,以及

$$\begin{cases} A[\cosh(\alpha L)+\cos(\alpha L)]+B[\sinh(\alpha L)+\sin(\alpha L)]=0 \\ A[\sinh(\alpha L)-\sin(\alpha L)]+B[\cosh(\alpha L)+\cos(\alpha L)]=0 \end{cases} \quad (2-63)$$

要上式成立的条件为:

$$\begin{vmatrix} \cosh(\alpha L)+\cos(\alpha L) & \sinh(\alpha L)+\sin(\alpha L) \\ \sinh(\alpha L)-\sin(\alpha L) & \cosh(\alpha L)+\cos(\alpha L) \end{vmatrix}=0 \quad (2-64)$$

进一步化简上式,得到:

$$\cosh(\alpha L)\cos(\alpha L)=-1 \quad (2-65)$$

用图解法求得两端自由棒的固有频率 f_n,同样当 $n>3$ 时,也可以得到近似的固有频率公式,其与两端固定的棒相同。

从棒的横振动的两种边界条件求得的固有频率近似表达式可以发现,棒作横振动时,固有频率与棒的长度平方成反比,棒的长度缩小一半相应的固有频率就提高 4 倍,且泛音频率与基频不成整数倍关系,也不成线性关系,n 次泛频远大于基频的 n 倍。因此,如果敲击两端自由的棒,它发出的声音往往是音调尖而不和谐。但是,由于阻尼作用引起衰减,且频率越高衰减得越快,所以,开始时发出的声音尖锐刺耳,但很快就变成几乎全部是基频的纯音了。

棒的横振动还有其他各种边界条件,如一端固定,一端自由,两端刚性支撑等,其分析方法都是相同的,这里不再重复。这里给出各种边界条件棒的横振动的简正频率和振幅分布,如图 2-13 所示。

3. 膜的振动

膜是具有一定质量和一定面积的柔软的均匀薄层,其本身没有劲度,以一定张力将其四周固定,张力就使膜具有了弹性。当膜受到一个垂直方向的力作用后,膜就发生形变,然后在张力的作用下就发生垂直方向的振动。在张紧的膜上取一个微面元 $dxdy$,当其发生形变时,微面元的边缘都会受到其周围的张力作用,如图 2-14 所示。

设微面元上 (x,y) 点处的张力 T 在 x 轴上的投影与 x 轴的夹角为 α,则

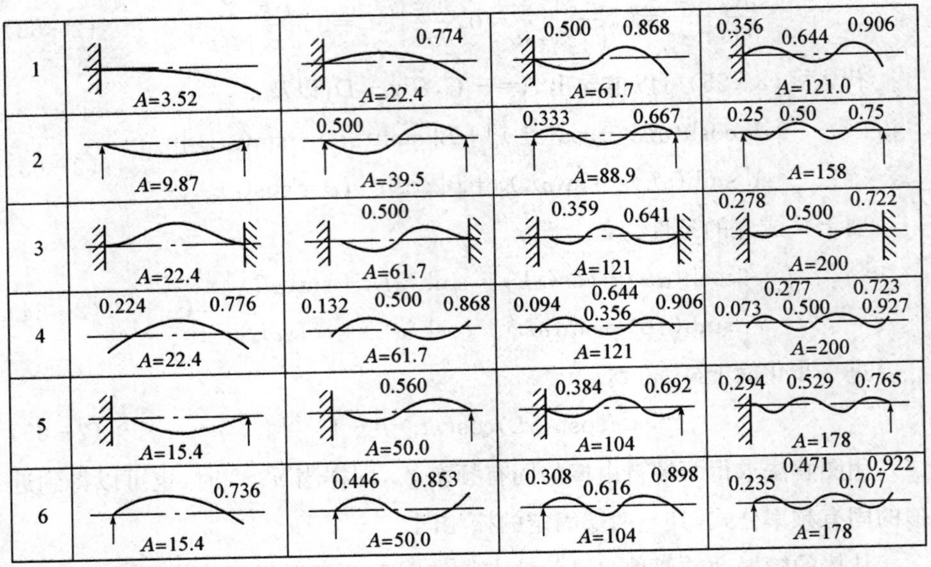

1
A=3.52
0.774
A=22.4
0.500 0.868
A=61.7
0.356 0.644 0.906
A=121.0
2
A=9.87
0.500
A=39.5
0.333 0.667
A=88.9
0.25 0.50 0.75
A=158
3
A=22.4
0.500
A=61.7
0.359 0.641
A=121
0.278 0.500 0.722
A=200
4
0.224 0.776
A=22.4
0.132 0.500 0.868
A=61.7
0.094 0.644 0.356 0.906
A=121
0.277 0.723
0.073 0.500 0.927
A=200
5
A=15.4
0.560
A=50.0
0.384 0.692
A=104
0.294 0.529 0.765
A=178
6
0.736
A=15.4
0.446 0.853
A=50.0
0.308 0.616 0.898
A=104
0.471 0.922
0.235 0.707
A=178

1—一端紧固一端自由；2—两端均铰接；3—两端均紧固；4—两端均自由；
5—一端紧固一端铰接；6—一端自由一端铰接

图 2-13 不同边界条件棒的横振动简正频率和振幅分布图

Tdx
y+dy
Tdy
dy
Tdy
dx
y
x
x+dx
Tdx

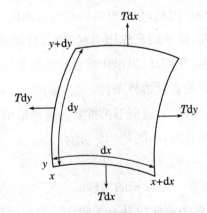

图 2-14 微面元及其张力示意图

其垂直于微面元的 Z 向分量为 $T\sin\alpha$。因为小振动时角 α 很小，可以近似为 $T\sin\alpha \approx T\tan\alpha = T\dfrac{\partial \xi}{\partial x}$，这里 ξ 为膜离开平衡位置的垂直方向的位移。考虑微

面元 $\mathrm{d}y$ 段在 x 坐标方向的总张力应为 $T\left(\dfrac{\partial \xi}{\partial x}\right)_x \mathrm{d}y$,而在$(x+\mathrm{d}x,y)$点的总张力应为 $T\left(\dfrac{\partial \xi}{\partial x}\right)_{x+\mathrm{d}x} \mathrm{d}y$,所以对微面元而言,外部作用在 x 和 $x+\mathrm{d}x$ 两个边界上垂直方向的合力为:

$$T\left(\frac{\partial \xi}{\partial x}\right)_{x+\mathrm{d}x}\mathrm{d}y-T\left(\frac{\partial \xi}{\partial x}\right)_x \mathrm{d}y=T\frac{\partial^2 \xi}{\partial x^2}\mathrm{d}y\mathrm{d}x \tag{2-66}$$

同样,考虑微面元上(x,y)点处的张力 T 在 y 轴上的投影,可以得到微面元在 y 和 $y+\mathrm{d}y$ 两个边界上垂直方向的合力为

$$T\left(\frac{\partial \xi}{\partial y}\right)_{y+\mathrm{d}y}\mathrm{d}x-T\left(\frac{\partial \xi}{\partial y}\right)_y \mathrm{d}x=T\frac{\partial^2 \xi}{\partial y^2}\mathrm{d}y\mathrm{d}x \tag{2-67}$$

于是,作用在整个微面元上的垂直方向上的总合力:

$$T\left(\frac{\partial^2 \xi}{\partial x^2}+\frac{\partial^2 \xi}{\partial y^2}\right)\mathrm{d}y\mathrm{d}x \tag{2-68}$$

垂直方向的力将使微面元产生 Z 向加速度,设膜的面密度为 ρ,则有:

$$T\left(\frac{\partial^2 \xi}{\partial x^2}+\frac{\partial^2 \xi}{\partial y^2}\right)\mathrm{d}y\mathrm{d}x=\rho\mathrm{d}x\mathrm{d}y\frac{\partial^2 \xi}{\partial t^2} \tag{2-69}$$

令 $C^2=\dfrac{T}{\rho}$(为振动在膜中的传播速度),整理上式得到:

$$\frac{\partial^2 \xi}{\partial x^2}+\frac{\partial^2 \xi}{\partial y^2}=\frac{1}{c^2}\frac{\partial^2 \xi}{\partial t^2} \tag{2-70}$$

式(2-70)就是直角坐标系中膜的振动方程,该方程涉及 3 个变量,这在前面都未遇到过。为给出膜振动的解析解,我们采用半径为 r 的圆膜,圆膜的边界以一定的张力固定,用极坐标中的极径 r 和极角 θ 来表示 x、y,则有 $x=r\cos\theta,y=r\sin\theta$,直角坐标中的膜振动方程就转换成极坐标方程:

$$\frac{1}{r}\frac{\partial}{\partial r}\left(r\frac{\partial \xi}{\partial r}\right)+\frac{1}{r^2}\frac{\partial^2 \xi}{\partial \theta^2}=\frac{1}{c^2}\frac{\partial^2 \xi}{\partial t^2} \tag{2-71}$$

由于圆在大多数情况下都具备极轴对称特性,因此圆膜振动位移可以视为与极角 θ 无关,这样式(2-71)就可以简化为式(2-72):

$$\frac{\partial^2 \xi}{\partial r^2}+\frac{1}{r}\frac{\partial \xi}{\partial r}=\frac{1}{c^2}\frac{\partial^2 \xi}{\partial t^2} \tag{2-72}$$

式(2-72)也是二阶偏微分方程,用分离变量法得到关于 r 的二阶常微分方程:

$$\frac{d^2 R(r)}{dr^2} + \frac{1}{r} \frac{dR(r)}{dr} + k^2 R(r) = 0 \tag{2-73}$$

式中:$R(r)$ 为关于 r 的分离变量,$k = \frac{\omega}{c}$。该式是变形了的零阶贝塞尔方程,令 $kr = x$,将上式变为标准的零阶贝塞尔方程:

$$\frac{d^2 R(x)}{dx^2} + \frac{1}{x} \frac{dR(x)}{dx} + R(x) = 0 \tag{2-74}$$

零阶贝塞尔方程的特解:

$$R(x) = AJ_0(x) + BN_0(x) \tag{2-75}$$

方程的特解中 $J_0(x)$ 为零阶贝塞尔函数,$N_0(x)$ 为柱诺依函数。在 x 趋于零时,柱诺依函数 $N_0(x)$ 趋于无穷大,这对于圆膜而言是不可能的,所以必须令 $B = 0$。这样圆膜振动方程的特解为:

$$R(x) = AJ_0(x) = A \sum_{n=0}^{\infty} (-1)^n \frac{\left(\frac{x}{2}\right)^{2n}}{(n!)^2} \tag{2-76}$$

设圆膜的半径 $r = a$,由于张紧的圆膜边界必须是固定的,否则就没有张力提供的弹性恢复力使膜产生振动,因此:

$$R(kr)|_{r=a} = J_0(ka) = 0 \tag{2-77}$$

也就是要求零阶贝塞尔函数的宗量 ka 应当满足:

$$ka = \mu_n \quad n = 1, 2, 3 \cdots \tag{2-78}$$

式中,μ_n 是零阶贝塞尔函数的一系列根值,这是可以直接查得的,$\mu_1 = 2.405$,$\mu_2 = 5.520$,$\mu_3 = 8.654$ 等,这说明 ka 值不可能是任意的,只能是一些特定的数值。

于是,对称的圆膜的固有振动频率为:

$$f_n = \frac{c}{2\pi a} \mu_n \tag{2-79}$$

对称圆膜的振动方式函数为:

$$\xi(r, t) = AJ_0\left(\frac{\mu_n}{a} r\right) e^{j\omega t} \tag{2-80}$$

4. 板的振动

板与膜的区别在于板是刚性的,膜是柔性的,板是靠自身的劲度恢复平衡,膜是靠张力恢复平衡,这与棒和弦之间的区别是相同的。但是板与棒相比,板是二维结构件,棒是一维结构件,因此可以将板看作棒在二维空间的推广。然而由于板是二维结构,其弯曲形变时产生的弹性应力不仅与杨氏模量 E 相关,还与泊松比 σ 相关,泊松比 σ 是描述材料在单向受拉或受压时,横向应变与轴向应变比的绝对值。描述板中应力与应变关系的胡克定律中的系数由 E 变为 $\frac{E}{1-\sigma^2}$,相当于将棒中的杨氏模量 E 扩大了 $\frac{1}{1-\sigma^2}$ 倍(大多数固体材料的 σ 为 $0.25\sim0.4$,即 E 扩大了 $1.06\sim1.2$ 倍)。通过将棒的一维振动方程式(2-50)推广到二维方程,就可快捷地获得板的振动方程,但为了便于读者的理解,这里仍简略介绍一下二维振动方程的推导过程。

将各向同性的匀质薄板放置在直角坐标系中,薄板中任一微元受力情况如图 2-15 所示,则单位宽度结构中剪切力 Q_x、Q_y,弯曲矩 M_x、M_y,扭矩 M_{xy}、M_{yx} 可分别表示为:

$$M_x = -B_p\left[\frac{\partial^2\xi}{\partial x^2}+\sigma\frac{\partial^2\xi}{\partial y^2}\right] \tag{2-81}$$

$$M_y = -B_p\left[\frac{\partial^2\xi}{\partial y^2}+\sigma\frac{\partial^2\xi}{\partial x^2}\right] \tag{2-82}$$

$$M_{xy} = -M_{yx} = B_p(1-\sigma)\frac{\partial^2\xi}{\partial x\partial y} \tag{2-83}$$

$$Q_x = -\left[\frac{\partial M_x}{\partial x}+\frac{\partial M_{yx}}{\partial y}\right] = B_p\left[\frac{\partial^3\xi}{\partial x^3}+\frac{\partial^3\xi}{\partial x\partial y^2}\right] \tag{2-84}$$

$$Q_y = -\left[\frac{\partial M_y}{\partial y}-\frac{\partial M_{xy}}{\partial x}\right] = B_p\left[\frac{\partial^3\xi}{\partial y^3}+\frac{\partial^3\xi}{\partial y\partial x^2}\right] \tag{2-85}$$

上面 5 个公式中,B_p 为矩形薄板结构的弯曲刚度:

$$B_p = \frac{EI}{1-\sigma^2} \tag{2-86}$$

式中:E 为杨氏模量($\mathrm{N/m^2}$),σ 为泊松比,I 为单位宽度薄板的惯性矩,对于矩形板 $I=h^3/12$,h 为板的厚度。薄板结构弯曲引起横截面绕中性面转动,x、

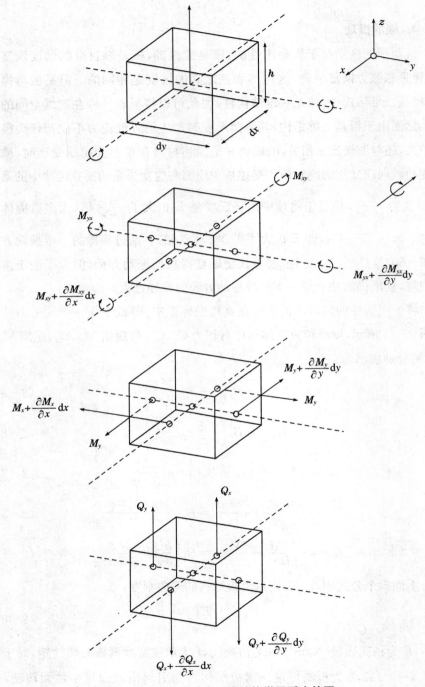

图 2 - 15 弯曲振动中二维结构微元受力简图

y 轴向的转动角分别为：

$$\theta_x = -\frac{\partial \xi}{\partial y} \qquad (2-87)$$

$$\theta_y = -\frac{\partial \xi}{\partial x} \qquad (2-88)$$

在微元中应用牛顿第二定律可得到：

$$-\frac{\partial Q_x}{\partial x} - \frac{\partial Q_y}{\partial y} = m_p \frac{\partial^2 \xi}{\partial t^2} \qquad (2-89)$$

式中 $m_p = \rho h$，为薄板单位面积质量。将方程式(2-84)、式(2-85)代入上式并整理可得薄板的弯曲振动方程：

$$B_p \left[\frac{\partial^4 \xi}{\partial x^4} + 2\frac{\partial^4 \xi}{\partial x^2 \partial y^2} + \frac{\partial^4 \xi}{\partial y^4} \right] + m_p \frac{\partial^2 \xi}{\partial t^2} = 0 \qquad (2-90)$$

上式可以进一步表示为：

$$-\frac{EI}{1-\sigma^2} \nabla^4 \xi = \rho h \frac{\partial^2 \xi}{\partial t^2} \qquad (2-91)$$

式中：$\nabla^4 = \left(\frac{\partial^2 \xi}{\partial x^2} + \frac{\partial^2 \xi}{\partial y^2} \right)^2$ 为直角坐标率中的拉普拉斯算符。

仍然采取分离变量法，得到关于 $Z(x, y, t)$ 的振型函数方程：

$$\nabla^4 Z(x,y) - k^4 Z(x,y) = 0 \qquad (2-92)$$

$$k^4 = \frac{12\omega^2 \rho (1-\sigma^2)}{Eh^2} \qquad (2-93)$$

进一步对式(2-92)因式分解，得到两个方程式：

$$(\nabla^2 + k^2) Z(x,y) = 0 \qquad (2-94)$$

$$(\nabla^2 - k^2) Z(x,y) = 0 \qquad (2-95)$$

方程式(2-92)的通解是式(2-94)和式(2-95)两个方程解的组合，它们在直角坐标系中的解可以用指数函数表示如下：

$$\xi(x,y,t) = A e^{a_x x + a_y y} e^{j\omega t} \qquad (2-96)$$

式中 A 为振幅，a_x、a_y 分别为：

$$a_x = \pm j k_x, \pm k_x; a_y = \pm j k_y, \pm k_y$$

$$k_p^2 = k_x^2 + k_y^2 \qquad (2-97)$$

式中，k_p 为薄板中弯曲波波数，k_x、k_y 为波数 k_p 在 x 轴和 y 轴上的分量。

也可以将平面坐标中的薄板振动方程改为极坐标方程，研究圆形薄板的振动规律，这里首先设圆板振动是极轴对称的，得到其极坐标振型函数方程如下：

$$\frac{\mathrm{d}^2 R}{\mathrm{d}r^2} + \frac{1}{r}\frac{\mathrm{d}R}{\mathrm{d}r} + k^2 R = 0 \qquad (2-98)$$

$$\frac{\mathrm{d}^2 R}{\mathrm{d}r^2} + \frac{1}{r}\frac{\mathrm{d}R}{\mathrm{d}r} - k^2 R = 0 \qquad (2-99)$$

方程式(2-98)与圆膜振动方程完全相同，其解是零阶贝塞尔函数：

$$R(r) = A J_0(kr) \qquad (2-100)$$

用虚数 $k' = \mathrm{j}k$ 代入方程式(2-99)中，则得到与式(2-98)相似的方程：

$$\frac{\mathrm{d}^2 R}{\mathrm{d}r^2} + \frac{1}{r}\frac{\mathrm{d}R}{\mathrm{d}r} + k'^2 R = 0 \qquad (2-101)$$

所以它的解是：

$$R(r) = B J_0(\mathrm{j}kr) = B I_0(kr) \qquad (2-102)$$

$I_0(kr)$ 称为虚宗量零阶贝塞尔函数，顾名思义，其与零阶贝塞尔函数的区别只是宗量为虚数。因此均匀薄板横振动方程的全解应该是上面两个方程解的线性组合：

$$R(r) = A J_0(kr) + B I_0(\mathrm{j}kr) \qquad (2-103)$$

不同形状的薄板和同一形状但其边界条件不同的薄板，它们的振动方式都不一样，现以周边固定的圆形薄板为例分析它的振动方式。设圆板的半径 $r=a$，因其周边固定，所以有：

$$\begin{cases} R(r)\Big|_{r=a} = 0 \\ \dfrac{\partial R(r)}{\partial r}\Big|_{r=a} = 0 \end{cases} \qquad (2-104)$$

代入式(2-103)，得到：

$$\begin{cases} A J_0(ka) + B I_0(\mathrm{j}ka) = 0 \\ -A k J_1(ka) + B k I_1(\mathrm{j}ka) = 0 \end{cases} \qquad (2-105)$$

这里应用了贝塞尔函数性质 $\int J_1(x)\mathrm{d}x = J_0(x)$ 和虚宗量贝塞尔函数的性质 $\int I_1(x)\mathrm{d}x = I_0(x)$。令 $ka = \mu$,用图解法可以得到式(2-105)的特征解:$\mu_1 = 3.20$,$\mu_2 = 6.30$,$\mu_3 = 9.44$,…,特征解的近似公式可以写成:$\mu_n = n\pi$ $(n = 1,2,3\cdots)$。

根据式(2-93)即可得到周边固定圆板振动固有频率为

$$f_n = \mu_n^2 \frac{h}{16\pi a^2}\sqrt{\frac{E}{3\rho(1-\sigma^2)}} \qquad (2-106)$$

所以边界固定的圆板振动的方式为

$$\xi_n(r) = A_0 J_0\left(\frac{\mu_n}{a}r\right) + B_n I_0\left(\frac{\mu_n}{a}r\right) \qquad (2-107)$$

其他边界条件的求解方法与上面相同,不再一一表述。为便于实际应用,这里列出不同形状、不同边界条件的均匀薄板的简正频率通用公式:

$$f_n = \frac{B}{4\pi}\sqrt{\frac{Eh^2}{\rho\mathrm{d}^4(1-\sigma^2)}} \qquad (2-108)$$

式中:E 为杨氏模量,σ 为泊松比,ρ 为板的面密度,h 为板的厚度,d 为圆板的直径或正方形的边长,B 根据板的形状和固定方式取值,详见表2-1。

由于现实生活中薄板被广泛使用,其与棒一样,横振动会直接在空气中激发产生机械噪声,对周围环境影响很大。了解其振动方式和特点,对于防治和控制机械振动和结构噪声十分必要,所以本节将进一步介绍方形板在不同边界条件下的简振方式如图2-16所示。

表2-1 不同形状和固定方式的均匀薄板的 B 值

板形	边界条件	各简正方式的 B 值							
		1	2	3	4	5	6	7	8
圆形	周边夹紧	11.84	24.61	40.41	46.14	103.12			
	自由	6.09	10.53	14.19	23.80	40.88	44.68	61.38	69.44
	中心固定	4.35	24.26	70.39	138.85				
	周边简支	5.90							

板形	边界条件	各简正方式的 B 值							
		1	2	3	4	5	6	7	8
方形	一边夹紧 其余自由	1.01	2.47	6.20	7.94	9.01			
	四边夹紧	10.40	21.21	31.29	38.04	38.22	47.73		
	两边夹紧 两边自由	2.01	6.96	7.74	13.89	18.25			
	四边自由	4.07	5.94	6.91	10.39	17.80	18.85		
	一边夹紧 三面简支	6.83	14.94	16.95	24.89	28.99	32.71		
	三边简支 一对边夹 紧,一对 边简支	8.37	15.82	20.03	27.34	29.54	37.31		
	四边简支	5.70	14.26	22.82	28.52	37.08	48.49		

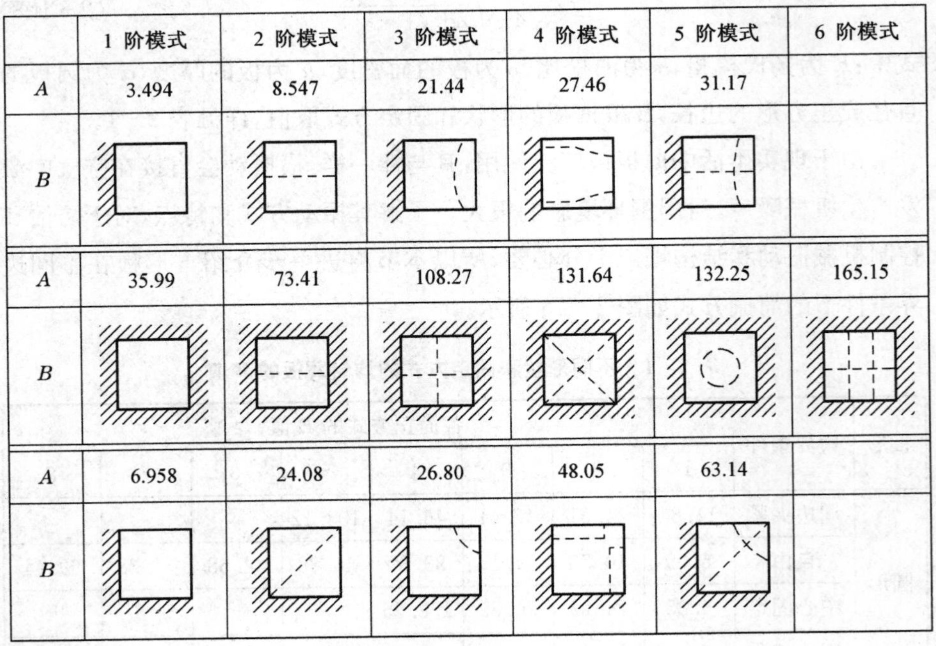

	1 阶模式	2 阶模式	3 阶模式	4 阶模式	5 阶模式	6 阶模式
A	3.494	8.547	21.44	27.46	31.17	
B						
A	35.99	73.41	108.27	131.64	132.25	165.15
B						
A	6.958	24.08	26.80	48.05	63.14	
B						

A 为振动模式系数,B 为振动节线

图 2-16　方形板在不同边界条件下的简振方式图

第三章 声波的特性

第一节 声波的形成

1. 声波—振动在弹性媒质中的传播

第二章中我们对物体的振动进行了讨论,通常振动的物体不会处于真空中,它们可能处于空气的包围中,可能处于水中,也可能与某种固体相接触,振动物体必然会对相邻的介质产生作用,而空气、水和固体都是弹性介质,即他们的分子之间存在着相互作用力,会将质点的振动由近及远地在介质中传播开来,这种振动在介质中的传播现象就叫声波。显然振动是声波产生的根源,弹性介质是声波形成的条件,两者缺一不可。在弹性介质中只要有振动必然会产生声波,反之只要有声波也必然存在振动,它们是不可分割的孪生兄弟。通常振动研究的是固定点(或整个物体)随时间的运动,而声波研究的是振动在介质中的传递过程。

为清楚地了解声波的形成,我们在弹性介质中取一个细长的圆柱体,该圆柱体内正好可以容纳一列质点,每个质点可以包含有许多分子,但它们在声波传播过程中的运行状态基本相同,如图3-1所示。在没有受到外力作用时圆柱体内质点是静止的,相互之间的距离是相等的,但当圆柱的一端受到振动源的力作用时,第一个质点就会在力的作用下产生位移,与相邻的第二个质点的距离缩小,由于分子之间的相互作用力(流体中为正压力,固体中为排斥力),第二个质点也被第一个质点推动产生位移,同样第二个质点又推动第三个质点位移,如此等等,圆柱体内的质点像多米诺骨牌一样向同一个方向运动。但是引起多米诺现象的振动力达到其最大振幅后立即向相反方向运动,圆柱体内的第一个质点在其力的作用下又向反方向位移,第一个质点与第二个质点之间距离变大,在质点间力(流体中为负压力,固体中为吸引力)的作用下第二个质点也改变原有的运动方向跟随第一个质点作反向运动,后面的第三、四、第 N 个质点也依次跟随改变运行方向,于是质点又产生反方向的多米诺运动。质点列不停地作正向和反向的多米诺运动,介质中就形成了声波。显然各质点忽左忽右的位移,只是在其平衡位置往复运动,这就是我们前面研究的质点振动现象;但是由于介质中分子间的相互作用力使得质点的振动形式(包括位移、压力、速度、加速度、能量)随时间推移由近及远地传播开来。因此声波的本质包含有介质中的质点振动和振动能量在介质中传播两种运动。

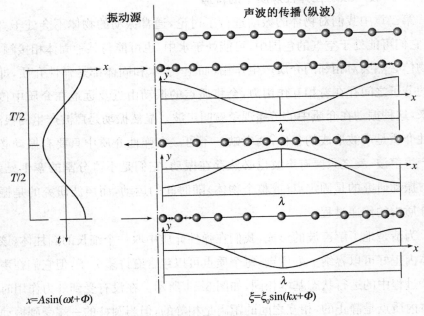

图 3-1 声波在弹性介质中的传播(纵波)

这里所说的弹性介质可能是气体、液体和固体。当声波在气体和液体中传播时,由于气体和液体分子间的距离较大,分子间的作用力较弱,声波的传播主要是通过压力变化来实现,弹性介质中的质点在压力的作用下只能沿声波传播方向运动,使介质出现疏密相间的声波传递现象。而在固体介质中分子间的作用力大大增强,声波的传播主要依靠分子间的作用力,该作用力使得固体介质中质点运动方向既有与声波传播方向相同的,也有与声波传播方向垂直的,我们称质点运动方向与声波传播方向相同的声波为纵波,与声波传播方向垂直的声波为横波。因此气体和液体中只有纵波存在,而固体中既有纵波,又有横波,固体中的声波比气体和液体中的声波要复杂得多。

　　图 3-2 是固体介质中横波产生及传播的示意图,从图中可以更加清楚地看出声传播过程中的两个方面的运动,一个是振动在介质中的传递,即声波是沿 x 方向传播的;另一个是各个质点的振动是在 y 方向往复运动的,在声波传播的 x 方向各个质点没有发生位移。

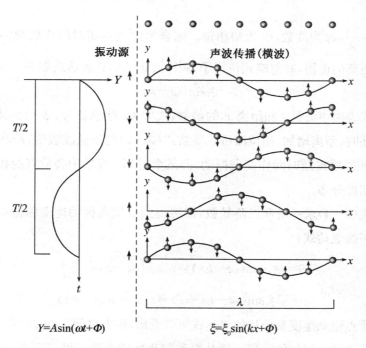

图 3-2　固体介质中横波产生及传播的示意图

在图 3-1 和图 3-2 中,左侧是振动源及其振动规律,根据第二章简谐振动,振动源的振动规律可以用下式表示：

$$x = A\sin(\omega t + \Phi) \qquad (3-1)$$

右侧是介质中的声传播过程及规律,它包含两个方面的运动:第一是质点(图中的各个质点)受振动源的影响在其平衡位置作简谐振动,其运动规律与振动源相似,只是振动的幅值和相位可能有所差异,为了与振动源的位移区别,我们用 ξ_1 表示质点振动的位移,因此质点振动规律可用下式表示：

$$\xi_1 = \xi_0 \sin(\omega t + \Phi') \qquad (3-2)$$

第二声波沿 x 方向向前传播也呈现周期性变化,每隔一定的距离就出现相同的波动状态,这个距离称为波长 λ,因此质点的波动状态随距离的变化规律可以写成 ξ_2：

$$\xi_2 = \xi_0 \sin\left(2\pi \frac{x}{\lambda} + \Phi\right) = \xi_0 \sin(kx + \Phi) \qquad (3-3)$$

式中: $k = \dfrac{2\pi}{\lambda}$,称为波数, Φ 为初相位。综合考虑质点随时间作的简谐振动和振动随距离的传播,并忽略相位因子,则声波运动的总表达式如下：

$$\xi = \xi_0 \sin(\omega t - kx) \qquad (3-4)$$

该式表明声波是 t 和距离 x 的函数,式中 kx 前取负号,表示声波沿正 x 方向传播时,距离增加,相位滞后。显然式(3-4)的正弦波表明:声场中某个位置 x 处的质点随时间作简谐振动,而某个时刻 t 媒质中各质点的相位随距离作周期性分布。

对式(3-4)求一阶和二阶导数,即可得到以质点振动速度和振动加速度表示的声波表达式：

$$v = \omega\xi_0 \mathrm{con}(\omega t - kx) = v_0 \sin\left(\omega t - kx + \frac{\pi}{2}\right) \qquad (3-5)$$

$$a = \omega^2\xi_0 \sin(\omega t - kx + \pi) = -a_0 \sin(\omega t - kx) \qquad (3-6)$$

从质点振动速度和位移的表达式可以看出,两者之间存在 90^0 的相位差,速度幅值是位移幅值的 ω 倍。而从振动加速度的表达式可以看出,振动加速度幅值是位移幅值的 ω^2 倍,是速度幅值的 ω 倍,振动加速度相位与位移相位相差 180。

2. 声波的频率、波长和声速

声波在弹性介质中传播是呈周期性变化的,其变化一个周期所用的时间记为 T,单位为秒,单位时间内的变化次数叫作频率,通常用 f 代表,单位为秒分之一,一般用 Hz 表示,T 和 f 互为倒数。

$$f=1/T \tag{3-7}$$

声波在一个周期内传播的距离叫作波长,通常用 λ 表示,其单位为米(m),单位时间内声波的变化次数为频率 f,λ 与 f 的乘积就是声波传播的速度,通常用 C 表示,单位为米/秒(m/s)。

$$C=\lambda f \tag{3-8}$$

声波是由振动激发产生的,它们之间存在着因果关系,声波的频率应该与振动的频率相同,对于声波所依赖的传声介质不是无限大时可能产生谐波现象则应另当别论。

根据声波的不同频率可以将声波划分为次声波、音频声波和超声波,音频声是人耳能够感觉到的声波,其频率范围为 20~20 000 Hz,这也是声环境保护中关注的频率范围。次声、音频声和超声的频率范围及其各自的应用如图3-3所示,本书对次声和超声不作讨论。

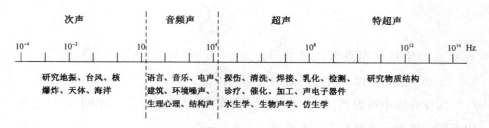

图 3-3　不同频率范围的声波及其应用研究

声波的波长由声速除以频率得到,而声波传播速度是与传声介质的特性和环境条件密切相关。通过对波动方程的理论推导,可以得到声速:

$$C=\sqrt{\frac{E}{\rho_0}} \tag{3-9}$$

式中,E 为介质的弹性模量,ρ_0 为介质的密度,这表明声速与介质的弹性模量的平方根成正比,与介质密度的平方根成反比。E 和 ρ_0 均为介质的固有特性,E 的意义为介质的弹性应力变化与密度变化之比,因此声速只与传声介质的特性相关,而与声波的频率无关。在流体介质中只有体积弹性模量,在固体介质中不仅有体积弹性模量,还有切变弹性模量,因此流体中只能产生纵波,而固体中既有纵波也有横波。

在流体介质中,体积弹性模量 E 是压强变量和密度变量的比,即 $E = \Delta P/\rho$,静态压强和密度都与温度相关,但它们相除后温度对 E 值的影响基本相互抵消,即 E 受温度的影响不大;但声速公式中的 ρ_0 值受温度的影响十分明显。气体中温度对声速的影响可以写成下式:

$$C = \sqrt{\gamma RT/M} \qquad (3-10)$$

式中,γ 为气体的比热比,R 为气体常数,T 绝对温度,M 为气体的摩尔质量,对于空气而言,$\gamma = 1.4$,$R = 8.31\ \text{J}/(\text{mol}\cdot\text{K})$,$M = 28.3 \times 10^{-3}\ \text{kg/mol}$,于是空气中的声速可以进一步表示为:

$$C(t) = 331.6 + 0.61t \qquad (3-11)$$

这里 t 为摄氏温度,$0\ ℃$ 时的声速为 $331.6\ \text{m/s}$。

在液体中声速为:

$$C = \sqrt{\frac{E}{\rho_0}} = \sqrt{\frac{1}{\rho_0 \beta}} \qquad (3-12)$$

式中:β 为绝热压缩系数。对水而言 $\beta = 4.78 \times 10^{-10}\ \text{m}^2/\text{N}$,$0\ ℃$ 的水 $\rho = 10^3\ \text{kg/m}^3$,由此可得水中的声速为 $1\ 446\ \text{m/s}$。

固体介质中有纵波、弯曲波和剪切波等,它们的声速各不相同,固体介质中不同声波的声速将在下一章介绍。

表 3-1 为不同传声介质中的纵波声速。

表 3-1　不同介质中的纵波声速

传声介质		温度(℃)	密度(kg/m³)	声速(m/s)
气体	空气	0	1.290	330
		20	1.205	344
	二氧化碳	0	1.977	259
	水蒸气	100	0.596	405
液体	水	17	1 000	1 461
	海水	17	1 030	1 504
	石油	15	700	1 330
	苯	20	879	1 320
固体	钢		7 800	5 900
	铝		2 700	6 300
	铜		8 930	4 700
	铅		11 300	2 200
	混凝土		1 800~2 450	1 600~2 000
	砖		1 800	3 600
	砂		1 600	2 000±600
	软木	25		480
	硬木	40~70		3 320
	玻璃		2 400	5 000
	大理石		2 700	3 800
	橡胶	40°	1 016	50
		60°	1 180	100
		80°	1 320	250

3. 声压、声强、声功率

（1）声压

声波在介质中传播时,会使介质出现疏密相间的变化,在介质稠密的地方
压强变大,稀疏的地方压强变小,这种压强的变化是相对于介质原有的静压强

而言的,我们将因声波引起的增量压强称之为声压。声压的单位就是压强的单位帕,通常用 Pa 表示,其实质是每平方米受到多少牛顿的压力(N/m^2)。以空气中的声传播为例,大气中静压强为 1 个大气压,约为 10^5 Pa,人正常说话时的声压为 $0.01\sim0.1$ Pa,可见声压是很小的。人耳能够接受的声压为 $2\times10^{-5}\sim10$ Pa,低于 2×10^{-5} Pa 的声压人耳感觉不到,高于 10 Pa 的声压将对人的听觉器官产生伤害。

声压是随介质的疏密变化呈周期性变化的,因此它也可以用正弦函数来表示,根据牛顿第二定律 $F=ma$,将加速度公式(3-6)代入,可以得到:

$$p=p_0\sin(\omega t-kx) \tag{3-15}$$

上式为声压随时间和距离的变化规律,p 是声压的瞬时值,p_0 为声压的峰值。但是我们通常所说的声压都是指声压的有效值,即均方根值,因为人耳和测量仪器均跟随不上瞬时声压的变化,只能感受到它的有效值,所以我们通常所说的声压都是指其有效值。

声压和质点的振动速度有着密切的关系,在流体介质中我们常常用下式将它们联系在一起:

$$\frac{p}{v}=Z \tag{3-16}$$

Z 称为传声介质的声特性阻抗,它是反映介质传播声波的重要参数。现在我们研究平面声波的特性阻抗 Z,取一个足够小的体积单元,在声波压力的作用下,该单元应该遵循牛顿第二定律:

$$\rho_0\frac{\partial v}{\partial t}=-\frac{\partial p}{\partial x} \tag{3-17}$$

将声压公式(3-15)和质点振动速度公式(3-5)代入上式,得到:

$$Z=\frac{p}{v}=\rho_0 c \tag{3-18}$$

这表明平面声波中流体介质的特性阻抗是其声速与密度的乘积。

(2)声能密度

声波在静止的介质中传播时,一方面质点在其平衡位置作往复振动具有动能,另一方面介质密度做周期性的疏密变化,由于介质具有弹性因而存在势能,声波的传播过程实质上是将声源产生的动能和势能由近及远的传递过程。单位体积内的声能量称为声能密度,单位为 J/m³。其中动能的平均有效声能密度为:

$$e_k = \frac{1}{2}\rho_0 v^2 \qquad (3-19)$$

媒质的弹性势能等于增量声压 p 与体积缩小量$(-dV)$的乘积,因此弹性势能的声能密度为 $p(-dV)/V$,利用$-dV/V=\rho_0=dp/E$ 关系式,弹性势能的平均有效声能密度为:

$$e_p = \int_0^p \frac{p(-dV)}{V} = \int_0^p \frac{p\,dp}{E} = \frac{1}{2}\frac{p^2}{\rho_0 c^2} \qquad (3-20)$$

显然总平均有效声能密度为:

$$e = e_k + e_p = \rho_0 v^2 = \frac{p^2}{\rho_0 c^2} \qquad (3-21)$$

（3）声强

单位时间内在垂直于声波传播方向上通过单位面积上的声能量称为声强,用 I 表示,其单位为 W/m²。在平面声波中声强 I 应该是声能密度与声速的乘积,即:

$$I = ec = \rho_0 c v^2 = \frac{p^2}{\rho_0 c} = pv \qquad (3-22)$$

由式(3-22)可见,声强与声压的平方成正比,也与质点振动速度的平方成正比。在相同的振动速度条件下,声强还与介质的特性阻抗成正比,在特性阻抗较大的介质中,声源只要用较小的振动速度就能辐射出较大的声能量。但在声阻抗较大的介质中声源要辐射相同的声能量必须激发产生较大的声压才能实现。

（4）声功率

声功率是指声源在单位时间内产生的声能量,常用 W 表示,单位为 W。声源发出的声功率通过传声介质不断地向周围传播,其单位面积上传播的声功率就是声强,因此声功率与声强存在如下的关系:

$$W = \int_s I\,ds \qquad (3-23)$$

对于自由声场中传播的平面声波,声源发出的声功率为:$W = I \times S$;对于自由声场中传播的球面声波,声源发出的声功率为:$W = I \times 4\pi r^2$;对于自由声场中传播的柱面声波,声源发出的声功率为:$W = I \times 2\pi rL$。

4. 声级

(1) 用声级表示声音大小

前面介绍的声压、声强、声功率都是声场中客观存在的物理量,但在可听声的频率范围内,人耳能够感觉到这些物理量的变化范围都很大,以声压为例,其可听范围为 $2 \times 10^{-5} \sim 10$ Pa,是大气压的十亿分之一到万分之一,其动态范围达到 10^6。如果用声压、声强、声功率直接表示声音的大小很不方便,也不能准确地反映出人耳感觉到的声音大小,因为人耳的感觉与这些物理量的大小并不成比例关系。

实际上人体对外界作用的感觉遵循如下规律:

$$\Delta L = C \frac{\Delta I}{I} \tag{3-24}$$

式中,ΔL 为人体的主观感觉变化量,ΔI 为外界作用的变化量,I 为外界原有的作用量,C 为感觉系数。令 $C = 10$,并对上式积分,就得到符合人耳感觉的声级表达式:

$$L = 10\log I \tag{3-25}$$

声级 L 的单位为分贝,记作 dB。用分贝表示声音的大小使得声音的测量和计算大为简化,人耳可听声级的动态范围只有 120 dB。更为重要的是声级的变化基本上能反映人耳对可听声的感觉,声级变化 3 dB,人耳就能够感觉出来,于是人们普遍认同用对数处理后的声级来度量声音的大小。

(2) 声压级、声强级和声功率级

在噪声的测量和研究过程中声压级是最常采取的量,声压级的定义为,声压 p 与参考声压 p_0 之比取常用对数再乘以 20:

$$L_p = 20\log \frac{p}{p_0} \tag{3-26}$$

式中:$p_0 = 2 \times 10^{-5}$ Pa,为参考声压。L_p 为无量纲的量,用分贝表示,记为 dB。

声强级的定义为,声强 I 与参考声强 I_0 之比取常用对数再乘以 10:

$$L_I = 10\log\frac{I}{I_0} \qquad\qquad (3-27)$$

参考声强 $I_0 = 10^{-12}$ W/m^2，L_I 为无量纲的量，用分贝表示，记为 dB。

声功率级的定义为，声功率 W 与参考声功率 W_0 之比取常用对数再乘以 10：

$$L_w = 10\log\frac{W}{W_0} \qquad\qquad (3-28)$$

参考声功率 $W_0 = 10^{-12}W$，L_w 为无量纲的量，用分贝表示，记为 dB。

上面的声压级、声强级和声功率级都是声级中的一种，但声压级的公式中系数是 20，而声强级和声功率级中都是 10，而且它们的参考值也不相同。这是因为声压和声强存在 $I = \dfrac{p^2}{\rho_0 c}$ 的关系，如此大气中的声强级与声压级之间就可以相互转换，并保证同一个声音用不同的方法测量得到的声级基本相同：

$$L_I = L_p + 10\lg\frac{p_0^2}{I_0\rho_0 c} = L_p + 10\lg\frac{400}{\rho_0 c} \qquad\qquad (3-29)$$

在正常的一个大气压和室温条件下，$\rho_0 c \approx 400$ kg/(m$^2 \cdot$ s)，声级和声强级相等。但对于高海拔地区或特殊气象条件，两者还是有差异的。

（3）声级的计算

在现实环境中可能存在多个噪声源对同一个敏感目标产生影响，也存在从测量声级中扣除某一个噪声源的贡献问题，所以经常需要进行声级的计算。由于声级是通过对数式表示出来的，所以声级的计算必须遵循对数法则，其基本原理就是将声级转换成声能量进行计算。具体计算步骤是：先将声级转换为声强或声功率进行加减乘除计算，然后再将计算结果换算成对应的声级。

设有两个声源对某个敏感目标贡献的声强级分别为 L_{IA} 和 L_{IB}，敏感目标处的总声强级不是将这两个声级相加，而是先计算出 L_{IA} 和 L_{IB} 所对应的声强值 I_A 和 I_B：$I_A = I_0 \times 10^{\frac{L_{IA}}{10}}$，$I_B = I_0 \times 10^{\frac{L_{IB}}{10}}$。

总声强级 L_I 为：

$$L_I = 10\lg\frac{I}{I_0} = 10\lg\left(\frac{I_A + I_B}{I_0}\right) \qquad\qquad (3-30)$$

设 $L_{IA} \geqslant L_{IB}$，则上式可进一步写成：

$$L_I = L_{IA} + 10\lg(1 + 10^{-\frac{L_{IA} - L_{IB}}{10}}) \qquad (3-31)$$

声功率级的计算与声强级完全相同：

$$L_w = 10\lg \frac{w}{w_0} = 10\lg\left(\frac{w_A + w_B}{w_0}\right) \qquad (3-32)$$

$$= L_{wA} + 10\lg(1 + 10^{-\frac{L_{wA} - L_{wB}}{10}})$$

声压级的计算与声强级和声功率级不同，因为声强与声压的平方成正比，所以根据声能量计算的原则，两个声压级合成时需要先计算出 L_{pA} 和 L_{pB} 的声压平方值 p_A^2 和 p_B^2，总声压级为：

$$L_p = 20\lg \frac{p}{p_0} = 20\lg\left(\frac{\sqrt{p_A^2 + p_B^2}}{p_0}\right) = 10\lg \frac{p_A^2 + p_B^2}{p_0^2} \qquad (3-33)$$

$$= L_{pA} + 10\lg(1 + 10^{-\frac{L_{pA} - L_{pB}}{10}}) = L_{pA} + \Delta L$$

当存在多个声源对同一个敏感目标产生影响时，其计算方法与两个源的情况完全相同。以声压级为例，先计算出各个声压级所对应的声压平方值 $p_i^2 = p_0^2 \times 10^{\frac{L_i}{10}}$，再计算总合成声压：$p = \sqrt{\sum\limits_n p_i^2}$，则总声压级为：$L_p = 20\lg \frac{p}{p_0} = 20\lg\left(\frac{\sqrt{\sum\limits_n p_i^2}}{p_0}\right)$。

上述的计算需要用计算器才能精确完成，但是从式(3-31)、式(3-32)和式(3-33)可以看出，两个声级相加相当于高声级再加上一个附加声级 ΔL。显然 ΔL 是两个声级差的函数，为方便手工计算，现将附加声级 ΔL 与两个声级差的对应关系数据列于表3-2中。

表3-2　由两个声级差计算附加声级 ΔL(dB)

$L_A - L_B$	0	1	2	3	4	5	6	7	8	9	10	11~12	13~14
ΔL	3.0	2.5	2.1	1.8	1.5	1.2	1.0	0.8	0.6	0.5	0.4	0.3	0.2

上面都是考虑声级叠加的计算，还有一种相反的情况，即声级分解计算。例如噪声源 A 对敏感点的影响声级为 L_A，声源 A 和声源 B 对该敏感点的共

同影响声级为L_{AB},求声源B对敏感点的影响声级L_B。与声级合成相同,先计算出各个声级的声强,将总声强I_{AB}减去一个声源影响的声强I_A,差值取对数后乘以10即得到声源B的影响声级。具体计算过程如下:$I_A = I_0 \times 10^{\frac{L_A}{10}}$,$I_{AB} = I_0 \times 10^{\frac{L_{AB}}{10}}$。

$$L_B = 10\lg\left(\frac{I_{AB} - I_A}{I_0}\right) = 10\lg\left(10^{\frac{L_{AB}}{10}} - 10^{\frac{L_A}{10}}\right) \tag{3-34}$$

$$= L_{AB} - 10\lg(1 + 10^{1 - \frac{L_{AB} - L_A}{10}}) = L_{AB} - \Delta L'$$

与声级合成相同,$\Delta L'$也是两个声级差的函数,为方便手工计算,现将$\Delta L'$与两个声级差的函数关系列于表3-3中。

表3-3　由声级差计算衰减声级$\Delta L'$(dB)

$L_{AB} - L_A$	0.5	1	2	3	4	5	6	7	8	9	10
$\Delta L'$	10.3	6.9	4.4	3.0	2.3	1.7	1.25	0.95	0.75	0.6	0.45

现举例进行计算,有一台安装于交通道路旁边的空调机组,当空调停机时,测量噪声级为68 dB(A),当空调开机时同一测点的测量声级为73 dB(A),求空调机组的运行噪声级。

根据式(3-34)计算得到:

$$L_B = 10\lg(10^{\frac{L_{AB}}{10}} - 10^{\frac{L_A}{10}}) = 10\lg(10^{7.3} - 10^{6.8}) = 71.3 \text{ dB(A)}$$

如果按照表3-3计算:

$$L_{AB} - L_A = 5 \text{ dB(A)}, \Delta L' = 1.7 \text{ dB(A)}, L_B = 73 - 1.7 = 71.3 \text{ dB(A)}$$

两种计算方法结果相同。

第二节　声波的扩散和衰减

1. 典型声波的扩散和衰减

声波在介质中传播时其影响范围越来越大,同时声能密度越来越小,声级越来越低,我们称这种现象为声波的扩散衰减。声波的扩散与声源的性质、传声介质的性质和声场的空间形状密切相关,声波最前沿的波阵面叫作波前,大多数情况下波前表现为不规则形状,例如声波在墙体内传播其形状将受到墙体表面的约束,也会受到砖块之间砌筑缝隙的影响,其波前会产生各种变化。但是如果传声介质是均匀的,且无限大,波前则可能表现为规则的形状,例如在大气中传播的声波基本就是如此。我们常常根据声源的特点将大气中的声波归类为平面波、柱面波和球面波三种类型。从研究声波的角度考虑,总是希望通过对典型案例的分析揭示出事物的内在规律,所以人们更注重对平面波、柱面波和球面波的研究。

(1) 平面波

平面波是指波前为平面的声波,最典型的平面声波是在管道中传播的声波,在距离声波较远的声场中小范围内的波前也可近似为平面声波。平面波是现实环境中最简单的波型,一般人们研究声波都是利用平面声波进行分析,实际上我们前面对声波的形成和描述也是基于平面声波。

因为平面声波只向一个方向传播,所以其波动方程是一维的:

$$\frac{\partial^2 p}{\partial x^2} - \frac{1}{c^2}\frac{\partial^2 p}{\partial t^2} = 0 \tag{3-35}$$

该方程的一个特解为 $p = p_0 \sin(\omega t - kx)$,这与式(3-15)完全相同。

平面波具有两个显著的特点:第一个特点是声波在传播方向上的任何垂直截面上具有相同的声学性质,例如其位移、振动速度、声强、声压等幅值相同,相位完全一样。从式(3-15)可以看出,只要 x 确定了,任何时候声传播方向的垂直截面上各质点的声压 p 和相位 Φ 都是相同的,与声场中的 y 坐标和 z 坐标都没有关系。

第二个特点是平面声波的扩散衰减为 0。在不考虑边界面和传声介质吸收等影响的情况下,平面声波只是向前方传播,没有声场扩散现象,因此其扩散衰减量为 0,无论 x 怎样变化,声场的有效声压级不变。

(2) 球面波

球面波是波前呈同心球面的声波,如果声源的尺寸比其辐射声波的波长小得多，则可将该声源视为点声源，点声源辐射产生的声波就是球面波，这在大气环境中十分常见，例如设备噪声源在远场就可以近似为球面波。

球面波的波动方程为：

$$\frac{\partial^2(rp)}{\partial r^2}-\frac{1}{c^2}\frac{\partial^2(rp)}{\partial t^2}=0 \tag{3-36}$$

式（3-36）的一个特解为：

$$p=\frac{p_0}{r}\sin(\omega t-kr) \tag{3-37}$$

从式（3-37）可以看出，球面声波的声压幅值与距离 r 成反比。根据声压级的计算公式，r_1 和 r_2 两处的声级差为：

$$\Delta L=10\lg\frac{p_{r1}^2}{p_0^2}-10\lg\frac{p_{r2}^2}{p_0^2}=10\lg\frac{p_{r1}^2}{p_{r2}^2}=-10\lg\frac{r_1^2}{r_2^2}=-20\lg\frac{r_1}{r_2}$$

上式说明球面声波的声级衰减是距离反比的常用对数再乘以 20，如果 $r_1=2r_2$，声级衰减 6 dB，如果 $r_1=10r_2$，声级衰减 20 dB，这就是通常所说的球面声波具有距离平方反比的衰减规律。

（3）柱面波的声衰减

柱面波是波前呈圆柱面的声波，无限长"线声源"辐射的声波就是柱面声波，例如车流密集的公路交通噪声源其远声场即可视为柱面声波，有限长线声源中间辐射的声波也可视为柱面声波。

柱面波的波动方程为：

$$\frac{\partial^2 p}{\partial r^2}+\frac{1}{r}\frac{\partial p}{\partial r}=\frac{1}{c^2}\frac{\partial^2 p}{\partial t^2} \tag{3-38}$$

式（3-38）的特解为：

$$p=\frac{p_0}{\sqrt{r}}\sin(\omega t-kr) \tag{3-39}$$

从式（3-39）可以看出，柱面声波的声压幅值与距离 r 的平方根成反比。根据声压级的计算公式，r_1 和 r_2 两处的声级差为：

$$\Delta L=10\lg\frac{p_{r1}^2}{p_0^2}-10\lg\frac{p_{r2}^2}{p_0^2}=10\lg\frac{p_{r1}^2}{p_{r2}^2}=-10\lg\frac{r_1}{r_2}$$

　　上式说明柱面声波的声级衰减是距离反比的常用对数再乘以 10,如果 $r_1=2r_2$,声级衰减 3 dB,如果 $r_1=10r_2$,声级衰减 10 dB,这就是柱面声波的距离反比衰减规律。同样的距离比,柱面声波的衰减声级只有球面声波衰减声级的一半。

2. 声波传播过程中的能量守恒

　　前面我们导出了平面波、柱面波和球面波扩散衰减的公式,但是这三种波形是最典型也是最简单的形式,声波的波前不可能都会形成规则的波阵面,这一方面是因为声场不可能都是无限大的,边界效应会使波阵面形状改变,另一方面是传声介质的不均匀性也会使波形发生变化。不规则波形的声波衰减不可能像平面波、柱面波和球面波那样能够推导出它们的扩散衰减公式,但是它们遵循能量守恒法则,我们可以通过能量守恒的原理推测其衰减情况。

　　在前面式(3-23)中,声功率与声强存在如下的关系: $W=\int_s I\mathrm{d}s$,即通过面积 S 的声功率级等于声强级与面积的积分。该式提示我们,声源在传播过程中应该遵循能量守恒定律,在不考虑介质对声能吸收的条件下声源发出的声能量既不会消失也不会增加。我们将式(3-23)改写为如下的形式:

$$W=\oint_s I(s)\mathrm{d}s \tag{3-40}$$

　　该式的意义为,无论声波的波形如何变化,但同一时刻声强沿任一封闭面的积分总等于封闭面内声源辐射出来的声功率,这里声强是封闭面 S 的函数,如图 3-4 所示。

　　这是一个很重要的概念,根据该式我们可以通过测量包络面上的声强计算得到声源的声功率,也可以通过声源的声功率计算声场

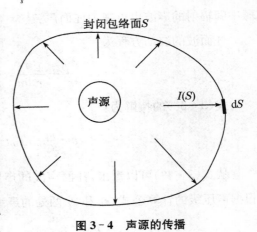

图 3-4　声源的传播

中某一处的声强或声强级。

例如混响室内有一个声源辐射的声功率为 W，混响室只有一个排气口与外界相通，排气口面积为 S，求排气口的平均声强。这里先不考虑混响室内壁面和空气吸声，根据式（3-38）很容易求得 $\bar{I}=\dfrac{W}{S}$；如果考虑混响室内壁面和空气的声吸收，设吸收掉的总声能量为 ΔW，也可以得到排气口的平均声强 $\bar{I}=\dfrac{W-\Delta W}{S}$。

再如，点源向大气中辐射的声功率为 W，求半径为 r 处的声强和声强级。因为点源在均匀的大气中以球面波传播，r 处的球面面积为 $4\pi r^2$，因此 $I=\dfrac{W}{4\pi r^2}$，声强级 $L_I=10\lg\dfrac{W}{I_0 4\pi r^2}$。如果再进一步求距离 r_1 和 r_2 处的声级差，则：

$$\Delta L=L_1-L_2=10\lg\frac{W}{I_0 4\pi r_1^2}-10\lg\frac{W}{I_0 4\pi r_2^2}=-20\lg\frac{r_1}{r_2}$$

这里用能量守恒得到的声衰减规律与前面根据波动方程推导出来的规律是完全相同的。

3. 传声介质对声波的吸收衰减

声波在传播过程中除了自然扩散衰减外，还存在介质对声能的吸收衰减。介质对声波的吸收衰减原因很复杂，空气、水和固体对声波吸收效率不一样。

（1）空气对声波的吸收

声波在大气中传播时同时存在两种声吸收机理，一种为经典吸收，这是由于空气分子平移运动产生的黏滞性和转动产生的热传导性等原因产生的，该吸收与声波频率的平方成正比；另一种声吸收是分子弛豫吸收，这是由于空气分子（主要是氧气和氮气）振动时其固有频率与声波频率接近时发生能量交换引起的。无论是经典吸收还是分子弛豫吸收都与大气的温度、湿度和大气压密切相关，这方面已经积累了大量的实验测量数据，表3-4为标准大气压下的空气吸收衰减系数。

表 3-4 标准大气压下空气吸收衰减系数 dB/100 m

温度 (℃)	湿度 (%)	频率					
		125	250	500	1 000	2 000	4 000
30	10	0.09	0.19	0.35	0.82	2.6	8.8
	20	0.06	0.18	0.37	0.64	1.4	4.4
	30	0.04	0.15	0.38	0.68	1.2	3.2
	50	0.03	0.10	0.33	0.75	1.3	2.5
	70	0.02	0.08	0.27	0.74	1.4	2.5
	90	0.02	0.06	0.24	0.70	1.5	2.6
20	10	0.08	0.15	0.38	1.21	4.0	10.9
	20	0.07	0.15	0.27	0.62	1.9	6.7
	30	0.05	0.14	0.27	0.51	1.3	4.4
	50	0.04	0.12	0.28	0.50	1.0	2.8
	70	0.03	0.10	0.27	0.54	0.96	2.3
	90	0.02	0.08	0.26	0.56	0.99	2.1
10	10	0.07	0.19	0.61	1.9	4.5	7.0
	20	0.06	0.11	0.29	0.94	3.2	9.0
	30	0.05	0.11	0.22	0.61	2.1	7.0
	50	0.04	0.11	0.20	0.41	1.2	4.2
	70	0.04	0.10	0.20	0.38	0.92	3.0
	90	0.03	0.10	0.21	0.38	0.81	2.5
0	10	0.10	0.30	0.89	1.8	2.3	2.6
	20	0.05	0.15	0.50	1.6	3.7	5.7
	30	0.04	0.10	0.31	1.08	3.3	7.4
	50	0.04	0.08	0.19	0.60	2.1	6.7
	70	0.04	0.08	0.16	0.42	1.4	5.1
	90	0.03	0.08	0.15	0.36	1.1	4.1

（2）水对声波的吸收

水是液体,其对声波的吸收也包括两部分,一部分为经典吸收,另一部分

— 60 —

是逾量吸收。经典吸收是由于水分子间的黏滞性和热传导引起的,它和频率的平方成比例;逾量吸收是与各简正方式间能量缓慢交换而引起的弛豫机理有关,逾量吸收也与频率的平方成正比。表 3-5 为 1 个大气压下不同温度的水中声衰减系数,表 3-6 是水温为 30 ℃时的不同压力下的声衰减系数。

表 3-5　为 1 个大气压下水中的声衰减系数(f 从 8 变化到 67 MHz)

t ℃	0	5	10	15	20	30
$\alpha/f^2(\mathrm{s}^2/\mathrm{m})$	56.9(15)	44.1(15)	36.1(15)	29.6(15)	25.3(15)	19.1(15)
t ℃	40	50	60	70	80	90
$\alpha/f^2(\mathrm{s}^2/\mathrm{m})$	14.6(15)	12.0(15)	10.2(15)	8.7(15)	7.9(15)	7.2(15)

注:括号内的数字是 10 的指数。

表 3-6　水温为 30 ℃时不同大气压下的声衰减系数

P(atm)	0	500	1 000	1 500	2 000
$\alpha/f^2(\mathrm{s}^2/\mathrm{m})$	18.5(15)	15.4(15)	12.7(15)	11.1(15)	9.9(15)

注:括号内的数字是 10 的指数。

　　固体声波的衰减较为复杂,固体结构件的形状及其内部的介质结构都使得声波的衰减产生变化,因此这部分内容在第四章第三节统一介绍。

第三节　声波的反射和透射

1. 声波的反射和折射定律

　　当声波从一种介质向另一种介质传播时,在边界面上将产生反射和透射,一部分声能量被反射回原介质中,另一部分声能量进入到另一种介质中。我们将声波的入射、反射和透射分别用入射线、反射线和折射线来表示,图 3-5 为空气中平面声波入射到平面、球的内表面和外表面上的反射和透射情况。

　　将声波的入射线与边界面法线的夹角称为入射角,反射线与法线的夹角

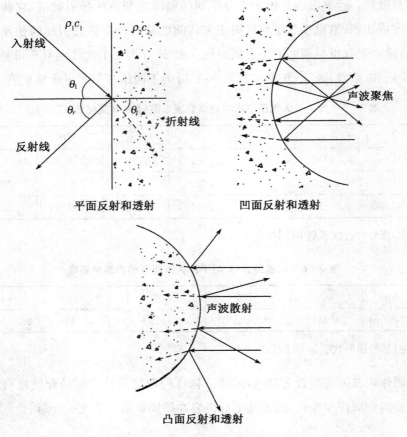

图3-5　声波的反射和折射现象

称为反射角,折射线与法线的夹角称为折射角。理论分析证明:

(1) 入射线与反射线位于同一个平面内,分居于法线的两侧,且入射角 θ_i 等于反射角 θ_r,这就是声波的反射定律:

$$\theta_i = \theta_r \tag{3-41}$$

正是因为声波遵循反射定律,当声波入射到球形的外表面上时就会产生声散射现象,入射到球形的内表面上时就会产生声聚焦现象。在建筑声学中声波的反射对厅堂音质的影响十分重要,这将在下一节中作专门介绍。

(2) 声波的折射线与入射线也位于同一平面内,但折射线与入射线发生了角度偏移，入射角 θ_i 的正弦与折射角 θ_t 的正弦之比等于介质 1 与介质 2 的声速之比，这就是斯奈尔的声波折射定律：

$$\frac{\sin\theta_i}{\sin\theta_t}=\frac{c_1}{c_2} \tag{3-42}$$

从式(3-42)可见，声波从声速大的介质向声速小的介质透射时，折射角将小于入射角；反之，声波从声速小的介质向声速大的介质透射时，折射角将大于入射角。当声波从低声速的介质向高声速的介质中透射时，存在临界角 $\theta_{i0}=\arcsin\frac{c_1}{c_2}$，当 $\theta_i \geqslant \theta_{i0}$ 时折射角将大于等于 90°，这就意味着声波不能透射到高声速的介质中。反之，声波从声速大的介质向声速小的介质透射则不存在透射不过去的情况。

在大气介质中，声速与绝对温度的平方根成正比，当大气温度随着高度降低时，声波传播过程中声线会向上弯曲（白天经常出现），当大气温度随着高度增加时，声波传播过程中声线会向下弯曲（傍晚经常出现）。

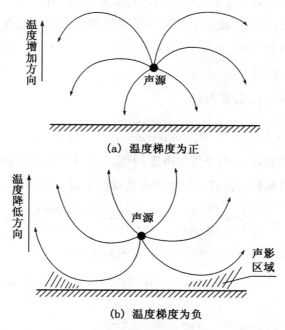

(a) 温度梯度为正

(b) 温度梯度为负

图 3-6 大气中温度梯度引起的声波折射现象

同样的道理,当声波顺风传播时,声速随高度增加,声线向下弯曲;而当声波逆风传播时,声速随高度减小,声线向上弯曲。所以人处于声源的下风向比上风向听得更清楚。

我们在测量噪声时要注意温度梯度和风向对测量结果的影响。

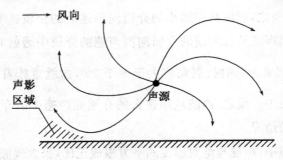

图 3-7 风向引起的声波折射现象

2. 反射系数和透射系数

反射声压与入射声压之比值称为声压反射系数,透射声压与入射声压之比值称为声压透射系数,根据边界面声压连续和质点振动速度连续的条件可以推导得到这两个系数。

(1) 反射系数

声压反射系数 r_p 公式为:

$$r_p = \frac{P_r}{P_i} = \frac{\rho_2 c_2 \cos\theta_i - \rho_1 c_1 \cos\theta_t}{\rho_2 c_2 \cos\theta_i + \rho_1 c_1 \cos\theta_t} \tag{3-43}$$

式中:ρ 为介质的密度,c 为介质的声速,下标 1、2 代表两种不同的介质。

声强的反射系数 r_I 公式可以由声压的反射系数推导得到:

$$r_I = \frac{I_r}{I_i} = \frac{P_r^2/\rho_1 c_1}{P_i^2/\rho_1 c_1} = \left(\frac{\rho_2 c_2 \cos\theta_i - \rho_1 c_1 \cos\theta_t}{\rho_2 c_2 \cos\theta_i + \rho_1 c_1 \cos\theta_t}\right)^2 \tag{3-44}$$

当声波垂直入射时,$\theta_i = \theta_r = \theta_t = 0$,上两式变为:

$$r_{p0} = \frac{\rho_2 c_2 - \rho_1 c_1}{\rho_2 c_2 + \rho_1 c_1} \tag{3-45}$$

$$r_{I0} = \left(\frac{\rho_2 c_2 - \rho_1 c_1}{\rho_2 c_2 + \rho_1 c_1}\right)^2 \tag{3-46}$$

声波的反射系数 $r_I < 1$，因为在反射过程中有部分声能量透射到了另一个介质中，或者说被另一个介质吸收掉了。通常认为入射声能量减去反射声能量等于被吸收的声能量，并定义被吸收的声能量与入射声能量之比为吸声系数 α。因此吸声系数的表达式为：

$$\alpha = 1 - r_I = 1 - r_p^2 \tag{3-47}$$

（2）透射系数

声压的透射系数公式为：

$$\tau_p = \frac{P_t}{P_i} = \frac{2\rho_2 c_2 \cos\theta_i}{\rho_2 c_2 \cos\theta_i + \rho_1 c_1 \cos\theta_t} \tag{3-48}$$

声强的透射系数公式为：

$$\tau_I = \frac{P_t^2/\rho_2 c_2}{P_i^2/\rho_1 c_1} = \frac{4\rho_1 c_1 \rho_2 c_2 \cos^2\theta_i}{(\rho_2 c_2 \cos\theta_i + \rho_1 c_1 \cos\theta_t)^2} \tag{3-49}$$

同样，声波垂直入射时，$\theta_i = \theta_r = \theta_t = 0$，上两式变为：

$$\tau_{p0} = \frac{2\rho_2 c_2}{\rho_2 c_2 + \rho_1 c_1} \tag{3-50}$$

$$\tau_{I0} = \frac{4\rho_1 c_1 \rho_2 c_2}{(\rho_2 c_2 + \rho_1 c_1)^2} \tag{3-51}$$

（3）讨论

根据上面的声反射和透射公式可以看出，声波的反射和透射主要由两种介质的特性阻抗 ρc 决定。

① 当 $\rho_1 c_1 = \rho_2 c_2$ 时，反射系数 r 接近于 0，透射系数 τ 接近于 1，这种情况相当于声波从第一种介质全部透射到了第二种介质。我们在进行吸声处理时，就希望吸声材料的特性阻抗尽可能与空气相近，使空气中的声能量被全部吸收掉。

② 当 $\rho_1 c_1 \gg \rho_2 c_2$ 时，反射系数 r 接近于 1，透射系数 τ 接近于 0，这种情况相当于声波能量几乎不能透射到第二种介质，我们在隔声和防止结构噪声产生时就希望两种介质的 ρc 值相差较大。例如为防止歌舞厅内的噪声透射入建筑物并进一步传播到相邻房间，舞厅的内壁面应选择声特性阻抗尽可能大于空气的材料。再如为增大隔声板的隔声量，可以采取声特性阻抗相差很大

的材料做成多层夹芯板,层与层之间形成反射面,声波经过多层反射使隔声板的隔声量大大增加。

③ 从声强的透射公式可以看出,在能够形成声波透射的入射角度范围内,无论从介质1进入介质2,还是从介质2进入介质1,它们的透射系数是相同的。

3. 声波通过中间层的透射系数和隔声

(1) 中间层透射系数

前面讨论的是两个介质接触面之间的反射和透射,实际环境中更多的是声波穿过有限厚度的介质,即从介质1进入到介质2再回到介质1。例如空气中的声波穿过墙面、楼板等,这里存在两个边界面,如图3-8所示。

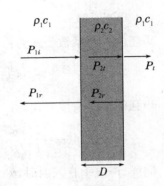

图 3-8 声波穿过有限厚度介质

根据两个边界面上声压连续和法向质点速度连续的条件,求得声压的透射系数和声强的透射系数:

$$t_p = \frac{P_t}{P_i} = \frac{2}{\left[4\cos^2 k_2 D + \left(\frac{\rho_2 c_2}{\rho_1 c_1} + \frac{\rho_1 c_1}{\rho_2 c_2}\right)^2 \sin^2 k_2 D\right]^{\frac{1}{2}}} \tag{3-52}$$

$$t_I = \frac{I_t}{I_i} = \frac{4}{4\cos^2 k_2 D + \left(\frac{\rho_2 c_2}{\rho_1 c_1} + \frac{\rho_1 c_1}{\rho_2 c_2}\right)^2 \sin^2 k_2 D} \tag{3-53}$$

两式中 $k_2 = \frac{\omega}{c_2} = \frac{2\pi}{\lambda_2}$,为中间层声波的波数,$D$ 为中间层的厚度,其他符号同前。可以看出,有限厚度的中间层的透射系数不仅和介质的特性阻抗有关,还和中间层的厚度与波长比 $\frac{D}{\lambda_2}$ 有关。

(2) 隔声公式

在噪声控制工程中,隔声方法是最有效的降噪措施之一。隔声就是尽可能地减小透射过隔声层的声能量,因此隔声量就是声强透射系数的倒数所对应的分贝数,用数学公式表示如下:

$$TL=10\lg\frac{1}{t_I}=10\lg\left[\cos^2 k_2 D+\left(\frac{\rho_2 c_2}{\rho_1 c_1}+\frac{\rho_1 c_1}{\rho_2 c_2}\right)^2\frac{\sin^2 k_2 D}{4}\right] \quad (3-54)$$

考虑到实际工程中隔声墙或隔声屏的声特性阻抗比空气的大得多,即 $\rho_2 c_2 \gg \rho_1 c_1$,同时隔声墙或隔声屏的厚度较小,使得 $\sin k_2 D \approx k_2 D, \cos k_2 D \approx 1$,则隔声量公式(3-53)变成:

$$TL=10\lg\left[1+\left(\frac{\rho_2 c_2}{\rho_1 c_1}\right)^2\frac{(k_2 D)^2}{4}\right]=10\lg\left[1+\left(\frac{\omega m}{2\rho_1 c_1}\right)^2\right] \quad (3-55)$$

实际工程中,$\dfrac{\omega m}{2\rho_1 c_1}\gg 1$,于是得到:

$$TL=20\lg\frac{\omega m}{2\rho_1 c_1}=20\lg m+20\lg f-42.5\ \text{dB} \quad (3-56)$$

式中 $m=\rho_2 D$,为单位面积隔声板的质量,单位为 kg/m^2。式(3-56)表明,材料的面密度 m 增加一倍,其隔声量增加 6 dB,此即著名的隔声公式"质量定律",在噪声控制工程中该公式得到广泛的应用,噪声控制工程师往往都用它来估计材料的隔声量。

第四节　空气声在室内的混响和衰减

1. 室内混响

许多情况下声波是发生在建筑物内的,例如车间内生产设备的运行噪声,居民家中的电视机声音等。当门窗关闭时室内就形成一个封闭空间,其四周为墙,上有天花下有地板,还有设备、橱桌等用具,这些壁面和家具表面都是空气声波的强反射面。在这种封闭空间内,声波传播过程中必然要遇到房屋壁面并产生反射。由于空气中的声速极快,而室内空间尺寸又很小,声源辐射出来的声波会很快碰到壁面产生反射,反射声波再向前传播又遇到壁面产生反射,直达声波与无数多次的反射声波导致室内的声场完全处于无规状态,以至于从统计分析角度看声波通过任何位置的概率相同,向各个方向传播的概率相近,室内各处的声能密度相等,相位无规,我们称这种室内空间分布比较"均匀"的声场为扩散声场。

扩散声场内存在两种声波,一种是从声源直接辐射来的直达声,另一种是经过壁面一次或多次反射来的反射声。如果声源突然停止,直达声首先消失,但反射声仍然存在一段时间后才逐渐消失。如果反射声与直达声的相隔时间较短,人耳听到的反射声像是直达声的延续,则这种反射声波称为混响声,显然混响能增加室内的声音响度,适当的混响还能提高音质效果。但是,如果反射声与直达声的相隔时间较长,听起来直达声和反射声像是两个独立的声音,则这种反射声波称为回声。实验表明,直达声与第一次反射声或相继到达的两个反射声之间在时间上相差 50 ms 以上就会产生回声,回声对室内的音质效果是十分不利的,应力求避免。

美国声学家赛宾通过理论和实验研究得到表述室内混响的一个重要参量混响时间 T_{60},其定义为在扩散声场中,当声源停止后室内声压级降低 60 dB(相当于平均声能密度降低到百万分之一)所需的时间,理论推导的混响时间 T_{60} 为:

$$T_{60} = \frac{-55.2V}{c_0 S \ln(1-\bar{\alpha})} \tag{3-57}$$

式中,V 为室内的空间体积,c_0 为空气中的声速,S 为室内的总表面积,$\bar{\alpha}$ 为平均吸声系数。

$$\bar{\alpha} = \frac{\sum_i \alpha_i S_i + \sum_j \alpha_j S_j}{S} \tag{3-58}$$

其中 α_i、S_i 表示室内不同壁面的吸声系数和面积,α_j、S_j 表示室内放置的设备、家具及人体的吸声系数和面积。

对于大多数车间和居住房屋内,内壁面的吸声系数 $\bar{\alpha} < 0.2$,所以式(3-57)可简化为:

$$T_{60} \approx \frac{0.161V}{S\bar{\alpha}} \tag{3-59}$$

这就是著名的建筑声学中的赛宾公式。

大量经验表明,混响时间太长就会导致声音"混浊"不清,影响语言清晰度,混响时间太短就会导致声音"干涩",听起来不自然。对于居住用房而言,室内的混响时间在 0.5 s 左右较为合适,对于电影院、会议厅混响时间在 1.0 s 左右较好,对于歌剧院、音乐厅混响时间在 1.5 s 左右更佳。

2. 室内稳态声压级

当声源辐射声波时,室内声能由直达声和反射声组成,其总平均声能密度应该等于:

$$\bar{e} = \bar{e}_d + \bar{e}_r \tag{3-60}$$

设声源为无指向性的点声源,其声功率为 $\overline{W}$,则距离声源 r 米处的直达声的平均声能密度 $\bar{e}_d$ 为:

$$\bar{e}_d = \frac{\overline{W}}{4\pi r^2 c_0} \tag{3-61}$$

反射声的平均声能密度 $\bar{e}_r$ 求解较为复杂,但根据统计声学的理论,设壁面的等效平均吸声系数为 $\bar{\alpha}$,可以求得稳态混响声场内反射声的平均声能密度如下:

$$\bar{e}_r = \frac{4\overline{W}}{Rc_0} \tag{3-62}$$

其中:$R = \dfrac{S\bar{\alpha}}{1-\bar{\alpha}}$,称为房间常数,单位为 m^2。从式(3-62)可以看出混响声场内反射声的平均声能密度与距离没有关系,但与声源的声功率成正比,与房间常数成反比。

将式(3-61)和式(3-62)代入式(3-60),可以得到房间内总平均声能密度为:

$$\bar{e} = \frac{\overline{W}}{4\pi r^2 c_0} + \frac{4\overline{W}}{Rc_0}$$

根据 $\bar{e} = \dfrac{p^2}{\rho_0 c_0^2}$,可以进一步得到稳态室内声场的声压级公式:

$$L_p = 20\lg \frac{p}{p_0} = 10\lg \overline{W} + 10\lg(\rho_0 c_0) + 94 + 10\lg\left(\frac{1}{4\pi r^2} + \frac{4}{R}\right)$$

当 $\rho_0 c_0 = 400$ 瑞利时,利用声功率级的公式,上式可变为:

$$L_p = L_w + 10\lg\left(\frac{1}{4\pi r^2} + \frac{4}{R}\right) \tag{3-62}$$

从上式可以看出室内声压级与距离 r 的关系与自由声场不同,声压级不仅受到距离 r 的影响,还受到房间常数 R 的影响。我们取 $\frac{1}{4\pi r^2} = \frac{4}{R}$,并称此条件下的 r 为临界距离,记为 r_0,可以求得临界距离 $r_0 = \frac{1}{4}\sqrt{\frac{R}{\pi}}$,在此距离上直达声与混响声相等,当 $r > r_0$ 时混响声起主导作用,当 $r < r_0$ 时直达声起主导作用,可见 R 是描述房间声学特性的一个重要参数。

第五节 人对噪声的主观感觉

前面介绍了噪声的各种物理性质,但是这些客观的物理性质并不能完全代表人对噪声的主观感觉,因此本节将介绍人的听觉器官和人对噪声的主观感觉。

1. 人的听觉器官

人耳的结构如图 3-9 所示,它可以分为外耳、中耳和内耳。声波从外耳

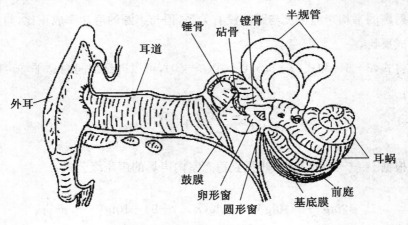

图 3-9 人耳的结构

进入，直抵中耳的耳膜，耳膜是一个向内倾斜的圆锥膜，在声压的作用下产生运动。由于耳膜与锤骨、砧骨、镫骨依次相连，并如同一个杠杆机构将声压的作用力放大，因此耳膜的运动得以有效地传递到内耳。内耳由骨迷路和膜迷路组成，在两迷路中含有外淋巴和内淋巴，并延伸至前庭、半规圆、基底膜和耳蜗，镫骨的运动在淋巴内形成波动并传到耳蜗，耳蜗内的柯蒂氏器官可将声能量转换成神经兴奋信号，并通过一系列的听觉神经元与大脑皮层中的颞叶相联系，大脑对传来的信号进行分析，于是人就能感觉到声音。

此外，外界的振动和声波还可以直接引起颅骨的振动，颅骨再引起位于颞骨中的耳蜗内淋巴的振动，最终传至听觉神经元与大脑皮层中让人感觉到声音，这称为骨传导，在大气中骨传导没有气传导灵敏。但是对于因固体声波引起的结构噪声，骨传导比气传导更能感受到固体声的存在，这是骨传导判断结构噪声的优势。

2. 人对噪声的主观感觉

人耳是一个十分灵敏的声波接收器，它可以接收到 $20\sim20\,000$ Hz 频率范围内的声波，可以接收 10^{12} 数量级范围内的声强作用。但是这个接收器也有其特点，它是以人的主观感觉来反映接收到的声信号，因而与客观的物理量存在较大差距。客观反映声波的物理量是声压（或声强等）幅值、频率和相位，而人对声音的主观感觉是用另外三个量来描述，即响度、音调和音色。其中响度与声波振动的幅值相关，音调与频率相关，但音色只与复杂声波的谐波成分及谐波之间的相对关系有关，与相位没有关系。

为正确反映人的主观感觉与客观物理量之间的关系，人们做了大量的实验，通过将不同频率的纯音与同样响度感觉的 $1\,000$ Hz 声音进行比较，得到音频范围内的等响曲线，如图 3 - 10 所示，图中的"方"是响度级（详见后面噪声的主观评价量）。

（1）听阈和痛阈

通常人们把双耳可听到的不同频率声音的下限称为听阈，图 3 - 10 中最下方的虚线（0 方的等响曲线）就是人耳的听阈，可见人耳听力的下限因频率不同差异较大。当声音的强度达到 130 方等响曲线以上时耳朵就感觉疼痛，

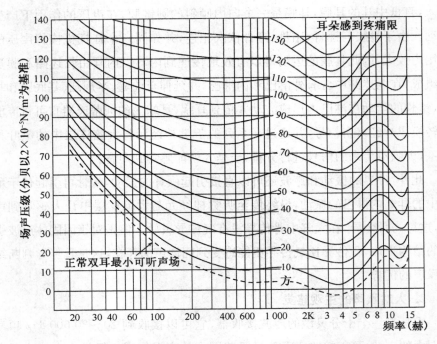

图3-10 自由声场中实验得到的纯音等响曲线

这是可听声的上限,通常称为痛阈。在听阈和痛阈之间就是人耳的听觉区域。

(2)人耳对不同频率声音的敏感程度

从等响曲线可以看出,人耳对不同频率声音的敏感程度不一样,例如 100 Hz 声波的声压级达到 24 dB(相当于 3.2×10^{-4} Pa 声压)人耳才能感觉到,但 1 000 Hz 的声波声压级接近 0 dB(相当于 2×10^{-5} Pa 声压)人耳就能感觉到,而 4 000 Hz 的声波声压级只要大于 -1.2 dB(相当于 1.7×10^{-5} Pa 声压)人耳就能感觉到了。

在可听声范围内人耳对 2 000~5 000 Hz 的声音最敏感,对低频声音不敏感或很不敏感,对 5 000 Hz 以上的声音也渐渐不敏感。频率低于 20 Hz 的声音为次声,高于 20 000 Hz 声波为超声,次声和超声均超出了人耳的听力范围。

3. 噪声的主观评价量

根据耳朵对声波的主观感觉,人们最初用响度级和响度来表示听到声音的强弱。

（1）响度级

在图 3-10 中，将频率为 1 000 Hz 纯音声压级的分贝值定义为其响度级。对于其他非 1 000 Hz 频率的声音，调节 1 000 Hz 纯音的强度使之与这个频率的声音一样响，则 1 000 Hz 纯音的声压级分贝数就是该频率声音的响度级。表示响度级的符号为 L_N，其单位为"方"（phon）。

（2）响度

响度是人们用来描述声音强弱的另一个主观评价量，其单位为"宋"（sone），通常用符号 N 表示。定义 1 000 Hz 纯音声压级为 40 dB 的响度为 1 宋，任何一个声音若它听起来比 1 宋响几倍，那么这个声音的响度就是几宋。

对许多人的实验结果表明，大约响度级每改变 10 方，响度就增减 1 倍。在 20 方至 120 方之间的纯音或窄带噪声，响度级 L_N 与响度 N 之间近似有如下关系：

$$N = 2^{0.1(L_N - 40)} \tag{3-63}$$

4. 计权声级和等效声级

实际环境中的噪声是十分复杂的，它是若干频率声波的组合，且幅值和频率随时间瞬息万变。不同的噪声源辐射噪声的时间有长短，人处于噪声环境中的时间也不一样，用单一的或相对简单的评价量来反映噪声的大小或人所受到的噪声影响是十分必要的。但是前面介绍的响度级和响度都十分烦琐复杂，而用声级又不能代表人的主观感觉，于是人们根据不同特性的噪声结合人的主观感觉提出了计权声级和等效声级的评价量。

（1）计权声级

计权声级是根据人的主观感觉对不同频率的声波进行修正得到的一种声级评价量，现有的计权声级有 A 声级，B 声级，C 声级和 D 声级等。

A 声级：A 声级的计权是根据图 3-10 中 40 方等响曲线对不同频段的噪声进行修正得到的声压级，其计权网络的特性曲线就是 40 方等响曲线的倒置形状，记为 dB(A)。A 计权声级应用十分广泛，目前世界各国在环境噪声、设备噪声监测和评价中均采用 A 计权声级，表 3-7 是 1/3 倍频程中心频率的 A

计权修正值。

表 3-7 1/3 倍频程中心频率的 A 计权修正

中心频率(Hz)	声级修正(dB)	中心频率(Hz)	声级修正(dB)
10	−70.4	500	−3.2
12.5	−63.4	630	−1.9
16	−56.7	800	−0.8
20	−50.5	1 000	0
25	−44.7	1 250	0.6
31.5	−39.4	1 600	1.0
40	−34.6	2 000	1.2
50	−30.2	2 500	1.3
63	−26.2	3 150	1.2
80	−22.5	4 000	1.0
100	−19.1	5 000	0.5
125	−16.1	6 300	−0.1
160	−13.4	8 000	−1.1
200	−10.9	10 000	−2.5
250	−8.6	12 500	−4.3
315	−6.6	16 000	−6.6
400	−4.8	20 000	−9.3

  B 声级是根据 70 方等响曲线对不同频段的噪声进行修正得到的声压级,记作 dB(B);C 声级是根据 100 方等响曲线对不同频段的噪声进行修正得到的声压级,记作 dB(C);D 声级是根据另外一种称为等噪度曲线得到的计权声级,该声级主要用于航空噪声的测量,记作 dB(D)。另外,不作任何计权直接反映噪声实际幅值的声压级称为线性声级,记作 dB。不同计权网络的特性曲线见图 3-11。

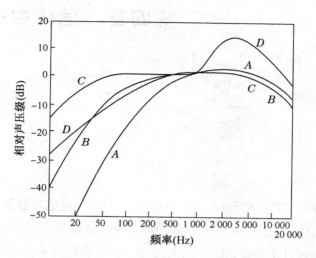

图 3-11 A、B、C、D 计权特性曲线

（2）等效声级

A 声级能较好地代表人对噪声的主观感觉，当环境噪声稳定时，A 声级就可以代表人感觉到的环境噪声水平。但是当噪声是起伏的或者是断续的，A 声级就不可用了，于是等效声级的概念随之产生。

等效声级的定义为在一段时间内声压级的能量平均值所对应的声级，该声级代表这段时间内的噪声水平。在环境噪声测量中多采用 A 声级，于是将一段连续时间内的 A 声级的能量平均值所对应的声级就定义为等效连续 A 声级。显然等效连续 A 声级是经过 A 计权后的能量等效，并不是客观实际的声能量等效，其表达式如下：

$$L_{Aeq} = 10\log\left\{\frac{1}{T_2 - T_1}\int_{T_1}^{T_2}\frac{p_A^2(t)}{p_0^2}dt\right\} \qquad (3-64)$$

第四章　固体中的声波

第三章介绍了声波的形成、运动规律和一般性质,这些内容基本清楚地表述了空气等流体中的声波。但是固体中的声波复杂得多,声波在固体中的传播不像流体中通过压强来完成,而是以分子之间的作用力实现的,因此固体中不仅仅存在纵波,还有弯曲波、切变波、扭转波等,不同波形的产生机理和表述方法都不一样,它们的频率特性、传播衰减规律也不尽相同。此外,固体声波传播到与空气接触的边界面时,固体表面的振动很容易激发空气分子振动,向空气中辐射噪声,此时的固体表面相当于一个噪声辐射源。因此本章需要对固体声波做进一步的介绍和分析。

第一节　固体声波的产生和激发

1. 力的两种效应

气体或液体受到力的作用时将产生压力脉动或密度变化,这种变化通过压强向周围传播,这就是前面所述的纵波。由于固体的密度比气体和液体要大得多,使其具有固定的形状、体积和边界面,当一个力作用于固体上时将会产生两种效应,第一使固体产生整体加速运动,第二使固体产生弹性形变。现对力的这两种效应进行分析。

（1）作用力使固体产生整体加速运动

根据经典力学理论,当作用力加在一个物体上时,该物体将产生加速运

动,其运动的规律遵守牛顿第二定律:

$$F = ma \qquad\qquad (4-1)$$

式中:F 为作用力,单位 N,m 为物体的质量,单位为 kg,a 为加速度,单位为 m/s^2。在文献《固体中的声场和波》中将使物体产生整体运动的力称为彻体力,显然彻体力 F 使物体产生了整体运动,这里认为整个固体是刚性的,其内部没有弹性形变和质点振动,没有固体声波存在,显然这不是本书重点阐述的内容。

（2）作用力使固体产生弹性形变

由于固体分子之间存在间距和相互作用力,当外部作用力加在固体的某个部位时,将使该物体受力部位的分子与其相邻的分子之间产生相对位移,在塑性介质中分子间的位移会产生永久形变,而在弹性介质中分子间的位移会产生弹性形变,弹性形变引起的弹性力与位移的关系遵守胡克定律:

$$F = kx \qquad\qquad (4-2)$$

式中:k 为弹性模量,单位为 N/m^2,x 为位移,单位为 m。显然使固体产生弹性形变的力是固体声波的产生源,声学中所述的力都是指这个能产生弹性形变的力,而不再作特别说明,它可能是机械力、电磁力、空气动力等。在力的作用下分子之间产生相对位移,位移的分子之间的弹性又使质点产生振动,该振动在固体中由近及远地传播开来,于是固体中形成了声波。

用锤击打一自由状态的金属板,金属板产生加速度向前运动,同时发出嗡嗡的响声。这说明一个外力作用在弹性固体上以后,其一部分力使物体产生整体加速运动,另一部分力使物体产生了弹性形变,弹性形变的物体产生振动并激发空气产生声波。当该物体是完全刚性的且体积较小,则作用力主要以物体加速运动的形式表现出来;当该物体是完全弹性的且体积较大,或者被固定不能产生加速运动,则作用力主要以物体形变的方式表现出来。外部的作用力处于物体的弹性限度范围内,则物体质点产生振动并在固体中形成声波;外部的作用力超出物体的弹性限度,则物体将发生形状改变,甚至断裂,此时的物体表现为塑性。

2. 固体声波产生的条件

设有一个外力 $F = F_0 \sin \omega t$，垂直方向作用到条状弹性固体介质上，如图 4-1 所示。

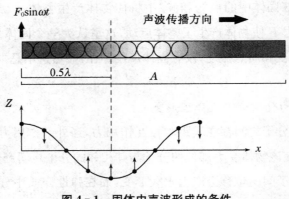

图 4-1　固体中声波形成的条件

图 4-1 中上方是条状弹性固体，由一系列的质点组成，其最大长度为 A，声波在其中传播的速度为 C，下方是固体中各质点受力 F 作用产生运动的情况，其中小箭头表示为质点受到的弹性力方向。从下方质点的运动方向和受弹性力情况可以看出，当固体受到力作用后，每隔半个波长质点的运动方向都改变为相反方向，其受到的弹性力也是每半波长就改变一次方向。假设弹性固体的长度小于等于半波长，显然在半波长范围内固体中所有质点均是同方向运动的，固体内质点没有振动，也就是说外加力起到了彻体力的效应，外部的作用力 $F_0 \sin t$ 不可能在固体中形成质点振动和固体声波。但是如果固体最大线度 A 大于半波长，则超出半波长的质点运动方向与前面的质点运动方向相反，由于分子之间的相互作用，该反向力必然影响前面的质点，使其产生振动，振动在质点间的传递使固体中形成了弯曲波。因此固体声波形成的条件是固体是弹性的，且其最大线度必须大于固体声波的半波长，即 $A > 0.5\lambda$。以上虽然是通过固体中的弯曲波分析得到的，但对于固体中的纵波和剪切波等同样适合。

因为固体声波的波长 λ 取决于外部作用力的频率和固体中的声速，而声速又与固体的物理特性相关,所以固体中是否能形成声波,要由固体的最大线度、物理特性和外部作用力的频率共同决定。总体而言,物体的线度越大、作用力的频率越高,越容易产生固体声波,反之越不容易产生固体声波。

设有一根元钢,其长度为 1 m,元钢中的声速为 5 900 m/s,外界作用力的频率为 5 000 Hz,则元钢中声速的半波长为 0.59 m,由于钢板的长度大于半波长,其内将形成 5 000 Hz 固体声波。实际上只要外界作用力的频率大于 2 950 Hz,该元钢中就会形成固体声波。

3. 机械力激发固体声波

绝大多数情况下固体声波都是因为动力源的机械力激发产生的,这种机械力激发通常都是来自机械设备的运转,如电动机、风机、柴油机、水泵、变压器等等。机械设备运行时周期性的驱动力,以及因设备重心偏离、轴不平衡、部件之间配合不精确等等各种因素引起的力或力矩的不平衡,使零部件发生弹性应变并导致局部振动的产生,该振动通过连接件进一步传递到其他固体上,并在固体内由近及远传播形成固体声波。绝大多数机械设备如电机、风机等运行都是连续的,其产生的固体声波和机械噪声也是连续稳定的。但也有因撞击力作用产生的固体声,如冲床、锻锤、敲击、行人的脚步等等,这类撞击力激发产生的固体声具有脉冲特性,为非稳态固体声波。

机械力激发产生的固体声波不仅有纵波,还有横波(弯曲波和剪切波)。假设固体介质中的质点以正方体排列,该固体的某个质点受到一个力 F 作用,显然在力 F 方向上的一列质点将产生纵向振动,且振动沿着力的方向传播,所以固体中会形成纵波;而与力 F 垂直方向的一行质点不仅产生纵向振动,还会产生横向振动,但振动传播方向与力的方向垂直,所以,固体中也可能同时产生弯曲波和剪切波。通常人工制作的固体结构件的厚度总是较薄,而长度和宽度都较大,这就使得固体声波只能在长和宽的方向形成和传播。进一步比较纵波、弯曲波和剪切波的质点振动方向,只有弯曲波向空气中辐射声波的面积大,所以结构噪声主要是由弯曲波激发产生的,弯曲波在固体声波中总是占主导地位。例如车辆、船舶、建筑物、机械设备等结构件中都是弯曲波为主要波形,因此,固体中的声波和结构噪声防治应主要考虑弯曲波的影响。

固体声的大小首先与机械振动源密切相关,这与空气中的声波是相似的,功率大的机械设备激发产生的固体声就大;制造精度差的设备振动严重,产生的固体声也大。其次,固体声大小也与固体本身的物理特性相关,例如固体的密度、声速、阻尼特性,以及固体结构件的长、宽、高等空间尺寸参数。

4. 空气中的声波激发固体声

空气中的声波也会激发产生固体声波,其形成机理有两种:第一种是通过气固界面的透射,另一种是通过空气中的声压使轻质结构件产生振动,轻质结构件的振动力再激发产生固体声。现对这两种情况进行分析。

(1) 空气声的透射

空气中的声波在遇到固体界面时会产生透射现象,其透射遵循两条规律,第一条是式(3-42)的斯奈尔的声波折射定律,第二条规律是式(3-49)的声强透射公式,现重新罗列如下:

$$\frac{\sin \theta_1}{\sin \theta_1} = \frac{c_1}{c_2}$$

$$\tau_I = \frac{P_t^2 / \rho_2 c_2}{P_i^2 / \rho_1 c_1} = \frac{4 \rho_1 c_1 \rho_2 c_2 \cos^2 \theta_i}{(\rho_2 c_2 \cos \theta_i + \rho_1 c_1 \cos \theta_t)^2}$$

两个公式向我们揭示了空气声在进入固体介质后声波的传播方向和强度的变化仅与介质的声速和密度相关。现以透射到建筑物中的固体声波为例,设混凝土内的声速为 4 200 m/s,密度为 2 600 kg/m³,而空气中的声速为 334 m/s,密度为 1.29 kg/m³,再设空气声波为垂直入射 $\theta = 0$,利用的声强透射系数公式(3-49),可以计算得到空气声透射到混凝土建筑物内的声级衰减了 38 dB,可见垂直入射的空气声透射到混凝土建筑内的声强衰减很大。

如果考虑非垂直入射的情况,根据斯奈尔的声波折射定律 $\frac{\sin \theta_i}{\sin \theta_t} = \frac{c_1}{c_2}$,当声波入射角 $\theta_i \geqslant 4.56°$ 时,折射角 $\theta_t \geqslant 90°$,这说明空气中的声波已经不能进入到混凝土中,可以将空气中声波能够向固体中入射的最大角度称为临界角 θ_{i0}。从上面的计算可知空气声波入射到固体中的临界角是很小的,我们以后计算气体声波向固体中的声透射损失时可以直接用垂直入射公式计算,这是最小损失量,随着入射角增大声透射损失逐渐增大,直至空气声能完全不能透射到固体中。

(2) 空气中声波激发固体弯曲振动

空气中的声压作用于固体表面上会产生力,当固体介质很轻很薄时(如室内装饰板),空气中的声波会使整个轻而薄的固体产生弯曲振动。固体产生的振动加速度可以作如下推导:

声压产生的力为 $F=ps$,固体质量为 $m=\rho hs$,根据牛顿定律 $F=ma$,得到整个固体弯曲振动加速度 a:

$$a=p/\rho h \qquad\qquad (4-1)$$

式中:p 为空气中的声压,s 为固体受声面面积,ρ 为固体密度,h 为固体厚度,可见弯曲振动加速度与固体的密度和厚度成反比,密度越小、厚度越小固体中的振动加速度越大。

设某建筑物内采用 0.005 m 厚的木板进行装饰,木板的密度为800 kg/m^3,室内噪声的声压级为 100 dB,则可以求得室内噪声使得木板产生的振动加速度达到 0.5 m/s^2,相当于振动加速度级为 114 dB,说明该木板的振动是十分严重的。

当轻质薄板刚性连接在另一个厚实的固体上时(例如室内装饰板与混凝土墙刚性连接),轻质薄板的振动就会传递到厚重的固体内,并成为固体振动源。此种情况产生的固体声能量比空气声波直接透射到固体内的声能量大得多,因为这种声传递方式避免了两种不同介质因声阻抗不同引起的透射衰减,轻质薄板在空气与厚实墙体之间起到了声波传递的耦合器作用。

更有一种特殊情况,当轻质薄板的固有频率与空气声波中的某个频率相吻合时将会产生共振,此时作为固体振动源的薄板传递到相连接的厚实固体内的声强将大大增强。因为空气中的噪声常常包含有许多频率成分,很容易出现与轻质薄板固有频率相同的空气声波,所以在高噪声环境中轻质薄板常常会成为固体声波和结构噪声的产生源。

在居民住宅、高档办公室、歌舞厅、酒吧包厢等场所的内部,常常见到在墙面、屋面上用轻质薄板进行装修,当室内出现强烈的噪声时,空气中的声压就会激发装饰板振动,板的振动通过固定的螺钉在墙内形成固体声波,并进一步在建筑物中传播,影响到相邻房间。

第二节　固体声波的类型及方程

声波在固体中传播要比在空气中传播复杂得多,这主要有四方面的原因:第一,固体中分子之间的作用力比空气中大得多,空气中分子之间主要靠压强起作用,而固体中完全靠分子之间的范德华力起作用,分子之间不仅存在排斥力、吸引力和剪切力,还存在扭转矩和弯曲矩,因此固体中的声波不仅有纵波,还有弯曲波、剪切波、扭转波等,这些不同类型的声波同时存在于固体介质中。第二,固体声传播过程中不同的波形会相互转换,例如固体传声介质呈现 $90°$拐角时,原来的纵波经过拐角后就会变为弯曲波,原来的弯曲波会变为纵波。第三,固体介质一般都是有限体积的,如建筑物中传声介质大多数为板状或棒状,声波在有限体积内传播会受到约束,产生反射、透射、混响,这也使得固体中的声场十分复杂。第四,大多数固体都是非均匀介质,声波在非均匀介质中传播会产生反射、折射、散射等各种现象。

尽管固体中的声场十分复杂,但是根据固体中声波传播方向和质点振动方向的不同,可以将固体声波分为纵波、弯曲波、剪切波和扭转波等。

1. 纵波及其传播方程

传声介质中质点振动的方向与声波传播方向完全相同的声波即为纵波,例如大气中的声波为纵波,在一根棒的端面上施加法向激发力后沿棒传播的声波也是纵波。

在弹性结构件的振动中我们研究了棒的纵向振动,其总振动规律是与两个独立变量 t 和 x 相关的偏微分方程:

$$C_L^2 \frac{\partial^2 \eta(t,x)}{\partial x^2} = \frac{\partial^2 \eta(t,x)}{\partial t^2} \tag{4-2}$$

这里 $C_L = \sqrt{\dfrac{E}{\rho}}$,为固体中纵波的声速, C_L 的下标 L 只是强调纵波。对

式(4-2)分离变量得到两个独立变量的常微分方程,其中与变量 t 相关的方程为 $\dfrac{\mathrm{d}^2 T(t)}{\mathrm{d}t^2}+\omega^2 T(t)=0$,它描述了质点振动随时间变化的规律。而与变量 x 相关的方程为 $\dfrac{\mathrm{d}^2 X(x)}{\mathrm{d}x^2}+\omega^2 X(x)=0$,它描述了某一时刻振动随空间坐标 x 变化的规律,该方程也被称为振型函数。纵向振动偏微分方程的解就是对固体中纵向声波的具体描述,其式如下:

$$\eta(x,t)=[A\cos(k_L x)+B\sin(k_L x)]\sin(\omega t+\phi) \tag{4-3}$$

其中:$k_L=\dfrac{\omega}{C_L}$,为纵波波数,E 为弹性模量,ρ 为固体密度,ω 为圆频率。如果令式(4-3)中的坐标 x 固定为 x_0,可以看出 x_0 处的质点沿 x 方向作简谐振动;如果令式(4-3)中的坐标 t 固定为 t_0,可以看出沿 x 方向的质点呈现出疏密相间的排列,而且质点的疏密相间排列随着时间变化逐步向前推移。声波的本质就是质点的振动和振动形式向前传播的过程,所以偏微分方程式(4-2)也是固体中纵波的传播方程。

空气中的声波通常以声压 p 和质点振动速度 v 作为基本状态参量,两者的比值 $Z=P/v=\rho_0 c$,称为空气的声特性阻抗[见式(3-16)],它反映了空气介质传播声波的特性。但固体中声波的传播完全是通过力的作用,因而反映固体介质中传播声波特性的基本状态参量为作用力 F 和质点振动速度 v,它们的相对比值 $Z=F/v$ 称为固体介质的特性力阻抗,固体介质中纵波的特性力阻抗为:

$$Z=F/V=S\rho C_L \tag{4-4}$$

2. 弯曲波及其传播方程

弯曲波是固体声波中的主要波型,也是最重要的固体声波,空气中再生噪声主要是由该波形激发产生的。同样,弯曲波的传播方程也就是弹性结构件中的弯曲振动方程。第二章中已经对弹性结构件棒和薄板的振动方程及其解作过介绍,这里就直接引用前面的结论。

（1）细棒中的弯曲波

细棒中弯曲波的传播方程就是棒的横振动方程,现转摘如下:

$$-EI\frac{\partial^4 \xi}{\partial x^4}=\rho S\frac{\partial^2 \xi}{\partial t^2} \qquad (4-5)$$

式中,I 为轴惯性矩,S 为棒的横截面积,E、S 的意义与前面相同。考虑一般行波的表达方式,将式(2-55)中的 α 改为 k_b,这样棒中弯曲波传播方程的解如下:

$$\xi(t,x)=[A\cosh(k_b x)+B\sinh(k_b x)+C\cos(k_b x)+D\sin(k_b x)]\sin(\omega t+\phi) \qquad (4-6)$$

式中,k_b 为棒中弯曲波的波数:

$$k_b=\sqrt[4]{\frac{\rho s\omega^2}{EI}} \qquad (4-7)$$

根据波数和声速的关系,得到弯曲波的传播速度为:

$$C_b=\frac{\omega}{k_b}=\sqrt[4]{\frac{EI\omega^2}{\rho s}} \qquad (4-8)$$

式(4-8)表明固体中弯曲波的波速与纵波的波速存在明显的区别,纵波波速与声波的频率无关,而弯曲波波速与声波频率的平方根成正比,也就是说不同频率的弯曲波是以不同的速度传播的,我们称弯曲波的这种现象为波速消散。

再分析弯曲波的通解式(4-6),弯曲波是由两个按指数规律衰减的双曲函数和两个三角函数组成。其中两个双曲函数是弯曲振动的衰减波,其只损耗声能量,衰减波反映了激发力附近的振动能量的衰减情况,到远场衰减波可以忽略不计。而两个三角函数是弯曲振动的传播波,其描述了振动在固体中的传播过程。因此弯曲波在远场中可以直接用两个三角函数的传播分量表示:

$$\xi(t,x)=[C\cos(k_b x)+D\sin(k_b x)]\sin(\omega t+\phi) \qquad (4-9)$$
$$=C[\cos(k_b x)+r\sin(k_b x)]\sin(\omega t+\phi)$$

式中:r 为反射系数,当固体传声介质为无限大时,反射系数 r 等于 0,此时远场中弯曲波只有一个传播波:

$$\xi(t,x)=C\cos(k_b x)\sin(\omega t+\phi) \qquad (4-10)$$

（2）薄板中的弯曲波

第二章中推导得到的薄板二维弯曲振动方程就是薄板中弯曲波的传播方程：

$$-\frac{EI}{1-\sigma^2}\nabla^4\xi=\rho h\frac{\partial^2\xi}{\partial t^2} \qquad (4-11)$$

式中，$\nabla^4=\left(\frac{\partial^2\xi}{\partial x^2}+\frac{\partial^2\xi}{\partial y^2}\right)^2$ 为拉普拉斯算符。该方程在不同坐标系中解的形式不一样，这里采用直角坐标系中的解，其通解用指数函数表示如下：

$$\xi(x,y,t)=A\mathrm{e}^{a_x x+a_y y}\mathrm{e}^{\mathrm{j}\omega t} \qquad (4-12)$$

式中 A 为波幅，a_x、a_y 各自代表 4 个量，分别为：

$$a_x=\pm\mathrm{j}k_x,\pm k_x;a_y=\pm\mathrm{j}k_y,\pm k_y$$

$$k_p^2=k_x^2+k_y^2 \qquad (4-13)$$

式中，k_p 为薄板中弯曲波波数，k_x、k_y 为波数 k_p 在 x 轴和 y 轴上的分量。

$$k_p=\sqrt[4]{\frac{\omega^2\rho h(1-\sigma^2)}{EI}}=\sqrt[4]{\frac{12\omega^2\rho(1-\sigma^2)}{Eh^2}} \qquad (4-14)$$

二维弯曲波的传播速度为：

$$C_p=\sqrt[4]{\frac{\omega^2 Eh^2}{12\rho(1-\sigma^2)}} \qquad (4-15)$$

与棒中的弯曲波相同，薄板中的弯曲波也是频散的，其声波传播速度随频率的增大而增大。因为弯曲波研究的是单位宽度结构，所以 h 实际上还是代表了面积。

与一维结构中的弯曲波相似，a_x 和 a_y 中的实数解代表衰减弯曲波，虚数解代表传播弯曲波，远场中衰减波可以忽略不计，则在无限大二维结构中远场弯曲波可以写成下式：

$$\eta(x,y,t)=A(\mathrm{e}^{-\mathrm{j}k_x x}+r_x\mathrm{e}^{\mathrm{j}k_x x})(\mathrm{e}^{-\mathrm{j}k_y y}+r_y\mathrm{e}^{\mathrm{j}k_y y})\mathrm{e}^{\mathrm{j}\omega t} \qquad (4-16)$$

r_x、r_y 分别是弯曲波在 x 轴向和 y 轴向的反射系数，式（4-16）也可以用三角函数表示，这里不再罗列。

3. 剪切波及其传播方程

剪切波是在二维或三维固体结构中传播的另一种波形的声波，由于固体存在剪切力,导致声波传播方向与质点振动方向相垂直。第二章结构件振动内容中没有涉及剪切波,这里以二维薄板结构为对象来研究剪切波。设剪切波的传播方向为 x 方向,质点振动方向为 y 方向,在 x 轴向和 z 轴向质点不存在位移。取二维结构中微元 $\mathrm{d}x\mathrm{d}y$,如图 4-2 所示。

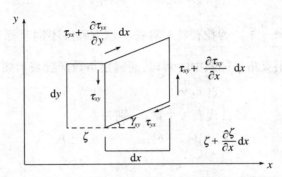

图 4-2 二维结构中剪切波运动示意图

剪切波在二维结构中传播时,点 (x,y) 处的剪切应力为:

$$\tau_{xy} = \tau_{yx} = -G\frac{\partial \zeta}{\partial x} \tag{4-17}$$

式中:τ_{xy} 是垂直于 x 轴沿 y 轴向的剪切力,ζ 是质点在点 (x,y) 处的位移。该式表明剪切应力与质点位移变化率成线性正比,且方向相反。G 为比例系数,是结构的切变弹性模量。

$$G = \frac{E}{2(1+\sigma)} \tag{4-18}$$

对微元 $\mathrm{d}x\mathrm{d}y$ 应用牛顿第二定律:

$$\frac{\partial \tau_{xy}}{\partial x} = -\rho\frac{\partial^2 \zeta}{\partial t^2} \tag{4-19}$$

将方程式(4-17)代入,整理得到沿 x 轴向传播的剪切波方程:

$$\frac{\partial^2 \zeta}{\partial x^2} = \frac{1}{C_t^2}\frac{\partial^2 \zeta}{\partial t^2} \tag{4-20}$$

式中 C_t 是剪切波的传播速度,其等于:

$$C_t = \sqrt{\frac{G}{\rho}} \tag{4-21}$$

式(4－20)仅考虑了沿 x 轴向传播的剪切波,如果进一步考虑二维结构中沿任意方向传播的剪切波,则剪切波方程应为:

$$\nabla^2 \boldsymbol{\zeta} = \frac{1}{C_t^2} \frac{\partial^2 \boldsymbol{\zeta}}{\partial t^2} \qquad (4-22)$$

式中 $\boldsymbol{\zeta}$ 为剪切波位移矢量,其解为:

$$\boldsymbol{\zeta}(x,y,t) = \zeta_x \boldsymbol{i} + \zeta_y \boldsymbol{j}$$
$$= A_x(\mathrm{e}^{-\mathrm{j}k_{tx}x} + r_x \mathrm{e}^{\mathrm{j}k_{tx}x})\mathrm{e}^{\mathrm{j}\omega t}\boldsymbol{i} + A_y(\mathrm{e}^{-\mathrm{j}k_{ty}y} + r_y \mathrm{e}^{\mathrm{j}k_{ty}y})\mathrm{e}^{\mathrm{j}\omega t}\boldsymbol{j}$$

$$(4-23)$$

式中 A_x、A_y 是复常数;r_x、r_y 分别是在 x 轴和 y 轴向传播的剪切波位移分量的反射系数;k_{tx}、k_{ty} 分别是剪切波波数在 x 轴和 y 轴上的投影分量。

$$k_t^2 = k_{tx}^2 + k_{ty}^2 \qquad (4-24)$$

$$k_t = \sqrt{\frac{\rho}{G}}\omega \qquad (4-25)$$

4. 扭转波及其传播方程

扭转波是因为结构受到随时间变化的力矩作用而产生的另一种固体声波,当扭转波在结构中传播时结构横截面绕其轴线转动,一维结构的横截面转动如图 4－3 所示。

作用在结构上绕 X 轴的扭矩 $M(x,t)$ 与结构截面角位移 $\phi(x,t)$ 的变化率成正比,即:

$$M(x,t) = -D_T \frac{\partial \phi(x,t)}{\partial x} \qquad (4-26)$$

式中:D_T 是结构扭转刚度,负号表示扭矩与角位移变化率反方向。应用牛顿第二定律于结构中某微元段 $\mathrm{d}x$,则有:

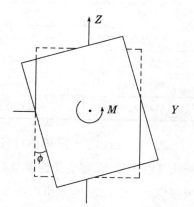

图 4－3　一维结构的横截面绕
X 轴转动示意图

$$\frac{\partial M}{\partial x} = J_T \frac{\partial^2 \phi}{\partial t^2} \qquad (4-27)$$

式中:J_T 是单位长度结构的质量惯性矩。结合式(4－26)和式(4－27)可以得到一微结构中扭转波的波动方程：

$$\frac{\partial^2 \phi}{\partial x^2}=\frac{1}{C_T}\frac{\partial^2 \phi}{\partial t^2} \qquad (4-28)$$

式中 $C_T=\sqrt{\dfrac{D_T}{J_T}}$ ，为一微结构中扭转波的传播速度。

本节仅对纵波中的一维结构、弯曲波中的一维、二维结构、剪切波中的二维结构和扭转波一维结构波动方程进行介绍，四种波形的更高维结构的推导十分复杂，这里不作深入介绍。表 4-1 列出一些固体介质中纵波和剪切波的声传播速度，而弯曲波在固体中的声速是随频率变化的。

表 4-1　固体介质中纵波和切变波的声速(m/s)

材料	棒中的纵波	板中的纵波	板中的切变波
钢	3 710	3 960	2 260
铁	5 180	5 390	3 230
铝	5 040	5 300	3 080
铅	1 200	1 340	700
岩石	～5 000	～5 400	～3 000
混凝土	～4 000	～4 200	～2 400
有机玻璃	～3 300	～2 500	～1 500
硬木	～3 600	—	—

表 4-2 给出了一些固体材料的力学性质，其中密度 ρ 的单位是 $10^3 \ kg/m^3$，杨氏弹性模量 E、切变弹性模量 G、体积弹性模量 K、屈服应力(塑性变形) S_y、极限应力(破坏) S_f 的单位均是 $10^9 \ N/m^2$，σ 是泊松比。

表 4-2　固体材料的力学性质

金属元素	ρ	E	G	K	σ	S_y	S_f
铝(Al)	2.7	70	26	75	0.34	30～140	60～160
铜(Cu)	8.97	124	46	130	0.35	47～320	200～350
金(Au)	19.3	80	28	167	0.42	0～210	110～230

续表

金属元素	ρ	E	G	K	σ	S_y	S_f
锻铁	7.9	195	76		0.29	160	350
铸铁	7.9	115	45		0.25		140～320
铅(Pb)	11.3	16	6		0.44		15～18
镍(Ni)	8.9	205	79	176	0.31	140～660	480～730
铂(Pt)	21.5	168	61	240	0.38	15～180	125～200
银(Ag)	10.5	76	28	100	0.37	55～300	140～380
钽(Ta)	16.6	186					340～930
锡(Sn)	7.3	47	17	52	0.36	9～14	15～200
钛(Ti)	4.5	110	41	110	0.34	200～500	250～700
钨(W)	19.3	360	140				1 000～4 000
锌(Zn)	7.1	97	36	100	0.35		110～200
铍(Be)	1.87	308	147		0.05		120～150
电解铁	7.86	206	82		0.29		
镁(退火)	1.74	42.4	16.2		0.306		
合金	ρ	E	G	K	σ	S_y	S_f
黄铜(65/35)	8.45	105	38	115	0.35	62～430	330～430
康铜(60/40)	8.9	163	61	157	0.33	200～400	400～570
硬铝(4.4Cu)	2.8	70	27	70	0.33	125～450	230～560
锰铜(84Cu)	8.5	47					465
镍铁(77Ni0)		220					540～910
镍铬(80/20)	8.36	186					170～900
磷铜	8.92	100			0.38	110～670	330～750
软钢	7.85	210	81	170	0.30	240	480
特软钢	7.85	210	81	170	0.30	450	600
非金属	ρ	E		σ		S_y	S_f
矾土	3.9	200～400		0.24		140～200	1 000～2 500

非金属	ρ	E	σ	S_y	S_f
砖（优质）	1.4～2.2	10～50			69～140
混凝土	2.4	10～17	0.1～0.21		27～55
玻璃	2.4～3.5	50～80	0.2～0.27	30～90	
花岗岩	2.7	40～70			90～235
耐纶 6	1.14	1～2.5		70～85	50～100
有机玻璃	1.2	2.7～3.5		50～75	80～140
聚苯乙烯	1.06	2.5～4.0		35～60	80～110
聚乙烯	0.93	0.1～1.0		7～38	15～20
聚四氟乙烯	2.2	0.4～0.6		17～28	5～12
聚氯乙烯	1.7	—0.3		14～40	75～100
硫化天然橡胶	1.1～2.2	0.001～1	0.46～0.49	14～40	
砂石	2.4	14～55			30～155
木材（沿木纹）	0.4～0.8	8～13		20～110	50～100

第三节　固体声的传播衰减

1. 固体介质中的声功率和声强

（1）声能量和声功率

固体声场中质点在力的作用下将产生线位移，在力矩的作用下将产生角位移，则力和力矩对质点作了功，于是传声介质具有了声能量，传声介质中的声能量 E 可用下式表示：

$$E = \int_A^B \boldsymbol{F} \cdot \mathrm{d}\boldsymbol{l} + \int_{\theta_A}^{\theta_B} \boldsymbol{M} \cdot \mathrm{d}\boldsymbol{\theta} \qquad (4-29)$$

式中：$\boldsymbol{F}$、$\boldsymbol{M}$ 分别为力和力矩，$\boldsymbol{l}$、$\boldsymbol{\theta}$ 分别为线位移和角位移。显然单位时间内力和力矩对固体介质所做的功就是声功率，在固体声场中声功率的瞬时值可以用下式表示：

$$W=\frac{\mathrm{d}E}{\mathrm{d}t}=\boldsymbol{F}\cdot\boldsymbol{u}+\boldsymbol{M}\cdot\dot{\boldsymbol{\theta}}\qquad(4-30)$$

式中 $\boldsymbol{u}$ 和 $\dot{\boldsymbol{\theta}}$ 分别为速度矢量和角速度矢量，$\boldsymbol{u}=\frac{\mathrm{d}\boldsymbol{l}}{\mathrm{d}t}$，$\dot{\boldsymbol{\theta}}=\frac{\mathrm{d}\boldsymbol{\theta}}{\mathrm{d}t}$。工程中瞬时声功率是很难测量的，其对描述声场中声功率的大小也没有实际意义，一般都考虑声功率的时间平均值 $\overline{W}$：

$$\overline{W}=\frac{1}{T}\int_T(\boldsymbol{F}\cdot\boldsymbol{u}+\boldsymbol{M}\cdot\dot{\boldsymbol{\theta}})\mathrm{d}t\qquad(4-31)$$

（2）声能密度

固体介质中声波的强弱一般用声能密度和声强来表示。声能密度是指声场中单位体积内贮存的声能量，与空气中相同，它包括媒质质点运动的动能和形变产生的势能：

$$e=e_k+e_p\qquad(4-32)$$

声波的传播过程实际上是声能量的传播过程，当声波到达某点时，该点处的质点受激发产生振动，设振动速度为 u，传声介质的密度为 ρ，则因声波产生的单位体积内的动能密度为：

$$e_k=\frac{1}{2}\rho u^2\qquad(4-33)$$

另外，由于声波的影响固体介质中体密度会发生变化，这就形成了势能，设质点受到的应力为 σ，产生的应变为 ε，则固体介质中的势能密度 e_p 可以表示为：

$$e_p=\frac{1}{2}\sigma\varepsilon\qquad(4-34)$$

σ 和 ε 都是时间和空间的函数，且随结构维数和声波波形的改变而不同，因而势能密度 e_p 的具体表达式也不一样，这里不作深入分析。

（3）声强

单位时间内通过垂直于声传播方向上单位面积的声能量定义为声强。固体中声强的表达式如下：

$$I=(\boldsymbol{q}\cdot\boldsymbol{u}+\boldsymbol{m}\cdot\dot{\boldsymbol{\theta}})/n\qquad(4-35)$$

$\boldsymbol{q}$、$\boldsymbol{m}$ 分别代表结构中单位面积内的力矢量和矩矢量，n 为曲面的法向矢

量,这是结构中的瞬态声强。声强与声功率流的关系如下:

$$W = \iint\limits_{s} \boldsymbol{I} \cdot \mathrm{d}s \qquad (4-36)$$

同样,一般固体结构中的声强都是指声强的时间平均值,对式(4-35)进行时间平均,得到时间平均声强 I:

$$\overline{I} = \frac{1}{T}\int_{T} (\boldsymbol{q} \cdot \boldsymbol{u} + \boldsymbol{m} \cdot \dot{\boldsymbol{\theta}})\mathrm{d}t = \langle \boldsymbol{q} \cdot \boldsymbol{u} + \boldsymbol{m} \cdot \dot{\boldsymbol{\theta}} \rangle_{t} \qquad (4-37)$$

式中符号〈 〉$_t$代表时间平均。

2. 固体声波的扩散衰减

声扩散衰减是声波在传播过程中因声能密度减小引起的声级降低现象,这里不考虑介质对声波的吸收,且认为介质是各向均匀的,其衰减规律主要由声源性质和声场扩散条件决定。

(1) 无限大固体介质

在各向同性的无限大固体介质中传播的声波衰减规律与在空气中相同,点声源以球面波扩散,其衰减遵循距离平方反比规律:

$$\frac{I_2}{I_1} = \frac{r_1^2}{r_2^2} \qquad (4-38)$$

线声源以柱面波扩散,其衰减遵循距离反比规律,即:

$$\frac{I_2}{I_1} = \frac{r_1}{r_2} \qquad (4-39)$$

(2) 有限大固体介质

但是大多数情况下固体传声介质都是有限体积的,例如建筑物内的固体声波都是沿着墙体、立柱、过梁和楼板等传递的,传声通道十分狭窄,声波传播过程中因边界的制约不能自由扩散,因而声扩散衰减也就因边界条件变化而不同。现假设约束边界面上的声透射很小(一般固体和空气接触面能够满足这一假设),则可以根据能量守恒的原理计算不同段面上的声衰减[见第三章的式(3-40)和图3-3]。下面以建筑物中最常见的柱和板为例:

① 柱

设点声源的声波波长远大于柱的横截面尺寸,且远小于柱的长度,则声波沿柱传播过程中得不到扩散,所以可以认为无论声波传播多远的距离,柱内的声强都没有扩散衰减,这与管道中空气声的传播相似。

② 板

当点声源的声波在板中传播时,设声波的波长远大于板的厚度,且远小于板的长度和宽度,则声波在板中只能在平面内传播,如图 4 - 4 所示。图中点声源的波阵面是以同心圆的方式向外扩散,因此其声强呈距离反比规律衰减。

$$\frac{I_2}{I_1} = \frac{r_1}{r_2} \tag{4-40}$$

线声源(理论上无限长)的波阵面以平行线的方式向外传播,声强没有衰减。

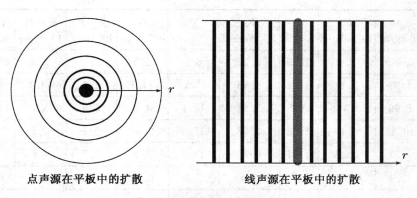

点声源在平板中的扩散   线声源在平板中的扩散

图 4 - 4　平板内固体声波的扩散衰减断面

3. 固体声波传播过程中的阻尼损失

前面的声扩散衰减中没有考虑介质对声能的吸收,实际上声波在固体介质中传播时会产生能量损耗,我们称之为阻尼损失。引起阻尼损失的主要原因是热流机理和阿克希瑟机理。

(1)热流机理

热流机理:声波在固体中传播基本上是绝热过程,固体声波为纵波的情况下,传声介质被压缩时温度升高,膨胀时温度降低,固体的导热性使两者间产生不可逆转的热流,造成声能损失。而弯曲波和切变波不会使介质产生密度变化,因而没有这种热流衰减产生。

纵波引起的热流衰减可用下式计算：

$$A = \frac{2\pi f^2}{8.686\rho\nu^3}\left[\frac{K_h}{c_\nu}\left(\frac{E^\sigma - E^\theta}{E^\theta}\right)\right]\text{dB} \tag{4-41}$$

式中：f 为频率（Hz），ρ 为密度（kg/m³），ν 为纵波声速（m/s），K_h 为热传导系数（W/m·K），c_ν 为定容比热（J/kg·K），E 为弹性系数（N/m²），上角 σ、θ 分别表示绝热值和恒温值。上式表明，固体中的热流损失与频率的平方成正比，与介质的热传导系数成正比，与介质的密度和介质的定容比热成反比，与纵波速度的三次方成反比，此外还与介质相应的弹性系数相关。

表 4-3 是一些材料的绝热、恒温弹性常数和热流衰减。

表 4-3 一些材料的热流衰减

材料	ρ 10^3 kg/m³	C_ν 10^3 J/kg·K	α 10^{-6} K	K_h 10^2 W/m·K	λ^θ 10^{10} N/m²	G 10^{10} N/m²	$\lambda^\sigma - \lambda^\theta$ 10^9 N/m²	$E_0^\sigma - E_0^\theta$ 10^8 N/m²	A/f^2 dB/m
铝	2.699	0.9	23.9	2.22	6.1	2.5	3.8	3.2	26.5
铍	1.82	2.17	12.4	1.58	1.6	14.7	1.4	11.4	0.2
铜	8.96	0.384	16.5	3.93	13.1	4.6	5.5	3.7	51.2
金	19.32	0.13	14.2	2.97	15.0	2.85	6.1	1.5	225.7
铁	7.87	0.46	11.7	0.75	11.3	8.2	2.7	4.8	2.2
铅	11.4	0.128	29.5	0.344	3.3	0.54	2.12	0.36	339.6
镁	1.74	1.04	26.	1.59	2.56	1.62	1.3	2.1	23.0
镍	8.90	0.44	13.3	0.92	16.4	8.0	5.7	6.1	4.4
银	10.49	0.234	19.7	4.18	8.53	2.7	4.5	2.6	22.4
锡	7.3	0.225	23	0.67	4.04	2.08	3.5	4.0	111.7
钨	19.3	0.134	4.3	2.0	31.3	13.4	3.1	2.8	5.8
锌	7.1	0.382	29.7	1.12	4.2	4.2	4.3	10.7	43.7
石英	2.2	0.92	0.5	0.01	1.61	3.12	4.5×10^{-4}	0.002	3×10^{-5}

（2）阿克希瑟机理

在有限温度下，所有固体材料中都存在热激发声波，这种声波称为声子，他们处于平衡状态。当有声波在固体介质中经过时干扰了声子的平衡，使声子的振动方式发生分离,以后再逐渐达到平衡,结果造成声波能量被吸收,这就是阿克希瑟机理。声子从失去平衡到再度平衡的时间称为热平衡的弛豫时间,阿克希瑟衰减值 α 及其弛豫时间 τ 之间的关系见式(4-42)和式(4-43)。

$$\alpha = \frac{\omega^2 D(E_0 K_h / c_v \bar{v}^2)}{17.372(1 + \omega^2 \tau^2)} \mathrm{dB} \tag{4-42}$$

$$\tau = \frac{3K_h}{c_v \bar{v}^2} \tag{4-43}$$

式中,D 是与材料第三阶模量有关的非线性常数,E_0 为总热能(J/kg),c_v 为定容比热(J/kg×K),$\bar{v}$ 为平均速度(m/s)。

在金属中阻尼衰减机理与声波的波形相关,纵波中热流衰减和阿克希瑟衰减各占一半,在弯曲波和切变波中主要为阿克希瑟衰减。

除上面的声能衰减外,声波在多晶体材料中通过时还会引起晶粒间的压缩和膨胀产生热流损失,晶粒也会使声波产生散射导致散射损失。声波在铁磁材料和电磁材料中传播时,材料磁化和极化后产生应变也会造成声能损失。

4. 传声介质变化引起的传声损失

根据声波的反射和透射理论,当传声介质的阻力特性发生变化时,声波会产生反射和透射现象,在不同介质的边界面上透射声能量就会有所损失。在固体中声能量采用声强 I 表示,阻力特性用力阻抗 Z 表示,$Z = F/V = S\rho C$,固体声波从介质 1 向介质 2 传播过程中,声强的透射系数式(3-51)变为下式:

$$\tau_1 = \frac{P_t^2 / \rho_2 c_2}{P_i^2 / \rho_1 c_1} = \frac{4Z_1 Z_2}{(Z_1 + Z_2)^2} = \frac{4\rho_1 c_1 S_1 \rho_2 c_2 S_2}{(\rho_1 c_1 S_1 + \rho_2 c_2 S_2)^2} \tag{4-44}$$

由式(4-44)可以看出,固体声波在通过两种传声介质边界面时透射系数由介质的截面积、密度和声速共同决定。如果介质的截面积相同,则声能量损失只与介质的密度和声速相关。例如声波在土壤中传播时遇到河流,因水的密度和声速与土壤不一样,声波就产生反射,使传到河对面的固体声能量降低。再如影剧院为防止固体声传播,在建筑物的墙体中砌一圈木砖来抑制固体声波沿墙体向其他房间传播。

5. 截面突变处的传声损失

（1）截面突变处纵波的传声损失

根据式（4-44），固体中的力阻抗不仅与传声介质的固有特性相关，还与传声通道的截面积 S 相关，若纵波在固体介质中传播时遇到截面发生突变，显然突变截面两侧的力阻抗发生了变化，因此声波必然会在这里产生反射，使透射声能减弱。

这里以一维结构的棒为模型，如图 4-5 所示。$Y=0$ 处棒的截面突变，两侧截面积分别为 S_1 和 S_2，入射波、反射波和透射波的质点振动速度分别为 V_i、V_r 和 V_t。两侧的介质密度均为 ρ，声速均为 C_L，因此两侧的特性力阻抗分别为 $Z_1 = S_1 \rho C_L$，$Z_2 = S_2 \rho C_L$。

因为截面突变处作用力和质点振动速度是连续的，因此得到：

$$\begin{cases} F_i + F_r = F_t \\ V_i - V_r = V_t \end{cases} \tag{4-45}$$

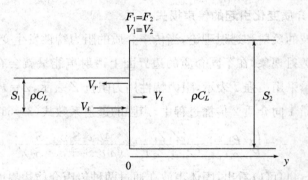

图 4-5　纵波在截面突变处的反射和透射

根据 $F = VZ$ 的关系式，可以求得作用力（质点振速也一样）的反射系数：

$$r = \frac{Z_2 - Z_1}{Z_2 + Z_1} = \frac{S_2 - S_1}{S_2 + S_1} \tag{4-46}$$

声强的透射系数则为：

$$\tau = 1 - r^2 = \frac{4m}{(m+1)^2} \tag{4-47}$$

式中 m 为固体传声通道截面积（也是特性力阻抗）的相对比值，$m = Z_2/Z_1 = S_2/S_1$。该式与空气声在管道截面突变处的声强透射公式完全相同。

由声强透射系数可以进一步得到一维结构中纵波在截面突变处的传声损失为：

$$R_L = 10\log\frac{1}{\tau} = 20\log\frac{m^{1/2} + m^{-1/2}}{2} \qquad (4-48)$$

（2）截面突变处弯曲波的传声损失

弯曲波在固体中传播遇到截面突变时也会产生传声损失，但推导过程要复杂得多，因为在截面突变处不但要考虑作用力和质点振速连续，还要考虑弯矩和角速度连续。这里只根据截面突变处的四个连续条件，给出弯曲波在截面突变处的传声损失公式：

$$R_b = 10\log\frac{1}{\tau} = 20\log\frac{(m+m^{-1})^{5/4} + (m+m^{-1})^{3/4}}{1 + 0.5\,(m+m^{-1})^2 + (m+m^{-1})^{1/2}} \qquad (4-49)$$

根据式（4-48）和式（4-49），绘出固体中纵波与弯曲波在截面突变处的传声损失曲线，如图4-6所示。

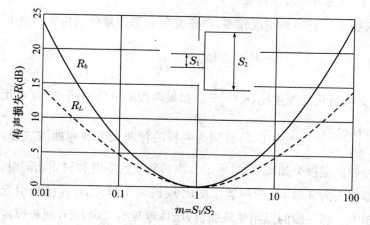

图4-6　纵波和弯曲波在截面突变处的传声损失

进一步分析固体中的纵波和弯曲波的传声损失公式：① 用 $1/m$ 替换 m，上面两式的传声损失不变，说明声波不论是从细截面向粗截面入射，还是从粗截面向细截面入射传声损失是一样的；② 弯曲波因截面突变引起的传声损失比纵波要快，但无论哪种波型，当突变处截面面积比不是很大时，传声损失并不很大(例如 $m=5$ 时,R_L 只有 2.5 dB,R_b 只有 3.4 dB),只有截面积比达到 8 倍以上时,传声损失才趋向显著。

6. 构件转角处的传声损失

声波在结构件中传播时,常常遇到转角,如建筑物墙与墙之间的直角连接,墙与楼板之间的直角连接,这种连接有些呈 L 形,有些呈 T 形,有些呈十字形,固体声传播到连接处时除了会发生波形转换外,也会产生反射和透射。

理论分析表明,当声波波长是板厚度的 6 倍以上时,无论反射波还是透射波都是以弯曲波为主,这样的板往往被称为薄板。例如通常的建筑物的混凝土墙体厚度为 0.2 m 左右,其声速为 4 200 m/s,以 2 000 Hz 频率进行估算,固体声波的波长是墙体厚度的 10.5 倍,因此,建筑物墙体和楼板均可视为薄板,其内的固体声波主要是弯曲波。另外固体声波中的弯曲波更容易在空气中激发产生噪声,往往是造成室内结构噪声污染的主要因素。基于以上原因,这里只对弯曲波在不同转角处的传声损失进行介绍。

(1) L 形连接处的弯曲波传声损失

建筑物 L 形连接的情况较多,弯曲波在 L 形连接处的传声损失 R_b 为:

$$R_b=20\lg\left[\frac{m^{5/4}+m^{-5/4}}{\sqrt{2}}\right] \tag{4-50}$$

式中:m 为两薄板的厚度比,$m=\dfrac{H_2}{H_1}$。如果两板的材质不同,则 m 可用下式代替:$m=\left(\dfrac{B_2 C_{b1}}{B_1 C_{b2}}\right)^{2/5}$,式中 B、C_b 分别为两板的弯曲劲度和弯曲波波速,弯曲波在拐角处的传递损失如图 4-7 所示。当两薄板的厚度和材质相同时,固体声波的传递损失为 3 dB,随着两者厚度比 m 偏离 1 越大,L 连接处引起的传递损失将越大。以一般的民用建筑而言,墙体厚度为 240 mm,地板厚度大约为 160 mm,计算得到墙角处的传声损失为 4.1 dB。

(2) T 形连接处的弯曲波传声损失

当两薄板作 T 形连接时,以连接处为节点,将两板分为 3 块,其中板 1、板 3 在同一个平面内,它们的厚度相等 $H_1=H_3$,板 2 垂直于板 1 和板 3,且与两板厚度不等,记为 H_2。设固体声波从板 1 入射到连接处并产生反射和透射,

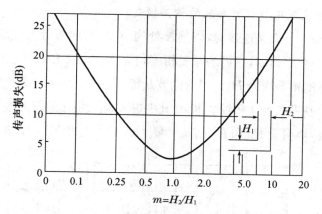

图 4-7 弯曲波在墙角处的传递损失

透射声能一部分进入到板 2,一部分进入到 3 板,透射引起的传声损失随 $m = \dfrac{H_2}{H_1}$ 变化,如图 4-8 所示。

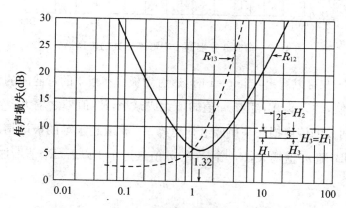

图 4-8 弯曲波在 T 形连接墙体处的传声损失

图 4-8 中曲线 R_{12} 代表进入到板 2 中的弯曲波的传播损失,R_{13} 代表进入到板 3 中的弯曲波的传播损失。从曲线 R_{12} 可以看出,当 $m = 1.32$ 时,进入到板 2 中的声能量衰减最小,约为 6.5 dB,随着 m 值增大或减小,传播损失 R_{12} 值均增大。曲线 R_{13} 是一条单调上升曲线,但其最小值为 3 dB,说明即使 m 值趋近于 0,进入到板 3 中的声能量也要衰减 3 dB,如果 m 值增大,R_{13} 跟随着增大。

(3) 十字交叉连接处弯曲波的传声损失

当两薄板十字交叉连接时,以连接处为节点,将两板分为 4 块,其中板 1 和板 3 在同一个平面内,它们的厚度相等均为 H_1,板 2 和板 4 在同一个平面内,它们的厚度相等均为 H_2。设弯曲波从板 1 入射,遇到节点产生反射和透射,透射波分别进入板 3 和板 2、板 4(其中进入板 2、板 4 的弯曲波是相等的)。透射声波的传声损失 R_{12} 和 R_{13} 随 $m = H_2/H_1$ 值的变化如图 4-9 所示。

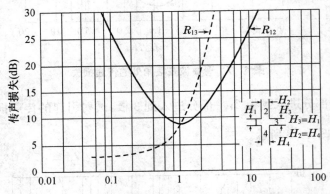

图 4-9　弯曲波在墙面十字形连接处的传声损失

从图 4-9 可以看出,当 $m = 1$ 时,透射到板 2 和板 4 的弯曲波的传声损失 R_{12} 有最小值,约为 9 dB,随着 m 值的增大或减小,R_{12} 值随之增大。而透射到板 3 的弯曲波的传声损失呈单调上升趋势,在 m 值趋于零的极端情况下,R_{13} 值趋于 3 dB,随 m 值增大,R_{13} 增大,在 m 值接近于 1 以后,R_{13} 值增加很快。

第四节　再生噪声的形成

固体声波在结构件中传播时,在与空气接触的边界面上会激发产生空气声波,这种空气声波就是结构噪声,为与声源的直达区别,常被称为再生噪声或二次噪声。固体内的声波导致相邻空气产生噪声的机理有两种形式,第一种是固体声波通过边界面向空气中透射声波,这种因声透射产生的空气声被称为透射声；第二种是固体声波中的弯曲波使建筑物的结构振动，振动结构激发空气产生声波。

1. 固体声波透射形成空气噪声

根据声波折射和透射理论，固体中的声速大，声波从固体介质向空气中透射时不存在零界角，各个角度入射到边界面上的声波都能产生透射。现在利用斯奈尔公式 $\dfrac{\sin\theta_i}{\sin\theta_t}=\dfrac{c_1}{c_2}$ 和声强透射系数公式 $\Delta L=10\log\dfrac{1}{\tau_l}=$ $10\log\dfrac{(\rho_2 c_2\cos\theta_i+\rho_1 c_1\cos\theta_t)^2}{4\rho_1 c_1\rho_2 c_2\cos^2\theta_i}$ 计算混凝土建筑物内声波进入空气中的透射声损失。取固体声波的入射角分别为 $0°$、$15°$、$30°$、$45°$、$60°$、$75°$、$89°$、$90°$，计算得到折射角从 $0°$ 逐步增加到 $89°$，透射损失从 $38\ \text{dB}$ 逐渐增加到 $73.2\ \text{dB}$，详见表 $4-4$。计算中混凝土内的声速取 $4\,200\ \text{m/s}$，密度为 $2\,600\ \text{kg/m}^3$，而空气中的声速取 $334\ \text{m/s}$，密度为 $1.29\ \text{kg/m}^3$。

表 4-4　固体声波向空气中的透射损失

入射角	0	150	300	450	600	750	890	900
折射角	0	1.180	2.280	3.220	3.950	4.410	4.560	4.560
透射损失(dB)	38	38.3	39.3	41.0	44.0	49.7	73.2	∞

考虑到入射角为 $90°$ 时，$\cos 90°=0$，声透射损失为无穷大，所以增加了 $89°$ 入射角的声透射损失计算。从计算结果可以看出，固体声波向空气中透射时，随着入射角的增大，折射角变化很小，但透射损失随入射角的增加越来越大，当入射角大于 $75°$ 时透射损失急剧增大。这说明入射角大于 $75°$ 后，虽然存在声透

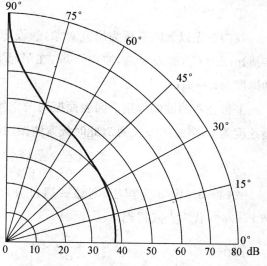

图 4-10　混凝土中声波向空气中透射产生的透射损失

射现象,但实际上的透射损失很大,透射到空气中的声能量很微弱,可以忽略不计。

2. 弯曲波激发产生空气噪声

薄板形结构件内的声波主要以弯曲波为主,由于其表面的弯曲振动与空气直接耦合,从而将固体表面的振动转化为空气中的声能量,使空气中形成结构噪声。弯曲波激发产生空气声的原理与机械振动向空气中辐射噪声的原理基本相同,只是这里的振动是由固体中的弯曲波激发产生的,其振动产生的空气噪声频率与结构中弯曲波的频率相同,强度也与弯曲波的振动幅值相关。

机械、建筑物等固体结构通常以棒和板等组合而成的,而结构噪声主要是由棒和板中的弯曲波激发产生的,所以我们仅介绍棒和薄板中的弯曲波振动所引起的声辐射。一般声学书籍中介绍的脉动球、活塞等振动源的声辐射与结构噪声关系不大,本书就不再介绍,对此感兴趣的可以进一步阅读相关声学书籍。

(1) 板的声辐射

机械设备中的外壳及一些结构件均是薄板,建筑物中的墙板和楼板也可视为薄板,当弯曲波的波长远小于薄板的几何尺寸(长和宽)时可视薄板为无限平板,反之称为有限平板。

① 无限平板

我们首先以无限平板为研究对象,假设弯曲波在平板中沿 x 方向传播,传播速度为 C_p,波长为 λ_p,波数为 k_P,在 Y 轴方向没有振动,在 z 轴方向的振动速度为 $u = u_A e^{j(\omega t - k_p x)}$。

平板在弯曲波的作用下因表面振动向空气中辐射声波,设辐射声波的传播速度为 C,声波的波长为 λ,此时板弯曲振动辐射声波的波动方程可以写为:

$$\frac{\partial^2 p}{\partial x^2} + \frac{\partial^2 p}{\partial z^2} - \frac{1}{c^2}\frac{\partial^2 p}{\partial t^2} = 0 \tag{4-51}$$

式(4-51)中 p 为声压,对该式通过分离变量求解,设解的形式为 $p = P(x,z)e^{j\omega t}$,代入上式得到:

$$\frac{\partial^2 p}{\partial x^2} + \frac{\partial^2 p}{\partial z^2} + k^2 \frac{\partial^2 p}{\partial t^2} = 0 \tag{4-52}$$

不考虑时间因子,方程(4-52)振型函数解的形式可写为 $p = p_A e^{-j(k_p x + k_z z)}$,代入上式得到:

$$k_p^2 + k_z^2 = k^2 \qquad (4-53)$$

式(4-53)表明,平板弯曲振动激发产生的空气声波的波数 k 大于等于板中弯曲波的波数,即无限平板弯曲振动辐射声波的条件是:

$$k \geqslant k_p \qquad (4-54)$$

将满足声波辐射条件的临界频率称为截止频率,记为 f_c,空气中声波的波数 $k = \dfrac{\omega}{c}$,而本章第二节中已经得到板中弯曲波的波数为 $k_p = \sqrt[4]{\dfrac{12\omega^2 \rho (1-\sigma^2)}{Eh^2}}$。令 $k = k_p$,求得满足声辐射条件的截止频率为:

$$f_c = \frac{c^2}{2\pi h}\sqrt{\frac{12\rho(1-\sigma^2)}{E}} \qquad (4-55)$$

只有弯曲振动的频率大于截止频率 f_c 的情况下,薄板中的弯曲波才能向空气中辐射声波。上式中 c 为空气中的声速。以无限混凝土薄板为例,ρ 取 2 600 kg/m³,h 取 0.24 m,E 取 13×10^9 N/m²,σ 取 0.15,空气中的声速 c 取 340 m/s,可以计算得到,无限混凝土薄板中弯曲波的辐射截止频率为 117.5 Hz。可见 0.24 m 厚混凝土墙体中弯曲波向空气中辐射的再生噪声应是 117.5 Hz 以上频率声波,如果墙的厚度变薄,截止频率还要提高。如果计算 2 mm 钢板的声辐射截止频率,取 ρ 为 7 800 kg/m³,h 取 0.002 m,E 取 210 $\times 10^9$ N/m²,σ 取 0.30,无限钢板中弯曲波的辐射截止频率为 5 861.6 Hz。从式(4-55)可以看出,板越薄辐射声波的频率越高,这就是日常生活中我们感觉到厚板受击后产生噪声的音调低沉,薄板受击后产生噪声的音调尖锐的原因。此外板的密度越大辐射声波的频率越高,弹性模量越小辐射声波的频率越高。

波动方程(4-52)的解的一般形式为:

$$p = p_A e^{j(\omega t - k_p x - k_z z)} \qquad (4-56)$$

空气介质在垂直于平板方向的振动速度为:

$$v = -\frac{p_A k_z}{\rho_0 c k} e^{j(\omega t - k_p x - k_z z)} \tag{4-57}$$

在 $z=0$ 处满足质点振动速度连续的条件,即 $v\big|_{z=0}=u$,得到无限大平板弯曲振动辐射的声压公式(4-58)。

$$P_A = -\frac{\rho_0 c}{\sqrt{1-\dfrac{k_p^2}{k^2}}} u_A \tag{4-58}$$

进一步可以求得平板弯曲振动的声辐射效率,如下式和图 4-11 所示。

$$\sigma_{\text{rad}} = \frac{1}{\sqrt{1-\dfrac{k_p^2}{k^2}}} \tag{4-59}$$

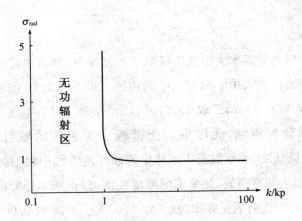

图 4-11 无限平板的声辐射效率

以上推导虽然是在一维板振动的假设下进行的,但得到的结论具有通用性,同样适用于二维板振动的情况。

② 有限平板

如果平板的长和宽与弯曲波的波长相比并不是很大,那么就是有限平板。对于有限平板,其在截止频率以上的声辐射特性与无限平板一致;但有限平板在截止频率以下仍能够辐射声波,在远低于截止频率以下区域的声波以角型辐射为主,随着频率增加声波辐射形式由角型过渡到边缘型。由于有限平板的声辐射推导复杂,这里只给出有限平板的声辐射效率的经验估算公式:

$$\sigma_{\mathrm{rad}}=\begin{cases}\beta\left[2\dfrac{\lambda_c^2}{S}\alpha_1+\dfrac{L\lambda_c}{S}\alpha_2\right] & f<f_c\\[3mm]\sqrt{\dfrac{a}{\lambda_c}}+\sqrt{\dfrac{b}{\lambda_c}} & f=f_c\\[3mm]\dfrac{1}{\sqrt{1-\dfrac{f_c}{f}}} & f<f_c\end{cases}\qquad(4-60)$$

式中:$L=2(a+b)$,为板的周长;$S=ab$,为板的面积;$\lambda_c=\dfrac{2\pi}{k_c}=\dfrac{c}{f_c}$,为固体中弯曲波的波长。$\beta$ 由边界条件确定,对于周边刚性支承边界 $\beta=1$,周边固定边界 $\beta=2$,介于两者之间则取 $\beta=\sqrt{2}$。系数 α_1 和 α_2 分别为:

$$\alpha_1=\begin{cases}0 & z=\sqrt{\dfrac{f}{f_c}}\geqslant0.5\\[3mm]\dfrac{8}{\pi^2}\dfrac{1}{z}\dfrac{1-2z^2}{\sqrt{1-z}} & z<0.5\end{cases}$$

$$\alpha_2=\dfrac{1}{(2\pi)^2}\dfrac{(1-z^2)\ln\left(\dfrac{1+z}{1-z}\right)+2z}{(1-z^2)^{\frac{3}{2}}}$$

分析弯曲波在薄板表面的声辐射可以得到以下结论:

① 因为流体中只存在纵波,所以无限平板内的弯曲波只能在空气中激发产生纵波。且该纵波的声压不随距离衰减,类似于平面声波,但其波前不是平面,因此不是平面波。

② 无限平板的声辐射效率与截止频率 f_c 相关,当 $f<f_c$ 时 $\sigma_{\mathrm{rad}}=0$,即无声辐射;当 $f\gg f_c$ 时,$\sigma_{\mathrm{rad}}=1$。

③ 对于有限平板,其截止频率以上的声辐射特性与无限平板一致,但其在截止频率以下仍能够辐射声波,声波辐射效率与声波的频率、平板的支撑条件、平板的具体尺寸等相关。

(2) 棒、柱的声辐射

弯曲波在棒、柱以及管道中传播时，也会向空气中辐射声波，我们可以将梁、柱看作有限长线声源，该线声源由 n 个体积速度相等的点声源组成。设所有点声源均匀分布在一条直线上，相邻点源之间距离为 l，如图 4-12 所示。并设各个点源的中心点与空间某个点的距离为 r_i，其声压为 $p_i = \dfrac{A}{r_i} e^{j(\omega t - kr_i)}$，由所有点源合成的声场的总声压为：

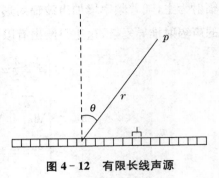

图 4-12　有限长线声源

$$p = \sum_{i=1}^{n} \frac{A}{r_i} e^{j(\omega t - kr_i)} \tag{4-61}$$

对于 $r \gg \sum l$ 的远场，从各点源到空间一点的距离可表示为 $r_i = r + il\cos\theta$，代入上式并经过整理，得到远场声压的近似表达式为：

$$p \approx \sum_{i=1}^{n} \frac{A}{r} e^{j[\omega t - k(r + il\cos\theta)]} = \frac{A}{r} e^{j(\omega t - kr)} \frac{\sin\dfrac{nkl\sin\theta}{2}}{\sin\dfrac{kl\sin\theta}{2}} \tag{4-62}$$

式（4-62）就是棒弯曲振动向空气中辐射的声压级公式。当 $\theta \to 0^0$ 时，$\sin\dfrac{nkl\sin\theta}{2} \approx \dfrac{nkl\sin\theta}{2}$，$\sin\dfrac{kl\sin\theta}{2} \approx \dfrac{kl\sin\theta}{2}$，因此上式变为：

$$p\big|_{\theta=0^0} = n\frac{A}{r} e^{j(\omega t - kr_i)} \tag{4-63}$$

我们发现，$\sin\theta = 0$ 的方向正是声压幅度最大的方向，称为主极大，由此得到线声源的辐射指向性为：

$$D(\theta) = \left| \frac{\sin\dfrac{nkl\sin\theta}{2}}{n\sin\dfrac{kl\sin\theta}{2}} \right| \tag{4-64}$$

实际工程中，机械设备往往是由许多零部件组合在一起的，其辐射的结构噪声可能是由许多元件的结构振动共同辐射产生的，因此十分复杂，也很难进行理论计算和分析。为了解机械设备和建筑的结构噪声,一般进行现场监测。图4-13为实测得到的冷却塔(含水泵)和抽油烟风机在相邻居民室内产生的建筑结构噪声频谱曲线。

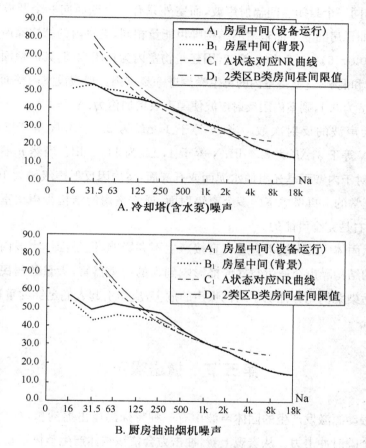

A. 冷却塔(含水泵)噪声

B. 厨房抽油烟机噪声

图4-13　两例建筑内结构噪声频谱曲线图

3. 结构噪声在封闭空间内的增强效应

一般情况下声波在固体中传播影响不到人的听觉器官,音频范围内的振动也不会对人体造成影响。但是当固体中的声波透射到空气中,或弯曲波传播到固体表面在空气中激发产生结构噪声时,就可能对人体产生不利影响。特别当这种结构噪声发生在一个封闭空间内时声级将大大增加,例如居室内的建筑结构噪声比室外要大得多,这就对室内人员的工作和休息产生直接影响。

　　室内的结构噪声比室外大得多的原因主要有两方面原因:第一,室内有 6 个壁面向同一个封闭空间辐射声波,而室外只有一个壁面向一个开放空间辐射声波,如果房间 6 个面辐射的结构噪声能量相同,则室内的结构噪声级将比室外大 $10\log(6)=7.8$ dB。第二,因建筑物室内为封闭空间,其内壁面使声波产生反射和混响,这使得室内的再生噪声进一步增强。现假设室内壁面的平均吸声系数 $\bar{a}$ 为 0.1,则室内因反射声波使噪声级增加值为:$\Delta L \approx 10\log(1+0.9)^n$,这里 n 为声波的反射次数。当 N 等于 1,ΔL 为 2.8 dB;N 等于 2,ΔL 为 5.6 dB;N 等于 3,ΔL 为 8.4 dB;N 等于 4,ΔL 为 11.2 dB。当然 n 不可能无限大,但对于内壁面是光滑的水泥面或石灰面,室内因反射声级增大 10 dB 左右是很正常的。再考虑室内多个声辐射面,通常室内的结构噪声比室外高出 15 dB 左右是完全可能的。

　　虽然固体中的声波不会对人直接产生不利影响,但是固体声波向室内辐射产生的结构噪声会通过空气传播影响到人的听觉器官,大量的居民室内结构噪声污染案例充分证明了结构噪声的危害,应当引起人们足够的重视。

第五节　撞击噪声

　　在振动源激发产生的固体声波中有一种特殊的撞击振动源,它会对物体产生一个瞬时冲击力。从宏观上看,冲击力会使该物体产生整体运动,其运动速度遵守冲量和动量守恒定律,文献 4 称这种使物体产生整体运动的力为彻体力,彻体力与固体声波无关。但是从固体声波和结构噪声的研究角度而言,人们更关心的是使物体局部质点产生微观运动的弹性力,弹性力首先使受力点附近的固体质点产生振动,接着因固体分子之间的相互作用力,质点振动又以声波的形式在固体内传播开来,当声波传播到固体边界面时,边界面的质点振动进一步向空气中辐射再生噪声。在建筑物内这种现象是常常出现的,例如人在楼板上的走步声、墙面上的敲钉声、物体落地声等。因为这种振动源与稳态振动源不一样,其激发产生的固体声波也另具特点,本节将对其进行专门分析。

1. 撞击力及其频谱

撞击振动源与一般的振动源不同,这是一种突然加入的冲击力产生的振动,撞击过程的作用时间很短,作用力很大,撞击产生的冲量却是一个有限值。冲击力随时间的变化规律如图 4 - 14 所示。

设撞击过程的持续时间为 τ,根据动量和冲量的守恒关系可以得到下式:

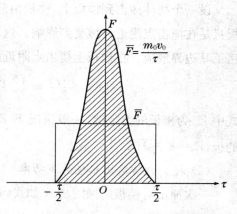

图 4 - 14　撞击力随时间的变化

$$\int_{-\tau/2}^{\tau/2} F(t)\mathrm{d}t = mv_i \quad (4-65)$$

冲击力随时间变化的规律与很多因素有关,但作为粗略的近似,可以表示为下式:

$$F(t)=\begin{cases} 0 & t<-\dfrac{\tau}{2} \\ \dfrac{mv_t}{\tau} & -\dfrac{\tau}{2}<t<\dfrac{\tau}{2} \\ 0 & t>\dfrac{\tau}{2} \end{cases} \quad (4-66)$$

根据傅立叶分析,该冲击力可以用许多不同频率的简谐力叠加得到,具体表达式为:

$$F(t) = \int_0^\infty g(f)\cos(2\pi ft)\mathrm{d}f \quad (4-67)$$

式中,$g(f)$ 为频谱密度函数,$g(f)$ 可用下式确定:

$$g(f) = 2\int_{-\infty}^\infty F(t)\cos(2\pi ft)\mathrm{d}t = 2mv_i\,\frac{\sin x}{x} \quad (4-68)$$

式中参数 $x=\pi f\tau$,当撞击过程中的动量 mv_i 给定后,$g(f)$ 值只与参量 x 相关,

— 109 —

而与撞击持续时间 τ 没有直接关系。

2. 被撞击后楼板内产生的声功率

（1）撞击点的楼板振动速度

设一个物体撞击到楼板上，楼板由静止开始振动，由于撞击时间很短，楼板只是在撞击点附近区域受到影响。这就是说我们把楼板看成"无限大"，忽略了其边界效应。在楼板上撞击点附近的质点振动速度 $v(t)$ 由下式决定：

$$v(t) = \frac{F(t)}{Z_0} = \int_0^\infty \frac{g(f)}{Z_0}\cos(2\pi ft)\mathrm{d}f \qquad (4-69)$$

式中 Z_0 为楼板的力阻抗，一般情况下 Z_0 是频率 f 的函数，但对于"无限大"的板，$Z_0 = 8\sqrt{\rho HB}$，为常数。

（2）撞击力传输给楼板的声功率

一次撞击对楼板所做的功 A 如式（4-70）所示：

$$A = \int_{-\infty}^\infty F(t)v(t)\mathrm{d}t = \int_{-\infty}^\infty \frac{F^2(t)}{Z_0}\mathrm{d}t = \int_0^\infty \frac{g^2(f)}{2Z_0}\cos(2\pi ft)\mathrm{d}f$$

$$(4-70)$$

设单位时间内物体撞击地板 N 次，同时各次撞击相互独立，并取 $x = \pi f\tau$，可以求得撞击振动源向楼板传输声功率的傅立叶分量为：

$$G(f) = \frac{g^2(f)}{2Z_0}N = \frac{2(mv_i)^2N}{Z_0}\left(\frac{\sin x}{x}\right)^2 \qquad (4-71)$$

当 x 为小值时（低频近似），$G(f)$ 近似等于 $\frac{2(mv_i)^2N}{Z_0}$，而"无限大"楼板情况下低频是主要的，说明物体撞击"无限大"楼板时传输的声功率 $G(f)$ 是一个常数；当 x 为大值时（高频近似），$G(f)$ 随频率迅速起伏变化，但对于某一段频率范围内的平均值仍可以近似得到：

$$G(f) \approx \frac{(mv_i)^2N}{Z_0 x^2} \qquad (4-72)$$

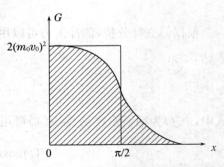

图 4-15 平均功率谱随参量 x 的变化

声功率 $G(f)$ 随参数 x 的变化曲线如图 4-15 所示。

作为一种简化，取 $x=\dfrac{\pi}{2}$ 为分界线，相当于 $f_1=\dfrac{1}{2\tau}$，传输的声功率 $G(f)$ 可以用下式表示：

$$G(f)=\begin{cases} \dfrac{2\,(mv_i)^2 N}{z_0} & x<\dfrac{\pi}{2} \\ 0 & x>\dfrac{\pi}{2} \end{cases} \qquad (4-73)$$

式(4-73)告诉我们，当 $f<f_1$ 时，撞击力 $F(t)$ 传输给楼板的声功率谱近似为一条水平线；当 $f>f_1$ 时，撞击力 $F(t)$ 传输的声功率谱近似为零。因此，f_1 相当于撞击力频谱中的上限频率。因为刚性物体撞击楼板的持续时间 τ 往往很短，所以上限频率 f_1 很高，说明撞击力频谱高频成分丰富。如果在楼板上铺一层缓冲弹性层，使物体撞击楼板的持续时间 τ 延长，则上限频率 f_1 降低，撞击力频谱中的低频成分不变，但高频成分被消除，这就使撞击噪声得到降低。

上面的声功率谱 $G(f)$ 是线性谱，不论频率 f 的高低，都确定了每赫兹频率范围内撞击力的均方值。对于倍频程或三分之一倍频程，相应的声功力谱应当乘以 αf，这里 f 为中心频率，α 为反映频带宽度的系数，对于倍频带 $\alpha=0.707$，对于三分之一倍频带 $\alpha=0.232$。因此，当 $f<f_1$ 时，频带内撞击力传输给楼板的声功率 W_i 为：

$$W_i=G(f)\cdot\Delta f=\frac{2(mv_i)^2 N}{Z_0}\alpha f \qquad (4-74)$$

3. 楼板被撞击后向空气中辐射的声功率级

实际上楼板是有限大小的，其四周均与墙体固定在一起，当楼板受到撞击后楼板内产生弯曲振动，并由撞击点以柱面波的形式向四周传播，楼板内质点的振动速度随传播距离 r 的平方根成反比。当弯曲波传播到楼板四周边界时，一部分声能透射到其他构件（相当于被吸收），另一部分声能被反射回来。由于固体中声传播速度很快，弯曲波在有限的楼板内必然来回反射，以至于可以近似地认为弯曲波在楼板内形成了"完全扩散"的两维混响声场，这与空气声在封闭房间内的混响相似,因此可以采取统计分析的方法来考虑楼板内的声场、质点振动速度和声功率。

由能量守恒关系,输入的声功率与损耗的声功率相平衡。在中心频率为 f 的频带内,激发源传输给楼板的声功率如式(4-74)所示。而损耗的声功率主要来自两个方面,一是楼板内部及边界处的吸收效应等引起的阻尼损耗,二是弯曲波向空气中辐射声波(即再生噪声)引起的损耗。

(1) 吸收损耗

楼板内部及边界处吸收效应等引起的声功率损耗可用下式表示:

$$W_1 = S\rho H v^2 \omega \eta \tag{4-75}$$

式中 S、ρ、H 分别为楼板面积、密度和厚度,v 为质点振动速度的时间和空间均方值,η 为损耗因子。

在楼板的声功率损耗中 W_1 是最主要的,它远大于声辐射损耗。因此可近似将式(4-74)和式(4-75)用等号相连,得到 $f < f_1$ 的频率范围内整个楼板质点振动速度的时间和空间上的均方值:

$$v^2 = \frac{W_i}{S\rho H\omega\eta} = \frac{\sqrt{3}\alpha}{4\pi} \frac{(mv_i)^2 N}{S\rho^2 H^3 C_L \eta} \tag{4-76}$$

式中 C_L 为无穷大薄板中纵波声速,$C_L = \sqrt{\dfrac{E}{\rho(1-\sigma^2)}}$。

(2) 向空气中的声辐射损耗

向空气中的声辐射损失可分为两种情况,一种是撞击点附近区域因楼板振动辐射声波所产生的损失 W_2,另一种是弯曲波在板内的混响声能辐射的声功率损失 W_3。

① 撞击点附近的声辐射损失 W_2

理论可以证明,当频率 $f < f_1$ 时,撞击点附近的弯曲波向楼板上下两面的声辐射损失为:

$$W_2 = \frac{1}{\pi} \frac{\rho_0}{(\rho H)^2 C_0} \cdot Z_0 W_i \tag{4-77}$$

② 混响声能的辐射损失 W_3

弯曲波的混响声辐射损失为:

$$W_3 = 2S\rho_0 C_0 v^2 \sigma_r \tag{4-78}$$

上两式中，ρ_0、C_0 分别为空气的密度和声速，σ_r 为楼板振动引起的声辐射效率，当频率比较大时，σ_r 接近于 1。上两式均是指楼板两面向空气中辐射的总声功率，对于楼板一面的声功率损失应该为 $(W_2+W_3)/2$。在中高频范围内，W_3 占主导地位，因此将式（4-76）代入式（4-78），得到整个楼板向一面空气中辐射的声功率为：

$$W_3 = \rho_0 C_0 \sigma_r \frac{\sqrt{3}\alpha}{4\pi} \frac{(mv_i)^2 N}{\rho^2 H^3 C_L \eta} \tag{4-79}$$

对于倍频程带宽内辐射的声功率级可以近似用下式表示：

$$L_W = 10 \lg \left(\frac{\rho_0 C_0 \sigma_r}{10.3} \frac{(mv_i)^2 N}{\rho^2 H^3 C_L \eta} \right) + 120 \text{ dB} \tag{4-80}$$

这就是楼板受撞击后向空气中辐射的倍频带声功率级。该式中不显含频率 f，但损耗因子 η 和辐射效率 σ_r 均与频率相关，不过这两个因子随频率的变化不很敏感。可见在 $f < f_1$ 频率范围内辐射声功率级谱近似为一条直线，而在 $f > f_1$ 频率范围内辐射声功率级迅速降低。

式（4-80）表明，楼板被撞击后产生的结构噪声与楼板的声辐射效率 σ_r 成正比，与楼板密度的平方 ρ^2、厚度的三次方 H^3、纵波波速 C_L 及损耗因子 η 均成反比，这里楼板的厚度和密度是最主要的，楼板越轻、越薄撞击产生的再生噪声越大。

这里分析的虽然是楼板受撞击后向空气中辐射的声功率级，但对于类似的薄板受激励后的声辐射同样具有参考意义。例如机械设备外壳等金属薄板受动力激励产生振动，并向空气中辐射结构噪声，在产品设计和装配时除了要注意减小动力对薄板的作用力外，还应选择合适的板材，从源头上降低设备的运行噪声。

第五章　噪声源及声波传播途径的识别

噪声控制工程必须首先知道噪声污染源以及声波的传播途径，然后才能根据噪声控制的一般原理和方法采取针对性的对策措施。对于存在多个噪声源的情况还应当对各个噪声源的贡献水平进行排序，才能抓住主要矛盾，制定出有针对性的噪声治理方案。如果不知道噪声源的大小、频率特性、影响范围和超标量，不知道噪声是如何传播到敏感保护目标的，传播过程中又受到了哪些影响和干扰，仅仅根据表象盲目地采取隔声、吸声等控制措施，结果可能是浪费财物，劳而无功。因此识别噪声污染源、判断声波的传播途径、辨析各个噪声源的贡献水平是十分必要的。

第一节　噪声源的测量和识别

1. 噪声源的测量

(1) 声源的声功率级

空间某个点的噪声大小一般都是用 A 声级表示，A 声级既反映客观环境的噪声水平，也间接表达了人耳对噪声大小的主观感觉。但是对于噪声源的大小不是用一个 A 声级所能描述清楚的，主要有以下三个原因：第一，一般噪声污染源都是立体地向周围辐射声波，声源存在指向性，其不同部位、不同方向上的 A 声级相差很大；第二，声源的声能量在传播过程中存在自然扩散衰减，测点到声源的距离不一样测量得到的 A 声级相差很大；第三，A 声压级既不能反映设备噪声源的频率特性,也不能准确反映声源的污染程度和范围。因此要科学地反映设备噪声源的大小应该用声功率级来表示设备噪声源的大小,对其影响程度和范围还要辅以频谱分析。

　　测量声源的声功率级需要在距设备一定距离的包络面上设置多个噪声监测点,用声级计或声强计测量出各个点上的声级,每个声级对应于包络面上的一部分面积,通过对整个包络面的声功率求和,才能得这个声源辐射的总声功率,并进一步换算得到声源的声功率级。

　　(2) 声级计测量设备噪声源的声功率

　　声源声功率测量是确定声源辐射噪声大小的重要工作,国际上及我国均制定了多种声源声功率测量规范,分精密级测量、工程级测量和简易级测量,测量仪器一般采用声级计,在有条件的情况下用声强计测量更为方便。下面简单介绍声源声功率的消声室或半消声室精密级测量和现场环境下的工程级及简易级测量。

　　① 消声室精密级声功率测量

　　将设备噪声源置于完全自由声场的消声室内,消声室的体积一般要达到设备噪声源体积的 200 倍以上。以设备噪声源为中心确定一个测量所需要的包络球面,包络球面的半径至少 1 m,并大于设备尺寸的 2 倍和噪声源波长的 1/4 以上,在包络球面上布设 20 个噪声监测点,各个测点的位置如表 5-1 和图 5-1 所示。

表 5-1　自由声场中声功率测量布点

测点号	X/R	Y/R	Z/R	测点号	X/R	Y/R	Z/R
1	−0.99	0	0.15	11	0.99	0	−0.15
2	0.50	−0.86	0.15	12	−0.50	0.86	−0.15
3	0.50	0.86	0.15	13	−0.50	−0.86	−0.15
4	−0.45	0.77	0.45	14	0.45	−0.77	−0.45
5	−0.45	−0.77	0.45	15	0.45	0.77	−0.45
6	0.89	0	0.45	16	−0.89	0	−0.45
7	0.33	0.57	0.75	17	−0.33	−0.57	−0.75
8	−0.66	0	0.75	18	0.66	0	−0.75
9	0.33	−0.57	0.75	19	−0.33	0.57	−0.75
10	0	0	1.0	20	0	0	−1.05

— 115 —

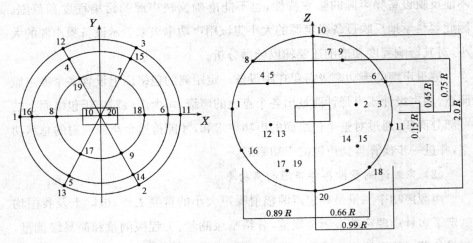

图 5 - 1　自由声场中声功率测量布点图

在设备噪声源正常运行情况下用精密声级计测量各个测点的 A 声压级或频带声压级,同时测量设备没有运行时消声室内的背景噪声级。若测点的声级未超出背景噪声级 20 dB,则需对背景噪声进行修正,修正后的声压级 L_{pi}:

$$L_{pi} = 10\lg\left[10^{0.1(L_{pj}-\Delta_j)}\right] \qquad (5-1)$$

式中: L_{pj} 为测量得到声压级, Δ_j 为背景噪声级,进一步求得包络球面上的平均声压级 $\overline{L}_p$:

$$\overline{L}_p = 10\lg\left[\frac{1}{N}\left(\sum_{i=1}^{N}10^{0.1\times L_{pi}}\right)\right] \qquad (5-2)$$

最后得到设备噪声源的声功率级:

$$L_w = \overline{L}_p + 10\lg S + C \qquad (5-3)$$

式中: L_w 为噪声源的声功率级, S 为包络面积,全消声室内 $S=4\pi r^2$, C 为气象条件引起的差值,如果气象条件与标准大气状态相近,可以不必考虑,否则可以按照第三章中的式(3 - 29)修正。

② 工程级和简易级测量声功率级

许多情况下机械设备很难搬运到声学实验室内进行精确的声功率测量,

此时可以对设备现场进行适当的改造,使测量环境接近于消声室或混响室,然后对设备的声功率进行测量,这就是工程法或简易法的声功率测量。例如设备处于露天环境中,可以将这种环境近似为半自由声场,如设备位于大车间内,也可以对车间内壁面进行吸声处理,将其改造为近似的半消声室,这种现场声功率测量方法虽然精确度稍差,但只要控制好测量误差,测量得到的声功率仍然可以满足实际工程的需要。

假设机械设备位于大车间内,按照精密法声功率测量方法布设噪声监测点进行声压级测量,并计算得到设备噪声源的声功率级。但是,因为大车间并不是理想的消声室,肯定存在测量误差,必须进行修正,一般有两种修正方法,即标准声源比较法和混响时间修正法。

a. 标准声源比较法。

标准声源比较法是利用一个已经知道其声功率级为 L_{us} 的标准声源,将其放在与被测声源相同的位置,采用与设备噪声源同样的测量方法,测量得到标准声源的声功率级为 L_w,于是得到现场测量值与标准声功率级的差值 $K = L_w - L_{us}$,K 就是修正值。将现场测量得到的设备噪声源声功率级减去修正值 K 就得到设备噪声源真实的声功率级。

b. 混响时间修正法。

根据第三章中室内声场的声压级公式 $L_p = L_w + 10\lg\left(\dfrac{1}{4\pi r^2} + \dfrac{4}{R}\right)$ 及 $R = \dfrac{S\bar{\alpha}}{1-\bar{\alpha}}$,当室内的平均吸声系数 $\bar{\alpha}$ 不大时,房间常数 $R \approx A$,$A = S\bar{\alpha}$,于是得到下式:

$$L_w = L_p + 10\lg S_0 - K \tag{5-4}$$

$$K = 10\lg\left(1 + \frac{4S_0}{A}\right) \tag{5-5}$$

两式中:S_0 为测量包络面面积,一般现场测量都是半球面,所以 $S_0 = 2\pi r^2$,K 就是因室内混响引起的修正量。这里 K 值主要受室内的总吸声量 A 决定,而该系数与混响时间 T_{60} 的关系为 $T_{60} \approx \dfrac{0.161V}{A}$,所以进一步测量室内的混响时

间 T_{60} 就可以求得修正值 K 。

从式(5-5)可以看出,室内的总吸声量越大,修正值 K 就越小,准工程法测量声功率级要求,$4 \leqslant \dfrac{A}{S_0} \leqslant 6$,此时修正值 $K < 3$ dB,即声功率级的测量误差小于 3 dB。简易法测量声功率级要求,$\dfrac{A}{S_0} \geqslant 1$,此时测量误差较大,仅作为声源调查测量之用。

工程法测量声源的声功率级也要对本底噪声进行修正,要求测量的声压级比本底噪声大 6 dB 以上测量数据才有效,如果测量的声压级大于本底噪声 10 dB 以上就可以不作修正。

③ 混响室测量声源声功率

混响室是满足扩散声场的声学实验室,只要测点距离声源和壁面不要太近,混响室内各点的声压级差不多都是相等的,因此将设备噪声源放置于混响室内测量得到平均声压级后就可以求得噪声源的声功率级,其计算公式如下:

$$L_W = L_p - 10 \lg \frac{\rho_0 c_0}{400} + 10 \lg \frac{R}{4} + 10 \lg \left(1 + \frac{S\lambda}{8V}\right) \qquad (5-6)$$

式中,R 为房间常数,$R = \dfrac{A}{1 - \bar{\alpha}^*} \approx A = S\bar{\alpha}^*$,$\bar{\alpha}^* = \bar{\alpha} + \dfrac{4mV}{S}$,$m$ 为空气吸声系数,ρ_0、c_0 为空气的密度和声速,S、V 为混响室的总表面积和总体积,λ 为声波波长。式(5-6)中声压级 L_p 可以直接测量,总吸声量 A 可以通过测量混响时间获得,其他参数都是已知的,很快就可计算出设备噪声源的声功率级。

混响室各壁面的平均吸声系数不宜超过 0.16,混响室的体积应与噪声源的频率相适应,表 5-2 为国家标准规定的混响室体积要求,但最大不超过 300 m³。

表 5-2　国家标准规定的混响室最小体积与最低频率的关系

最低 1/3 中心频率(Hz)	100	125	160	200 以上
混响室最小体积(m³)	200	150	100	70

(3) 声强计测量设备噪声源的声功率

声强是在某一方向上单位时间内通过单位面积的声能量,因为声强是矢量,声强测量就是利用声强的矢量特性进行相关声能量的测量。声强法测量声功率不受环境条件的限制,不受其他噪声源的干扰,包络面的形状以及到噪声源的距离都不受限制,只要被测量噪声源处于封闭包络面内,因而声强法测量声功率具有许多优势。

噪声源辐射的声功率是单位时间内向环境中辐射声能量的总和,设一个完全封闭的包络面将噪声源包围起来,然后对声强沿包络面积分,就可得到声源的声功率:

$$W = \oiint_s I_n \mathrm{d}s \qquad (5-7)$$

实际声功率测量时,也可以将包络面分为许多小面积,测量各个小面积上的声强,然后进行求和:

$$W = \sum_{i=1}^n I_{ni}S_i \qquad (5-8)$$

用声强计现场测量声源声功率有两种方法,一种为扫描测量法,另一种是离散点测量法。

扫描测量法:扫描测量声源声功率要确定好测量包络面,为方便用声强计探头扫描,包络面应是由多个规则面元组成。在每个面元上确定好扫描线路,扫描探头垂直于面元以匀速通过,并保证覆盖整个面元。扫描速度控制在 $0.1 \sim 0.5$ m/s 之间,扫描线路一般是直线,扫描的持续时间不应小于 20 s。扫描法测量声源声功率快速简便,很适合现场测量,但具体操作也容易产生误差,因此,可作为工程级或简易级的测量方法。

离散点测量法:离散点测量声源声功率也要确定好声源的包络面,包络面应是与被测声源形状相近且简单的表面,距离设备噪声源 0.5 m 以上。在测量包络面上布设测点,要求测点尽可能均匀,每平方米至少设 1 个测量点,总测点数不得少于 10 个,如果包络面上的声场不均匀以及外部干扰噪声比较明显,则测点要加密。离散点法测量声源声功率时要按照国家标准 GB/T.16404—1996《声强法测定噪声源的声功率级第一部分在离散点上的测量》要求控制测量的精确度,最后根据测量得到的可信数据计算出每个面元的局部声功率和噪声源的总声功率级。

2. 噪声源的识别

前面介绍的噪声源声功率测量虽然能够较准确地获得每个噪声源的大小、频率特性,但测量工作量很大,很烦琐,工程中对每个设备噪声进行这样的监测也不现实,所以这里介绍几种快速识别噪声污染源的测量方法。

(1) 声强测量识别法

对一台机械设备而言,用声强计在距离设备 50~100 mm 的近表面扫描,声强较大的位置所对应的零部件肯定是辐射噪声较大的,反之则辐射噪声较小。考虑不同设备、不同零部件辐射噪声的频率不同,且各个零部件辐射的噪声是互不相关的,因此采用一定频带宽度逐一进行声强测量,就很容易辨别出不同零部件辐射噪声的大小和频率特性。同样对于车间内存在多个设备噪声源,采用声强计近距离扫描的方法可以很快找出主要噪声污染源。

(2) 声压测量法

目前国内便携式噪声测量仪器主要是各种型号的声级计,只有专业的声学科研机构拥有声强计,因此用声级计识别噪声污染源就具有现实意义。用声级计测量设备噪声源可能会受到各种其他噪声的干扰,使测量结果的可信度降低,但是只要测量时注意避免周围环境的不利影响,测量结果虽然不够精确,仍然可以用来识别主要噪声源或主要发声零部件,下面介绍几种声压测量方法。

a. 分别测量法。

当一个车间内存在两个以上噪声污染源时,可以关闭其他机械设备只让一台设备正常运行,单独测量这台设备的运行噪声级。当这台设备测量完成后再对另一台设备单独测量,这样逐台完成所有设备噪声源的测量工作,根据测量结果就可以较准确地获得各台设备运行噪声的大小,找到主要噪声污染源。在工程中常常采用这种测量方法测量和识别噪声源,其得到的各个噪声源的测量声级可比性强,主要噪声源的判断结果可信度高,只要工程现场具备逐台停机的条件,应优先考虑采用这种方法来识别主要噪声源。

对于存在多个噪声源的设备,为获得不同零部件的噪声大小也可以采取分别测量方法。例如冷却塔运行噪声包括风机产生的空气动力噪声和落水噪声,为识别两种噪声源的大小,可以先只开冷却塔顶的轴流风机,测量得到风机的运行噪声级(包括空气动力噪声和结构噪声),再单独测量落水噪声级,或者通过测量整个冷却塔的正常运行噪声级计算获得落水噪声。表 5-3 为某冷却塔的噪声测量资料,其中第三行和第四行分别为冷却塔轴流风机的空气动力噪声和落水噪声,第五行是计算得到的风机噪声和落水噪声的叠加声级,第六行是整个冷却塔运行时的噪声级。测点位于冷却塔的塔径距离处,高出地面 1.5 m。从测量结果可以看出,测点处的低频噪声主要来自风机运行噪声,而高频噪声主要来自落水噪声,A 计权声级主要是落水噪声的贡献。

表 5-3　某冷却塔风机噪声、落水噪声和整机噪声[dB]

工况	中心频率								A
	63	125	250	500	1 K	2 K	4 K	8 K	
仅开轴流风机	79	77	77	65	63	57	55	53	71
仅有落水声	53	51	56	66	70	71	69	67	76.3
计算叠加值	79.0	77.0	77.0	68.5	70.8	71.2	69.2	67.2	77.4
整体测量值	79	77	78	69	71	72	69	67	77

b. 屏蔽测量法。

对于不能单独测量一个噪声源的情况,可以人为地用隔声材料对其他噪声源进行屏蔽,使其他设备的运行噪声不对本噪声源的测量结果产生大的影响。例如用隔声罩盖住其他设备,或用障板屏蔽其他设备噪声,使被屏蔽的设备噪声源影响声级低于待测量噪声源影响声级 10 dB 以上,此时对待测设备噪声源进行测量,得到的测量声级也能较好地反映这台设备噪声的水平。屏蔽测量法实际上是分别测量法的一种变通办法,问题是要屏蔽好其他噪声源的影响,要能根据实际条件采取因地制宜的屏蔽措施。

在半消声室内测量某品牌净水器的运行噪声级达 54 dB(A),但净水器唯一的动力机械是水泵,水泵单独运行噪声级只有 41 dB(A)。为探究净水器噪声增大的原因,必须在整机运行状态下进行噪声测量,选用一张柔软的橡胶板,其隔声量可以达到 15 dB,分别用其覆盖住水管、机箱测量水泵噪声,覆盖机箱、水泵测量水管噪声,覆盖水管、水泵测量机箱噪声。测量得到的结果表明机箱的结构噪声是最主要噪声源,水管次之,水泵最小,这与一般感性认知是完全不同的水泵虽然是唯一的动力设备,但净水器运行噪声主要来自机箱振动辐射的结构噪声。

c. 近场测量法。

近场测量法就是用声级计在设备噪声源的近表面测量。理论上声级计的传声器接收到的声波是来自各个噪声源,但靠近的噪声源声波扩散衰减小,声源辐射的指向性也强,远离的噪声源正好相反,因此将声级计的传声器近距离地对设备噪声源扫描,声级计显示的声级主要反映了这台设备运行噪声的大小和频率特性。如果对每台设备都逐一近距离扫描,就可以根据扫描声压级初步确定出各个噪声源的噪声大小及排序,同样对一台设备不同部位近距离扫描,也可以判断这台设备不同零部件辐射噪声的大小。声级计近场测量得到的声级并不准确,更不能反映设备噪声源的声功率情况,但是该方法可以在现场快速判断主要噪声源和设备噪声源的大小排序,可以为一般的工程治理提供主要的噪声源和治理目标,也可以为精确声功率测量法指示出主要噪声源。

声级计近场测量时应尽可能地利用声源的指向性和声波的衰减规律来提高声源识别的可靠性,测量的声源和声源之间不宜太近,尽量利用建(构)筑物屏蔽远处噪声源的影响,必要时也可以人为地用活动障板屏蔽其他噪声源的影响,以提高声源识别的准确性。

(3) 频谱分析法

机械设备一般都是在周期力的作用下以一定的频率运行的,其中的周期力所对应的频率称为基频,基频的整数倍称为谐频,这种激发力的频率特性在设备运行噪声中也会体现出来,在噪声频谱曲线中可以看见基频和谐频的噪声频率峰值。例如风机、电机、齿轮的基频都可用式 $nZ/60$ 来表达,其中 n 为风机、电机和齿轮每分钟的转速,Z 则为风机的叶片数、电机转子的槽数及齿轮的齿数。变压器的基频为 $2f$,其中 f 为交流电的频率,国内的市电频率为 50 Hz,则国内变压器的工作基频即是 100 Hz。根据机械设备的振动频率对比噪声频谱,就可以知道噪声来自于哪一台机械设备。

不仅如此,机械设备的零部件受到外力作用时将会产生振动并向大气中辐射结构噪声,该噪声频谱往往与零部件的固有特性相关。如果外部作用力的频率与零部件的固有频率相差很远时,零部件处于受迫振动状态,其振动和噪声较小;如果外部作用力的频率接近或等于零部件的固有频率,将会产生共振并辐射出强烈的结构噪声。机械系统及零部件的固有频率是与其物理性质和结构状态相关的,在第二章弹性结构件的振动中已经较详细地介绍了不同边界条件下的棒纵向振动和弯曲振动频率,不同边界条件下薄板的弯曲振动频率,当然其他形状的结构件也都有它们的固有频率。因此如果我们根据系统及零部件的特性得知其固有频率,就可以知道设备噪声频谱中某个频率成分来自于机械设备的那个零部件及部位,并据此判断出噪声源。

第二节　对敏感点噪声贡献的分析计算

噪声源的大小并不能代表其对敏感保护目标的影响大小,因为大气中声波从声源传播到敏感保护目标会受到距离扩散衰减和各种环境因素的影响,还受到本底噪声的叠加影响,因此要保护声环境质量,必须知道具体噪声源对敏感点的声级贡献水平。前面提出的噪声源的识别和测量方法并不适用于敏感保护目标,特别是存在多个噪声源对敏感目标产生影响,且设备噪声源又不能分别停机测量的情况下,必须通过理论计算才能获得各个设备噪声源对敏感点的贡献声级,并根据各个噪声源的贡献声级大小确定优先对哪些设备采取噪声治理措施,以及该噪声源必须达到的降噪量。分析计算各个噪声源对某个敏感点的噪声贡献声级可以按以下步骤完成:

1. 噪声源和环境状况调查

设备噪声源大小和声波传播途径是分析计算的基础,所以需要对设备噪声源以及声波传播途径和敏感保护目标进行调查。设备噪声源的调查内容有声源的种类、数量、声功率级或参考距离上的声压级,声源的频率特性、运行时间等,如果声源位于室内还应了解建筑物内吸声效果和门窗等可能产生声泄漏的环节。

这里的声波传播途径调查只是针对空气声传播,主要调查内容有声源到敏感保护目标的距离,声波传播途径上的地形地貌,影响声波传播的障碍物情况等。对于固体声传播识别和调查较为复杂,将在下一节单独介绍。

敏感保护目标情况的调查内容有,保护目标所处的声功能区划,保护对象的规模大小、与各个噪声污染源的距离及位置关系等。

2. 计算模式

(1) 固定点声源对敏感保护目标的影响声级计算公式

① 对于室外声源,声衰减模式为:

$$L_A(r)=L_A(r_0)-20\lg(r/r_0)-\Delta L_A \tag{5-9}$$

式中:$L_A(r)$为点声源对 r 米距离远处的预测声级;

$L_A(r_0)$为点声源在 r_0 米处的参考声级;

ΔL_A 为其他各种因素引起的衰减量,包括声屏障衰减 A_{bar}、空气吸收 A_{atm}、地面衰减 A_{gr} 和植被吸收 A_{tre} 等。其中,声屏障的衰减公式为:

$$\Delta L_d=\begin{cases}5+20\lg\dfrac{\sqrt{2\pi N}}{\tanh\sqrt{2\pi N}} & N>=-0.2\\ 0 & N<-0.2\end{cases} \tag{5-10}$$

$$N=2\delta/\lambda \tag{5-11}$$

式中:$\delta=SO+OP-SP$ 为声程差(见图 5-2),λ 为声波波长。

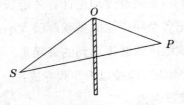

图 5-2 声屏障的声程差示意图

空气吸收引起的声衰减为:

$$A_{atm}=\alpha(r-r_0)/100 \tag{5-12}$$

式中 α 为空气吸声系数。地面效应引起的衰减可用下式计算：

$$A_{gr} = 4.8 - \left(\frac{2h_m}{r}\right)\left[17 + \left(\frac{300}{r}\right)\right] \tag{5-13}$$

式中：r 为声源到预测点的距离，h_m 为传播路径的平均离地高度，若地面效应衰减量 A_{gr} 计算出负值，则用"0"代替。

绿化带的衰减量可用下式估算：

$$A_{tree} = k(r - r_0) \tag{5-14}$$

式中：k 为林带的平均衰减系数，应根据绿化树种及密度确定，一般 k 值可取 0.1 dB/m 左右。

如果知道点声源的声功率级 L_{wA}，且声源位于地面，则有：

$$L_A(r) = L_{WA} - 20\lg(r) - 8 - \Delta L_A \tag{5-15}$$

② 对于室内声源，先计算室内某个声源对靠近某围护结构处产生的 A 声级：

$$L_{A1}(i) = L_{wA} + 10\lg(Q/4\pi r_1^2 + 4/R) \tag{5-16}$$

式中：$L_{A1}(i)$ 为某个声源对靠近室内壁面处的 A 声级；

Q 为声源的指向性；

r_1 为该声源到室内某处壁面的距离；

R 为房间常数。$R = S\alpha/(1-\alpha)$，S 为室内面积，α 为平均吸声系数。

室内所有声源对某围护结构处的总声级 $L_{A1}(T)$ 为

$$L_{A1}(T) = 10\lg\left[\sum 10^{0.1L_{A1}(i)}\right] \tag{5-17}$$

室外靠近该围护结构处的 A 声级 $L_{A2}(T)$ 为

$$L_{A2}(T) = L_{A1}(T) - (TL + 6) \tag{5-18}$$

TL 为该围护结构的隔声量，见式(3-56)工程中常常采用如下的经验公式：

$$TL = 18\lg m + 8 \qquad (m > 100 \text{ kg/m}^2)$$
$$TL = 13.5\lg m + 13 \qquad (m < 100 \text{ kg/m}^2) \tag{5-19}$$

将室外声级和透声面积换算成等效室外声源的声功率级 L_{WA_2}

$$L_{WA2} = L_{A2}(T) + 10\lg S \tag{5-20}$$

式中:S 为透声面积。下面再按室外声源计算。

③ 预测点的总声级:设第 i 个声源对 j 预测点的影响声级为 L_{Aji},则 j 预测点的总影响声级 L_{Aj} 为:

$$L_{Aj} = 10\lg\left(\sum_i 10^{0.1L_{Aji}}\right) \tag{5-21}$$

(2)线声源对敏感保护目标的影响声级计算公式

线声源一般都是室外噪声源,例如公路、铁路、大型生产厂房等噪声,其计算模式:

$$L_A(r) = L_A(r_0) - 10\lg(r/r_0) - \Delta L_A \tag{5-22}$$

式中参数的定义与点声源公式相同,但是线声源的空间尺寸一般都是很大的,测量线声源参考声级 $L_A(r_0)$ 时参考距离 r_0 一定要足够大,以能保证式(5-22)的计算结果可靠。例如我国相关规范中规定公路交通噪声源的参考距离为 7.5 m,美国为 15 m,铁路交通噪声源的参考距离取 25 m。对于有限长线声源可以采用下式进行计算:

$$L_A(r) = L_A(r_0) - 10\lg\left(\frac{r}{r_0}\right) - \Delta L_A + 10\lg\left(\frac{\psi_1 + \psi_2}{\pi}\right) \tag{5-23}$$

式中:ψ_1、ψ_2 为敏感目标到线声源两端的张角、弧度,如图 5-3 所示,图中 AB 为有限线声源,P 为敏感点。

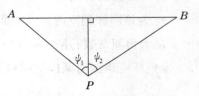

3. 计算案例

某特大型钢铁联合企业的多个生产分厂均沿着石头河东南岸布局,而河的西北

图 5-3 有限线声源张角示图

岸是沿岸而居的居民区,企业的生产噪声对居民区产生严重污染。根据该地区的声环境功能区划,石头河西北岸的新化村居民区为 2 类区,昼夜环境噪声标准分别为 60 dB(A)和 50 dB(A),但现场监测表明新化村居民区夜间环境噪声达 58.5~71.5 dB(A),超出 2 类区夜间声环境质量标准 8.5~21.5 dB(A)。

图 5-4 为厂区设备噪声源与居民区之间的位置关系,主要设备噪声源有 20 多个,为分辨出各台设备的运行噪声对河对岸新化村居民区的影响,对受

注:圆为现有设备噪声源;三角为技改拟增设备;正方形为环境噪声监测点

图 5-4　厂区主要噪声设备布局图

生产噪声影响最大的 12 号环境噪声测点进行分析计算。首先测量各台设备噪声源在参考距离处的 A 声级,测量时根据设备噪声源的大小选择合适的测量距离,确定声源到 12 号测点的距离,调查声传播距离上的地形地貌、植被、障碍物等。然后根据理论公式计算各主要噪声源对 12 号测点的贡献声级,计算结果见表 5－4。计算时除注意到声波扩散衰减和空气吸收衰减外,还考虑到建筑物隔声降噪、屏蔽衰减、噪声源的指向性等因素。

表 5－4　各设备噪声源对 12 号测点的贡献声级计算

序号	设备名称	A 声级 dB(A)	测量参考距离 (m)	到敏感点的距离 (m)	影响声级 [dB(A)]	污染程度排序	其他影响因素
1	倒灌站 1♯除尘	86	5	260	53.9	⑥	
2	2♯精炼炉除尘	89.2	4	340	52.6	⑧	指向性增加 3 dB
3	倒灌站 2♯除尘	88.4	3.5	260	53.2	⑦	
4	铁水预处理除尘	85.6	5	350	50.6		
5	转炉二次除尘	95	3	360	55.3	⑤	
6	煤气回收车间	车间内:93.3～102		340	55.4	④	隔声 15 dB
		车间外管道:94.5	1.0		55.5	③	
		吹扫烟道:96～98	平台上:20		69.4	①	屏蔽 3 dB
7	煤气供配车间	车间内:89.1～96.2	—	290	56.1	②	隔声 10 dB
8	一号发电机房	车间内 95.2/94/85	—	250	51.5	⑩	隔声 15 dB
9	煤气加压风机房	管道上方 89.7	3	290	49.1		
10	原辅料除尘	90	3	400	49.3		指向性 3 dB

序号	设备名称	A声级 dB(A)	测量参考距离 (m)	到敏感点的距离 (m)	影响声级 [dB(A)]	污染程度排序	其他影响因素
11	电炉炉体除尘	隔声间内：95	—	600	42.6		隔声 15 dB
		隔声间外：87	5	600	43.6		
		排气筒下：83	15	600	52.2	⑨	指向性 3 dB
12	空压机房	空压机室外：79	6	300	52.1		
13	高线厂房	车间内：80	—	350	44.6		隔声 7 dB
		车间外：73	10	350			
14	废钢库						
15	蒸汽放空	98			约 20 个点		
总贡献 A 声级					70.6		

分析计算结果表明,理论计算得到的总贡献声级为 70.6 dB(A),而实际测量声级为 71.5 dB(A),两者相差小于 1 dB(A),这是因为理论计算中还有一些较小的设备噪声源的贡献和本底噪声均没有计入。从表 5-4 中各个噪声源的贡献声级可以看出,有 12 个车间和设备噪声源对 12 号测点的贡献声级都超出了 2 类区夜间标准,其中影响最大的设备噪声源是煤气回收车间的吹扫烟道噪声。因此要使得 12 号测点处的环境噪声达到 2 类区夜间声环境质量标准,至少要对 12 个噪声源采取治理措施,其中煤气回收车间的吹扫烟道噪声源是噪声治理的重点,其降噪量必须达到 20 dB 以上。

第三节　固体传声和结构噪声的识别

在噪声污染事件中,有一些噪声并不是通过空气直接传播的,而是设备噪声源的振动激发了与其相连接的固体结构件,并进一步在结构件中以固体声波的形式传播,固体声波中的弯曲波引起固体表面的弯曲振动并向空气中辐射声波形成结构噪声。例如车、船的发动机噪声对驾驶室和客舱、车厢内的影响,民用建筑内的设备机械如电梯、水泵、空调、变压器等运行噪声对居民室内的影响,工业生产中的机械设备振动传递到与其相连接的结构件上(如水管、风管),结构件向空气中辐射噪声,并对周围环境产生污染等。

固体结构传播声波与空气直接传播声波的情况差异很大,首先作为传播声波的介质,固体结构件一般都是有限体积的,所以与空气传播声波相比声能的扩散衰减小;第二固体结构件传播声波的同时一方面不停地向周围空气中辐射声能量,另一方面在固体内部因边界面的反射使声能积聚,两者相比较,声能积聚效应比声能辐射要大(详见第九章第三节变压器噪声在建筑物内的传播和衰减);第三固体结构件自身的固有频率会对其传播的声波起调制作用,当固有频率与噪声源的某一频率相等时,该频率的声波将大大增强;第四、固体介质中传播的声波波形复杂,不仅仅有纵波,还有弯曲波、剪切波、扭转波等等,其中弯曲波是最主要的波形,也是直接向空气中辐射结构噪声的重要波型。由于控制固体传声引起的结构噪声与控制空气中的噪声污染采取的方法是不相同的,所以判别声波传播的介质和传声途径是噪声治理工程中首先要解决的问题。

1. 测量诊断法

(1) 振动测量法判断固体声波的传播途径

固体中的纵波、弯曲波、剪切波等传播到固气边界面上时会产生波的反射和透射,由于固气之间的声阻抗相差很大,透射到空气中的声能量很小。但是弯曲波传播到固气分界面上时固体表面会产生弯曲振动,固体表面的弯曲振动就会向空气中直接辐射噪声,这就如同机械振动向空气中辐射声波一样,而且弯曲波导致的固体表面振动向空气中辐射的噪声比透射声更大,所以结构噪声主要是由固体声波中的弯曲波产生的。理论上结构噪声的声功率与弯曲波在固体表面的振动速度存在如下关系:

$$W_s = \sigma_s \rho c S u^2 \qquad\qquad (5-24)$$

式中:W_s 是固体表面振动辐射的声功率,σ_s 为声辐射系数,ρc 为空气的声阻,S 为振动表面的面积,u 为固体表面的振动速度。所以用振动仪测量固体表面的振动速度或加速度即可知道固体表面是否存在振动,特别是铅垂向振动级的大小可以反映固体是否向空气中辐射结构噪声。

　　但需要注意的是振动测量仪器的频带要宽,最好要能覆盖音频范围,高频至少要达到 1 000 Hz 以上。一般的环境振动测量仪的频带在 80 Hz 以内,高于 80 Hz 以上的振动它是测量不到的,所以用环境振动测量仪器是不能准确判断固体声波和结构噪声的。

　　下面是两例声波传播途径的判断案例。

　　① 水泵激发固体声波和居民室内结构噪声的测量判断

　　南京市某居民大楼是一栋高层建筑,其地下二层有一间居民生活用水泵房,泵房内安装了 6 台 75TSW AX 水泵。居民入住后 701 室居民家中常常听到"嗡嗡"的声响,开发商多次邀请区、市环境监测站技术人员进行现场调查和监测,但均未找到噪声污染源,更不能制订出噪声污染的控制措施。后来开发商请求南京市环境保护科学研究所给予技术帮助,环科所技术人员对 701 室居民家中进行了噪声和振动监测,发现 701 室居民家中听到"嗡嗡"的声响时室内噪声比本底噪声高出 7~11 dB(A),室内地板上的 Z 振动级提高了 3.7~7.6 dB。

　　该居民大楼附近的主要噪声源是道路交通噪声,但交通噪声源是起伏变化的,而室内的"嗡嗡"声很平稳,而且该噪声频谱特性与交通噪声相差很大,当"嗡嗡"声出现时,701 室地板上的振动级增大。进一步向开发商了解大楼内的动力设备,主要有一楼饭店内的抽油烟风机、热水锅炉,以及地下室的水泵和变压器等。于是对这些设备逐一进行现场调查,最终发现水泵房内的 6 台水泵没有进行减振处理。试着开启水泵发现 701 室房间内的噪声和振动立即增大,而变压器及大楼其他动力设备运行时 701 室内的噪声和振动没有增加,因此断定 701 室内的振动是因供水水泵的振动传递到基础上,然后通过建筑物墙、柱等传播到 701 室居民家中,室内的墙面、门窗、家具中的弯曲波再次向空气中辐射噪声,于是居民听到了"嗡嗡"的声响。后来开发商追究设计单位和水泵安装单位没有对水泵进行减振处理的责任,两单位均说进行了减振处理,于是三方到水泵房现场调查,发现基础减振器被做地平的工人用水泥完全掩埋了。于是凿掉水泥地平,701 室居民家中再也听不到烦人的"嗡嗡"声了。

② 某农药厂空气传声引起的门窗振动

2000 年江苏省盐城市某农药厂因生产需要增加了两台大型空压机,空压机投入运行后发现厂内几乎所有建筑物的窗户都产生振动并发出"格格"的响声,甚至距空压机房一百余米以外的厂外宿舍楼窗户也响个不停。工厂起初认为新增空压机没有安装好,组织工人重新安装,但没有收到任何效果。于是厂方邀请省、市环境监测站进行振动测试和治理,仍然不能解决窗户振动问题。为防止空压机的振动危及车间厂房,造成重大的生产事故,工厂被迫停产。后来工厂邀请作者对该厂的振动现象进行实地勘察,我们对空压机房和受影响车间进行了噪声和振动测量,结果表明窗户发出响声时建筑物楼板和墙体振动并没有明显变化,初步推断建筑物窗户振动与固体传声没有关系,可能是受空压机进气口噪声激发产生的。为证明上述推断,并让厂方信服,我们对烘房车间进行了隔声试验:平时烘房正对空压机房的大门一直是开启的,所以烘房的大玻璃窗发出格格的响声,我们要求工人关闭该大门后,大玻璃窗的响声立即消失。烘房大门不可能阻止地面和房屋振动的传播,但可以隔绝空气中传来的噪声,隔声试验说明了窗户振动是由空气中传来的声波激发引起的。厂方知道了厂内建筑物窗户振动并不是空压机振动引起的,立即恢复全厂的生产。

为消除全厂建筑物的窗户振动,我们建议工厂在空压机房进气口安装一节阻性消声器。消声器安装后农药厂各栋建筑物的窗户不再振动,当然也就听不到"格格格"的结构噪声了。

（2）声级测量法判断声波的传播途径

① 空气中声波的扩散衰减验证法

在噪声源到敏感保护目标之间设置几个噪声监测点，看各个测点的声级是否符合声波的扩散衰减规律，如果测量得到的声源贡献声级符合点声源或线声源的扩散规律，就说明声波是通过空气传播的，如果测量衰减量小于扩散规律的衰减量，说明可能存在固体声波引起的结构噪声。这里要考虑各个测点的本底噪声，如果本底噪声较高，各测点的测量声级扣除本底噪声后，再看声源的贡献声级是否满足声波的自然扩散规律。

② 声源屏蔽法

声源屏蔽法是用一块挡板遮挡在设备噪声源与测点之间，或对设备噪声源加设一个隔声罩，测量有、无挡板或隔声罩两种情况下敏感目标处的声级差，如果对噪声源屏蔽后敏感目标处的声级明显降低了，则说明声波是通过空气传播来的，否则就不是或不完全是。这里所说的声级明显降低是声级差应达到或接近于屏蔽物的降噪量。

显然声级测量法是一种间接判断固体声和结构噪声的方法，无论是声级衰减法验证还是声源屏蔽法验证，都要首先确定没有其他空气噪声源的干扰。

案例：某饭店一台抽油烟风机的风量为 15 000 m^3/h，50 m 外是一栋 3 层办公楼，中间没有其他障碍物，在距离风机 1 m 处的声级为 91 dB(A)，在办公楼窗外的声级为 59.0 dB(A)，本底噪声为 45 dB(A)，按照点声源估算风机运行噪声对办公楼的影响声级不应该超过 57 dB(A)，说明办公楼前的噪声不光是受到风机噪声影响。但办公室周围没有其他空气噪声源，后来检查该风机有一根很长的露天管道，手放在管道上感觉到振动，在距离管道 1 m 处的噪声级达到 78 dB(A)，虽然风机管道的结构噪声小于风机运行噪声 13 dB(A)，但是管道噪声属有限线声源，其对办公楼的影响声级已经与风机噪声的贡献声级相近。后来用一块大木板屏蔽住风机，测量管道结构噪声对办公楼的影响声级仍达到 55 dB(A)，显然该声级主要是管道结构噪声的贡献。

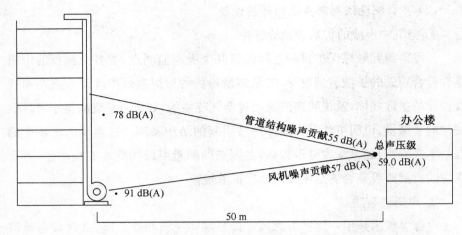

图 5-5　抽油烟风机管道结构噪声影响图

（3）结构噪声的分析计算

一般的声学书籍中都是对空气中的噪声进行理论分析计算,没有对固体声和结构噪声的计算,这一方面是因为空气介质十分均匀,边界条件也较为简单,有现成公式可资计算,另一方面是人们对结构噪声的影响危害认识不足,其计算过程也十分烦琐。实际上通过固体传声引起的结构噪声对建筑物内的影响还是比较严重的,必须认真对待。

对固体声波和结构噪声衰减可以按照第四章第三节和第四节中的公式和方法进行计算,主要根据能量守恒原理,考虑固体声波的扩散衰减、阻尼衰减、结构件突变衰减,以及有限固体中声波的反射、混响和透射,振级和声级的换算等关键点。本书第九章变压器噪声控制内容中对居民楼地下室变压器振动引起的楼上居民室内的结构噪声进行了计算,计算得到的结构噪声级与实际测量值基本一致,读者可以参阅变压器噪声控制章节。

2. 录音比较法

在一些已经与设备噪声源分隔开的场所仍然受到设备噪声的影响,如最常见的居民室内受到室外噪声源的影响,船舶舱室内受到发动机噪声的影响等,这些噪声是通过空气传播透射到居室或船舱里的空气声波,还是通过建筑物或船体的振动传播引起的结构噪声? 因为不同的声波传播途径采取的控制措施是完全不相同的,必须准确地判断声波的传播途径,而录音比较法可以快捷地做出判断。

　　在设备噪声源正常运行时用录音机录制设备的运行噪声,关停设备后用录音机播放录制的设备噪声,以模拟设备正常运行时的噪声源,录音机播放的声场应尽可能与设备运行时的声场相似,声级也要足够高。在分隔开的另一面是受影响的场所,分别测量该场所设备正常运行时和播放录音时的噪声级,比较声源和受声点两个场所的噪声级就可以得知是否存在结构噪声。若设备声源和录音机播放的噪声级分别为 L_{s1} 和 L_{s2},而受声点的房间或船舱内测量得到的对应声级分别为 L_{p1} 和 L_{p2},如果 $L_{s1}-L_{p1}=L_{s2}-L_{p2}$,说明不存在固体传声和结构噪声;如果 $L_{s1}-L_{p1}<L_{s2}-L_{p2}$,说明存在固体传声和结构噪声。因为设备正常运行时是存在振动激发产生结构噪声的可能的,$L_{s1}-L_{p1}$ 应该小于等于分隔墙体或舱板的隔声量,但扬声器播放录音时扬声器一般不会激发产生固体声波和结构噪声,所以 $L_{s2}-L_{p2}$ 应该等于分隔墙体或舱板的隔声量。

　　采取这种方法判断声波传播途径时要求扬声器播音时不能引起结构噪声,这是很容易做到的,因为扬声器相比于机械设备是很轻的,其很难使建筑物或船舶产生振动和结构噪声,即使产生了也很容易进行减振处理。另外要求扬声器播放的噪声级要足够高,最好能达到设备正常运行时的噪声源强水平。

　　如果要进一步知道结构噪声的频率特性,可以在扬声器前加一个滤波器,以倍频程或三分之一倍频程带宽播放录制的噪声,比较一下声源和受声点两个场所的各频带噪声级,就可以获得结构噪声的频率特性。

第四节　主观判断法

　　噪声治理工程与医生治病是同样的道理,必须充分了解病情,准确诊断病因,才能对症施治。古代中医诊断病因的方法是"望、闻、问、切",在没有先进诊断仪器的情况下这是一种科学的主观判断方法,即使现在医疗技术十分先进了,这种诊断病情的方法仍然具有参考价值。噪声治理工程初期同样需要主观判断,根据主观判断进一步进行验证性的测量、计算和分析,直至找出噪声污染源及其传播途径,然后再行采取针对性的治理措施。对于那些经验丰富的声学工程师,凭借主观判断就能知道主要噪声污染源及其传播途径,以及敏感点噪声污染的频率特性和超标量,进而采取针对性的噪声控制措施,使得噪声治理工程能够快速向前推进,达到事半功倍的效果。下面是作者在噪声治理过程中总结的"望、闻、问、切"的主观判断方法。

1. 望

望者看也,在噪声治理工程的诊断中详细地察看是十分重要的,通过详细察看可以得到许多信息。

(1)看设备

了解设备的类型、规格、功率、体积大小,对于风机、水泵等设备还要看其流量、压头大小、转速等,此外还要看设备的制造精度和运行机理。通过看设备可以知道噪声是如何产生的,是属于机械噪声?空气动力噪声?还是其他性质的噪声?初步估计出噪声的频率特性和噪声源强的大小。

(2)看安装

设备运行噪声不仅与设备本身的性能好坏有关,还与其安装的好坏相关。设备安装得好,重心平衡、运行平稳,各零件紧密配合没有松动,则设备的运行噪声就会较小,反之运行噪声就会增大。另外还要看设备的减振处理是否到位,例如基础是否作了减振处理,管道是否做了软连接,对已经减振处理的还看减振器和软接头是否合适。减振处理得好就能有效抑制振动的传递和结构噪声的产生,否则噪声污染源不仅仅是设备本身,还可能有基础、连接件、甚至与基础和连接件相连接的其他固体的结构噪声。

(3)看传播途径

对于空气传播声波的情况要关注两个方面的内容,第一看设备噪声源是处于室内还是露天环境,如果是处于室内,则声波传播过程中首先会受到建筑物的隔声和屏蔽作用,这时要进一步看机房的漏声点和隔声薄弱点,因为绝大部分的噪声能量会通过这些漏声点直接传播到外环境中。还要看机房内壁面的吸声情况,因为墙面的反射会造成室内噪声级增大,相应地建筑物外面的环境噪声也会随之增大。第二看声源到敏感保护目标之间的距离,以及声波传播途径上的地形地貌、植被和障碍物等情况。因为距离大小涉及声波的扩散衰减,地形的高差和障碍物会对声波产生反射和屏蔽效果,植被和松软地面的吸声能力可以使噪声降低,而坚硬地面对声波的反射会使噪声增大,这些都会影响到敏感保护目标的受干扰程度。

对于固体传播声波的情况要关注固体传声的通道,首先要看清设备与其支撑结构的连接情况,采取的减振措施是否到位。其次看固体传声结构件,它们的形状、材质、相互连接方式是否有利于固体声波的产生、传播和再生噪声的形成,以便于分析结构噪声的产生机理,找到抑制结构噪声的方案。

（4）看敏感目标

现场调查需要保护的敏感目标,及其与各设备噪声源之间的相对位置关系,敏感目标规模大小,保护对象被屏蔽情况,是处于室内还是室外,是否存在结构噪声影响,是否有条件对保护目标采取隔声、屏障等被动保护措施。

2. 闻

闻就是听,人耳是一个十分高级的声波接收器,不但可以辨别声源的方位,还可以区分出声音的响度、音调和音色,其中响度与计权声级相当,音调和音色则与声波的频率相关。一个好的音乐家能听出乐器的音调和音色好坏,识别出演奏中的失误,他们的耳朵被人们称为"金耳朵"。同样一个有经验的工人能根据设备运行噪声的异常知道那台设备或设备的那个零构件出了问题。在噪声源的识别和判断中用听的方法可以知道噪声产生于何处,噪声源的声级高低及频率特性;在声环境保护目标处用听的方法基本可以知道噪声的烦恼程度、超标量和超标范围;也能感受到声波传播的路径及各种反射声波的影响。当然依靠听觉判断噪声的能力是通过长期的经验积累得来的,一般人凭听力都只能给出大概的不定量的判断,只有长期与噪声打交道的人才能给出准确判断,但这种初期的主观听觉判断能为进一步的噪声测量和分析提供方向。

3. 问

问是向建设单位和受噪声影响单位或人群了解情况的重要途径,主要包括下述内容:

(1) 询问建设单位相关工人,了解设备噪声源

设备运行状态是否正常,每天何时运行,开机多长时间,产生噪声污染的时间是否与设备运行时间吻合。生产工艺中对噪声治理工程有何要求等。作者见过一些不顾机械设备功能和生产工艺要求导致噪声治理工程失败的案例,例如在风机的排风口加设消声器,结果空气动力噪声降低了,但原来工艺要求的通风量只剩下一半;再如加设隔声罩降低设备的机械噪声,因没有顾及通风散热要求,电机被烧坏了;还见过一家饭店对冷却塔噪声治理时采用吸隔声板将冷却塔四周包围起来,结果冷却塔的噪声没有了,但冷却水的温度降不下来,旅客因不堪忍受室内高温全部跑光了。所以前期对生产工艺和设备的了解是十分重要的,要多问,多向业主和操作工人请教。

(2) 询问群众,了解环境保护目标

噪声治理工程中除了要对环境保护目标现场踏勘外,还要多倾听受影响人群的意见,他们对噪声污染的主观感受和诉求。向他们了解敏感目标的性质、规模,受噪声干扰的时间、主观感受和具体要求。如果敏感目标是学校、办公楼主要控制好白天的声环境质量,但如果是居民住宅、医院、旅店,以及畜禽养殖场等,更重要的是控制好夜间的声环境质量。

此外还要了解敏感点所处的声功能区划,结合受影响人群的意见确定一个合理的降噪指标。

4. 切

切在中医诊断病情中俗称搭脉,是中医了解病人脉搏跳动和心血管健康的重要方法。噪声治理工程中也可以用切的方法主观感受机械结构振动和固体声波的传播,其具体方法是用手、脚、耳等器官贴附在固体表面来感受固体振动或固体声波。

(1) 手切

手切就是将手(或脚)放在振动物体的表面,感受物体表面的振动。通过

对物体不同部位的振动感受,判断该物体是否存在振动和固体声波的传递。在一些情况下物体表面可能难以触摸(如物体表面温度较高、距离较远,或可伸手触摸的地方危险性较大),此时可以借助一根细长的杆子探测,手握住杆的一端,杆的另一端搭放在物体表面,如果握住杆的手感觉到振动,则说明物体表面存在振动。因为细长的杆子相当于前面介绍的一端固定另一端搭接的细棒,纵波和弯曲波均可在细棒中传播,声能密度没有衰减,因此人可以通过细棒间接地感受物体表面的振动。特别是当探测杆一端受激后还会引发其固有频率和一系列的谐频振动[详见细棒振动频率近似公式(2-61)],一般设备的振动频率都较丰富,只要有一个振动频率与细杆的固有频率或谐频相同,探测杆就会产生共振,此时手感觉到的振动比直接触摸物体更加明显。

这里需要说明的是人手感受到振动的频率范围一般在 1 000 Hz 以内,其中 1~100 Hz 为敏感区,1~16 Hz 为特别敏感区,所以人手对固体声波中的低频振动感觉较好,对高频振动的感觉较差,表 5-5 为人手对不同频率振动的敏感程度。

表 5-5　手对不同频率振动的敏感程度

1/3 倍频程中心频率(Hz)	敏感计权因子 K_j	感觉振动级降低 ΔL
6.3	1.0	0
8.0	1.0	0
10.0	1.0	0
12.5	1.0	0
16.0	1.0	0
20	0.8	−2
25	0.63	−4
31.5	0.5	−6
40	0.4	−8
50	0.3	−10
63	0.25	−12
80	0.2	−14
100	0.16	−16

1/3 倍频程中心频率(Hz)	敏感计权因子 K_j	感觉振动级降低 ΔL
125	0.125	−18
160	0.1	−20
200	0.08	−22
250	0.063	−24
315	0.05	−26
400	0.04	−28
500	0.03	−30
630	0.025	−32
800	0.02	−34
1 000	0.016	−36
1 250	0.012 5	−38

（2）耳切

耳切就是将耳朵贴在固体表面听固体中的声音。人的听觉器官具有骨传导声波的功能，把耳朵贴在固体表面，耳朵旁边的颞骨、下额骨等可以感受到该固体的振动，并进一步将振动波传递到耳蜗，耳蜗内的柯蒂氏器官将振动能量转换成神经兴奋信号并传递给大脑，大脑对传来的信号进行分析，于是耳朵就听到了固体中的声音。人的耳朵对低频声波不敏感（详见第三章中等响曲线内容和表 3-7），所以人耳贴在固体表面感受到的固体声波主要在中、高频段。

当固体声波较强时，固体表面向空气中辐射的结构声较大，人耳贴在固体表面也能直接听到其辐射的结构声。

耳切与手切的本质是不同的，手切感受到的是振动，感受到的频率范围较低，一般在 100 Hz 以内，虽然通过手切也能知道物体中是否存在固体声波，但这是人对手切感觉的主观推断；耳切感受到的不仅是振动更主要的是固体声波，人们可以清晰地听到固体内部的声音，当然听到的声波主要是中、高频段，因为耳朵对低频声波不敏感，所以耳切感受到的主要是固体内部的声音。

第六章　噪声治理的一般原则和方法

第一节　噪声防治的一般原则

1. 预防和避让的原则

任何具有负面影响的事物都应该避免其发生,噪声污染也是这样,我们首先应该考虑如何预防和避免噪声污染事件的发生。

(1) 合理规划布局

根据声波传播的规律合理规划布局,以避免振动和噪声对敏感保护目标产生负面影响。例如居民楼、学校、医院等对噪声敏感的建筑尽可能远离交通干道布置;空调外机不要靠近窗户、阳台;家中的卧室、书房尽可能背向交通干道及噪声大的工厂、设备,而让厨房、卫生间面向噪声源;小区变压器、水泵等振动源尽量不要安装在居民楼内,居民楼的电梯间不得与卧室、书房相邻等。总之,我们在规划布局时应充分利用噪声的衰减规律来预防噪声对敏感目标产生干扰,达到不采取工程治理措施也能获得安静舒适生活环境的效果。

(2) 预防高噪声污染源的出现

噪声污染都是由噪声源引起的,所以尽可能预防和避免高噪声污染源产生是十分重要的。具体的方法有:

① 采用先进的低噪声设备

根据环境的敏感程度和噪声允许标准选用振动小噪声低的设备,保证设备投运后不出现设备运行噪声污染周围环境的问题。现在的空调、风机、冷却

— 141 —

塔等设备都是根据其运行噪声大小分等级的,如风冷热泵机组分为一般噪声、低噪声、超低噪声等,在选择设备时尽可能采用低噪声和超低噪声的空调机组。虽然购买低噪声设备使得工程的前期投资增加,但比起采用高噪声设备引起噪声污染后再去治理还是节省的,且不会引起后续的社会矛盾和环境污染。

② 采取低噪声的工艺

选择振动小、噪声辐射小的生产工艺。例如以前打桩都是冲击式、振动式打桩,其 5 m 处的噪声级高达 130 dB(A),而现在采取钻孔灌注桩、静压桩,钻孔灌注桩在 5 m 处的噪声级只有 85 dB(A)左右,静压桩只有 65 dB(A)左右,因为打桩工艺的改变使噪声大大降低。再如逆流式冷却塔改成横流式冷却塔后,因水与空气流向的变化,其噪声级降低了约 10 dB(A)。还有用液压代替锻锤加工零件,用压接代替铆接等,都是用低噪声的工艺代替高噪声工艺降低噪声源强的事例。

③ 合理安装机械设备

噪声源的大小不仅与机械设备的生产精度相关,还与其安装好坏相关,常常见到同一个品牌型号的设备在这里运行噪声很小,但在一个地方运行噪声就让人不能承受,这主要是设备安装不正确引起的。例如设备安装不平稳导致振动增大运行噪声加剧;设备基础未很好的减振导致基础振动,并进一步在固体结构件中传播激发再生噪声;设备重心过高或偏离机座中心导致设备作用在基础上的力不均衡,不仅造成设备运行噪声增大,还会导致基础中产生固体声波和结构噪声;再如落料斗安装时尽可能降低物料的落差,减小撞击噪声。

④ 保持设备良好的运行状态,降低设备运行噪声

设备运行噪声往往因为一个零件的松动就增高很多,所以应该保养和维护好机械设备,经常给轴承、齿轮等零部件添加润滑油,发现零件松动立即紧固好,使设备始终处于良好运行状态。有些设备运行噪声其实是由某一两个零件产生的,则可以用低噪声零件替换掉高噪声零件,例如薄钢板辐射噪声较严重,可以用钢板网替代,用聚酰胺塑料齿轮代替金属齿轮,用尼龙织梭代替

织机中的金属织梭等。

2. 噪声污染不同过程的治理原则

在现实生活中尽管我们已经采取各种噪声预防措施仍然不能解决噪声对周围环境的污染，则只能进一步实施工程治理措施。由于噪声是因振动源激发产生再通过弹性介质传播到敏感目标的，因此噪声治理就应当根据噪声产生的不同过程采取针对性的治理措施。首先应考虑治理噪声污染源，降低其振动和声辐射强度，其次再考虑在声波传播途径上采取阻碍声波传播和降低声波强度的控制措施，如果仍然不能达到预期的治理效果，最后再对敏感目标采取相应的保护措施。噪声污染不同过程的治理原则对空气传声和固体传声都是合适的。图 6-1 为不同阶段可实施的噪声治理措施示意图，图中将传声介质分为空气和固体两种，不同传声介质在噪声污染形成过程中的控制措施是不相同的。

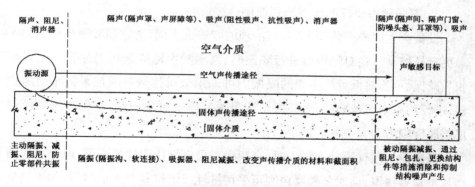

图 6-1　噪声形成不同过程的治理原则示意图

（1）噪声源的治理

① 不同性质噪声源治理原则

通常噪声源可以分为固体振动辐射产生的噪声、气流脉动产生的噪声和磁致伸缩产生的噪声。对于固体表面振动向空气中辐射的噪声通常称为机械噪声，该噪声可以通过提高设备精度、调整设备重心和动态平衡、更换噪声辐射严重的零部件来降低噪声源强度。对于机械设备的用户而言，设备的安装十分重要，要防止因安装引起的重心不平稳和支撑点受力不平衡使设备运行噪声增大。对于已经投入运行的机械设备噪声源,可以采取阻尼减振等措施降低设备向传声介质中辐射声波的强度,采取主动隔振措施隔绝振动在固体结构件中的传播,尽可能减小振动大的设备部件和面积来降低机械结构噪声,采取声屏蔽措施隔绝直接向空气中辐射的噪声。

流体脉动产生的噪声也叫流体动力噪声,在空气中则为空气动力噪声。空气动力噪声源一般都是采用消声器,消声器是一种允许气流通过同时又能有效吸收声波能量或阻挡声波传播的装置,其是降低空气动力噪声的主要手段。

磁致伸缩产生的噪声通常称作电磁噪声,电磁噪声一般通过改变磁性材料的性能和组合方式来降低其噪声,这只宜在设备制作生产过程中实施。对于已经投入使用的产生电磁噪声的设备,也可以采取隔声、隔振和阻尼减振等措施来控制因磁致伸缩引起的声辐射。

② 不同频率特性的噪声治理原则

设备产生的噪声频率不同,其治理的方法也不同,通常高频噪声较低频噪声更容易控制。在对噪声源进行隔振时,高频噪声源应选用阻尼系数大的橡胶类减振器,而对低频噪声源的隔振则可采用金属弹簧等阻尼系数小的减振器;进行约束阻尼减振时,高频振动源阻尼层厚度可小一些,但低频振动源阻尼层厚度则需要大一些。

消声器治理气流动力噪声时,高频噪声可以采用阻性消声器,消声器的消声片不需要很厚;而对低频噪声则可采用抗性或阻抗复合型消声器,如果仍然采用阻性消声器则消声片一定要达到足够的厚度,纤维性吸声材料的容重也要适当增大。

(2) 在声波传播途径中的治理原则

① 空气噪声的治理

大多数情况下空气中的噪声治理都是在声传播途径中进行控制的,可以采取隔声、消声、吸声等措施。其中隔声措施有隔声罩、隔声间、声屏障、隔声门窗等,其降噪效果主要由隔声构件的隔声量和密封程度决定。隔声罩常常被用于设备噪声源或敏感保护目标处,但它实际功能是隔绝声波传播,所以属于声波传播途径中的控制措施。

有时因为在声传播的通道上不能采取隔声方法处理，则可以采取消声装置来控制。例如有些设备需要通风散热，则可以在隔声罩上加设进排风消声器；有些车间窗户不能完全封砌，则可以采取消声百叶窗等。气流可以从消声器中间通过，但气流中的声能量被消声器中的吸声材料吸收了。

吸声措施则是利用材料对声能的吸收功能来降低噪声，吸声措施较多地使用在室内噪声控制中，对于室外噪声很少采用单一的工程吸声措施，通常是与隔声、消声措施等结合在一道使用。例如在隔声板的表面附着吸声体可以使面向声源一侧的噪声降低，在风道的壁面上加铺吸声材料可以吸收风道内的声能，当风道内的吸声材料以一定的结构形式和方式分布时，整个风道实际上就成了消声器。

② 固体噪声的治理

对于固体中传播的声波可以采取隔振、阻尼减振、吸振措施，还可在声波传播途径中改变固体传声介质的力阻抗。其中隔振、阻尼减振、吸振的原理是隔绝振动的传递，抑制、减小振动的强度。改变固体传声介质的力阻抗是利用材料的密度、声速不同以及传声通道截面积变化，引起固体声波的反射，达到抑制固体声波传递之目的。

（3）敏感保护目标的保护

敏感保护目标可以是一个具体的人，也可以是一户人家、一栋建筑、一个单位，还可能是精密的仪表设备。对于人可以采用隔声操作间、噪声防护头盔或耳罩、耳塞等措施；对于建筑物或单位，可以采用声屏障、隔声门窗、消声百叶窗、封闭阳台等措施。对处于振动大的环境中的仪表设备，可以采取消极隔振等措施；对于固体传声引起的噪声影响，可以采取阻尼包扎、更换结构件等方法来抑制结构噪声的辐射。这些措施均不能影响人的正常活动和仪器设备运行工艺的要求。

3. 与生产工艺和环境相适应的原则

在噪声治理过程中除了考虑降低噪声和振动的不利影响外，还应考虑原有设备的生产工艺要求。例如风冷热泵的换热是通过空气流动完成的，我们所有噪声治理措施均不能影响冷、热气流的流通；对电机加设隔声罩时，就要考虑电机的通风散热。再如对一台机器加设隔声罩时就要考虑其正常操作和检修要求；对一个生产车间采取噪声控制措施时就要考虑车间内的人流、物流通道，采用的材料要符合消防、卫生、安全等要求。

此外还要考虑环境条件的许可，例如，处于室外的噪声治理设施要能耐受雨雪的侵蚀和恶劣天气的不利影响；高温、酸碱环境下的降噪设施应选择能够经受高温、酸碱的材料和设备。总之噪声治理方案应与生产工艺相适应，选用的材料和设备要与环境相匹配。

第二节　空气噪声治理的一般方法

1. 吸声

在第三章中已经涉及吸声对控制室内空气噪声的内容，实际上用吸声的方法不仅可以有效控制壁面对声波的反射、减小室内混响、降低房间内的噪声级、提高语言清晰度，而且吸声材料与隔声材料配合还可提高隔声构件的隔声效果，用吸声材料组合成不同形式和规格的气流通道可消除气流动力噪声，这就是消声器的消声原理。因此吸声降噪是噪声控制的基本手段之一，吸声材料是噪声治理工程的基石，其他噪声控制措施与吸声手段配合才能取得较好的降噪效果。

（1）吸声材料和吸声结构

通常平均吸声系数大于 0.2 的材料或结构件即可称为吸声材料或吸声结构。吸声材料（结构）的种类很多，按照其吸声机理可以分为多孔吸声材料、共振吸声结构和特殊吸声结构。图 6-2 为一般吸声材料分类。

吸声材料或吸声结构的吸声机理主要有黏滞损耗（或摩擦损耗）、热传导和弛豫。黏滞损耗的降噪机理是，当声波在媒质中传播时，不同处的质点振动速度不一样，速度梯度使得相邻质点间产生黏滞或内摩擦，从而使声能转化为热能。热传导吸声的原因是在声场中不同空间质点疏密程度不同，压力差造

成温度梯度,从而产生热量传递使声能损失。弛豫吸收声能的原理在于当媒

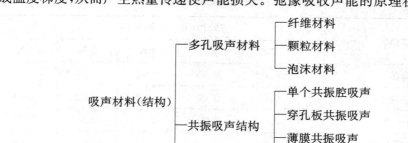

图 6-2　吸声材料和结构的分类

质的质点温度随声波传播过程作周期性变化时,分子能量相应地作同步变化,但是分子振动变化跟不上声波的周期性变化,总落后一定的相位,使声能不断转化为热能。对于常用的吸声材料和吸声结构来说,黏滞损耗吸收声能量是主要的,热传导也有一定作用,弛豫吸收基本可以忽略不计。

　　吸声材料的吸声系数是指被材料吸收掉的声能量与入射到材料上的总声能量之比,一般用 α 表示,显然 $0 \geqslant \alpha \leqslant 1$(在混响室中测量时可能出现 $\alpha > 1$ 的情况,这是混响室边缘效应导致的结果)。所有吸声材料的吸声系数是随声波的频率变化的,为了全面准确地表达某种材料的吸声性能,常常用频率函数的 α 曲线来表示,有时也用降噪系数 NRC 来表示,降噪系数 NRC 是指吸声材料对 250 Hz、500 Hz、1 000 Hz 和 2 000 Hz 声波吸声系数的平均值。

　　一般建筑材料的吸声性能较差,如砖块、混凝土、玻璃、大理石、木板等对声波都是强反射面,由这些强反射面构成的建筑物的内壁面在声学上称之为硬边界。在硬边界构成的封闭空间里声波必然会产生反射和混响,使封闭空间内的噪声级大大增加,理论和经验均表明建筑物内壁面吸声性能好坏可能使室内声级相差 6~15 dB(A),表 6-1 列出了一般常用建筑材料的吸声系数,表 6-2 为一些常用建筑结构的吸声系数。

表 6 - 1　常用建筑材料的吸声系数

建筑材料	倍频带中心频率（Hz）					
	125	250	500	1 K	2 K	2 K
普通砖	0.03	0.03	0.03	0.04	0.05	0.07
涂漆砖	0.01	0.01	0.02	0.02	0.02	0.03
混凝土块	0.36	0.44	0.31	0.29	0.39	0.25
涂漆混凝土块	0.10	0.05	0.06	0.07	0.09	0.08
混凝土	0.01	0.01	0.02	0.02	0.02	0.02
木料	0.15	0.11	0.10	0.07	0.06	0.07
灰泥	0.01	0.02	0.02	0.03	0.04	0.05
大理石	0.01	0.01	0.02	0.02	0.02	0.03
玻璃窗	0.15	0.10	0.08	0.08	0.07	0.05

表 6 - 2　一些常用建筑结构的吸声系数

材料名称	材料厚度（cm）	空气层厚度（cm）	倍频带中心频率（Hz）					
			125	250	500	1 K	2 K	2 K
刨花板	2.5	0	0.18	0.14	0.29	0.48	0.74	0.84
		5	0.18	0.18	0.50	0.48	0.58	0.85
三合板	0.3	5	0.21	0.73	0.21	0.19	0.08	0.12
		10	0.59	0.38	0.18	0.05	0.04	0.08
细木丝板	1.6	0	0.04	0.11	0.20	0.21	0.60	0.68
	5	5	0.29	0.77	0.73	0.68	0.81	0.83
甘蔗板	1.3	0	0.06	0.12	0.20	0.21	0.60	0.68
		3	0.28	0.40	0.33	0.32	0.37	0.26
木质纤维板	1.1	0	0.06	0.15	0.28	0.30	0.33	0.31
		5	0.22	0.30	0.34	0.32	0.41	0.42
泡沫水泥	5	0	0.32	0.39	0.48	0.49	0.47	0.54
		5	0.42	0.40	0.43	0.48	0.49	0.55

　　在实际噪声治理工程中使用最多的是各种多孔性吸声材料,多孔吸声材料属于阻性吸声材料,可分为纤维性材料、颗粒材料和泡沫材料,表6-3是目前常用的各种多孔吸声材料的吸声性能。

表6-3　常用吸声材料不同参数下的吸声系数

多孔性吸声材料名称	厚度 (mm)	密度 (kg/m³)	下述频率(Hz)的吸声系数					
			125	250	500	1 000	2 000	4 000
超细玻璃棉、玻璃丝布覆面	50	30	0.18	0.30	0.58	0.87	0.82	0.79
超细玻璃棉、玻璃丝布覆面	100	30	0.25	0.49	0.86	0.93	0.91	0.89
矿渣棉、玻璃丝布覆面	50	250	0.15	0.46	0.55	0.61	0.80	0.85
矿渣棉、玻璃丝布覆面	100	250	0.16	0.48	0.57	0.69	0.85	0.91
矿渣棉、离墙50 mm	50	250	0.21	0.70	0.79	0.98	0.77	0.89
卡普隆纤维	60	33	0.12	0.26	0.58	0.91	0.96	0.98
玻璃棉板	15	96	0.10	0.12	0.18	0.39	0.80	0.94
玻璃棉板	15	80	0.10	0.14	0.17	0.43	0.75	0.96
玻璃棉板	20	80	0.11	0.13	0.22	0.55	0.82	0.94
玻璃棉板	15	64	0.08	0.13	0.20	0.45	0.72	0.86
玻璃棉板	25	64	0.09	0.15	0.25	0.58	0.86	0.96
玻璃棉板	25	48	0.08	0.10	0.22	0.58	0.86	0.96
玻璃棉板	15	40	0.07	0.09	0.15	0.36	0.55	0.88
玻璃棉板	50	32	0.07	0.20	0.58	0.84	0.96	0.95
玻璃棉板	50	24	0.05	0.18	0.45	0.86	0.80	1.00
矿棉吸声板	17	150	0.09	0.18	0.50	0.71	0.76	0.81
矿棉吸声板离墙50 mm	17	150	0.25	0.31	0.30	0.40	0.46	—
水泥膨胀珍珠岩板	80	300	0.34	0.47	0.40	0.37	0.48	0.55
尿醛泡沫塑料	50	14	0.11	0.30	0.52	0.86	0.91	0.96
尿醛泡沫塑料	100	12	0.47	0.70	0.87	0.86	0.96	0.97
尿醛泡沫塑料离墙100 mm	50	12	0.59	0.84	0.90	0.78	0.97	0.98
素氨酯吸声泡沫塑料	25	18	0.12	0.21	0.48	0.70	0.77	0.76
聚氨酯吸声泡沫塑料	50	18	0.16	0.28	0.78	0.69	0.81	0.84

多孔性吸声材料名称	厚度 (mm)	密度 (kg/m³)	下述频率(Hz)的吸声系数					
			125	250	500	1 000	2 000	4 000
半穿孔钛白纸面纤维板	13	—	0.08	0.17	0.26	0.38	0.59	0.80
芳纶纤维	100	10	—	0.48	0.91	0.87	0.89	0.98
芳纶纤维	100	16	—	0.53	0.77	0.85	0.91	0.97
泡沫铝	20	900～1 100	0.80					
泡沫陶瓷	30	300～600	0.75					
微孔岩吸声体	20		0.70					
蜂窝铝	15		0.90					

(2) 吸声材料(结构)的应用及效果

① 室内吸声

第三章第四节的室内声学告诉我们,噪声源向室内辐射声波时会形成直达声波和反射声波,反射声波会使室内声级增大,并在室内产生混响,影响厅堂的音质效果。式(3-57)为反映厅室内音质效果的混响时间公式,现重写于下:

$$T_{60} = \frac{-55.2V}{C_0 S\ln(1-\bar{\alpha})} \approx \frac{0.161V}{S\bar{\alpha}}$$

从该式可以看出,厅堂音质的好坏主要由厅堂的体积、内表面积和平均吸声系数确定。对于已经设计或者建成的室内空间而言,厅堂的体积和内表面积是不可变更的,只有通过改变平均吸声系数 $\bar{\alpha}$ 来控制 T_{60}。所以室内吸声的第一个功能是控制混响时间,提高室内的音质效果,使得人们听到的语言更清晰、音乐更动听、声音更优美。

吸声的第二个功能是降低室内噪声级,由于吸声可以将室内的直达声和反射声的能量转化为热能,使室内总声级降低。根据建筑声学理论,室内稳态声压级公式(3-62): $L_p = L_w + 10\lg\left(\frac{1}{4\pi r^2} + \frac{4}{R}\right)$,其中 R 为房间常数,$R = \frac{S\bar{\alpha}}{1-\bar{\alpha}}$。

　　设 1 个体积为 10 m×15 m×5 m 房间,当测点距离室内噪声源 8 m,室内的平均吸声系数从 0.02 改变为 0.5 时,测点的声压级将相差 16.9 dB。工程实践也表明,生产车间内作吸声处理比不作吸声处理的平均噪声级可以降低 10 dB(A)左右。

　　② 隔声构件表面的吸声

　　在隔声板表面铺设吸声材料可以提高隔声构件的隔声效果,这是因为声波传播到隔声板之前一部分声能已经被吸声材料吸收。设入射声波的声强为 I,隔声板的透射系数为 τ,吸声材料的吸声系数为 α,声波透过没有吸声材料的隔声板的声强为 τI,声波透过有吸声材料的隔声板的声强为 $(1-\alpha)\tau I$,可见增加吸声材料后,声波透过隔声板的声强减小了 $\alpha\tau I$。此外由于加设了吸声材料,隔声板的反射声得到有效抑制,例如声屏障面向噪声源的一侧加铺吸声材料比不加吸声材料环境噪声明显降低。

　　隔声罩内有无吸声处理对其降噪效果影响很大,根据隔声罩的插入损失公式:$TL=10\lg(1+\alpha/\tau)$。从该式可以看出,隔声罩的隔声量不但与透射系数 τ 相关,还与吸声系数 α 相关,理论上当隔声罩内的吸声系数为 0 时,隔声罩的隔声量也为 0,当然隔声罩内的吸声系数不可能为 0,因为罩内的空气有一定的吸声效果,一般隔声板的吸声系数也不可能完全是 0。

　　实际工程中常常将隔声结构与吸声材料配合使用,以减小隔声板的声波反射,增强隔声效果。

　　③ 阻性消声器中的吸声

　　消声器分为阻性消声器和抗性消声器两种,其中的阻性消声器主要是依靠吸声材料来实现消声的,气流动力噪声从消声管道中经过时,气流中的声能被沿途的吸声材料逐步吸收,当气流达到消声器的出口端时,噪声级比进口端低很多。阻性消声器的消声量与其吸声系数成正比(详见本节 3 中的消声器内容),这就充分说明其消声量基本是依靠管道内壁面的吸声作用。

　　④ 吸声材料作为隔振材料

　　纤维性吸声材料和一些柔软的多孔性吸声材料还可以作为隔振材料使用,将纤维性吸声材料制作成一定厚度和密度的减振垫,放置于设备振动源下方,可以起到隔绝振动、降低固体声波的作用。例如将玻璃纤维棉、吸声海绵制作成一定的形状安装在仪器设备下方,因其刚度小,阻尼好,整个隔振系统的固有频率可小于 5 Hz。

2. 隔声

(1) 隔声构件

隔声是控制空气中噪声传播的最有效的方法之一,而隔声构件是隔声降噪设施的基本单元。

① 单层板隔声构件

在第三章第三节中已经介绍了声波穿过有限厚度板材的声能量损失,并导出隔声的质量定律(3-56),这是单层隔声构件降噪量的理论公式,现重写于下:

$$TL = 20\lg m + 20\lg f - 42.5$$

在实际工程中常常用更简单的经验公式来估算单层隔声墙或板的平均隔声量:

$$\overline{TL} = 18\lg m + 8 \qquad (m - 100 \text{ kg/m}^2) \tag{6-1}$$

$$\overline{TL} = 13.5\lg m + 13 \quad (m < 100 \text{ kg/m}^2) \tag{6-2}$$

两式中 m 为单位面积隔声板的质量(kg/m²),图 6-3 为隔声构件的传声损失和单位面积重量的关系曲线。

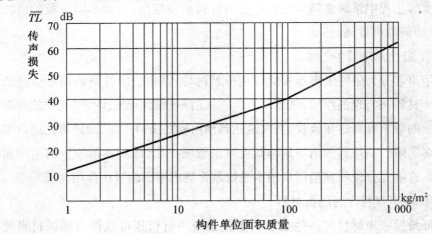

图 6-3 隔声构件传声损失和单位面积质量的关系曲线

单层隔声板在声波的作用下会产生弯曲振动,当声波以一定的角度入射时,波前将先后到达隔声板表面,先到声波激发产生的弯曲波将在板中传播,如果后续的空气中的声波传到隔声板某点时正好与板中已形成的弯曲波同相位,隔声板的振动将加大,这种现象称为吻合效应。这里给出单层板的吻合效应的临界频率 f_c:

$$f_c = \frac{c^2}{2\pi} \sqrt{\frac{m}{B}} \qquad\qquad (6-3)$$

式中 c 为空气中的声速(m/s), m 为板(或墙)的面密度(kg/m²), B 为板的刚度, $B = EI/(1-\sigma^2)$, 其中: E 为板材的动弹性模量(N/m²), σ 为泊松比, I 为板材的转动惯量 $I = h^3/12$, h 为板的厚度,单位 m。

吻合效应对隔声降噪是不利的,而实际声场一般都是扩散的,总会产生吻合效应,所以在隔声降噪工程中应当采取阻尼等措施防止吻合效应的不利影响。

② 双层隔声构件

对于轻质隔声板而言,板厚增大一倍隔声量仅增加 4.1 dB,对于重质隔声板,板厚增大一倍隔声量也只增加 5.4 dB。为提高板的隔声效果,又不增加隔声构件的重量,可以采取中空双层板的隔声结构,即在两层隔声板之间设置一定厚度的空气层,由于中间空气层的作用使其获得附加隔声量 ΔR。双层隔声构件的经验隔声量公式如下:

$$\overline{TL} = 18\lg m + 8 + \Delta R \qquad (m-100 \text{ kg/m}^2) \qquad (6-4)$$
$$\overline{TL} = 13.5\lg m + 13 + \Delta R \qquad (m<100 \text{ kg/m}^2) \qquad (6-5)$$

附加隔声量 ΔR 与空气层的厚度有关,也与两板之间有无刚性连接有关,图 6-4 为附加隔声量与空气层厚度之间的关系。

但是双层隔声构件中的空气层会导致整个结构在某个频率产生共振,导致构件的隔声量降低,双层隔声构件的共振频率为:

$$f_0 = \sqrt{\frac{\rho c^2}{(m_1 + m_2)d}} \qquad\qquad (6-6)$$

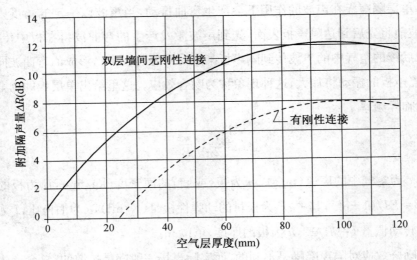

图 6-4 双层隔声构件的附加隔声量

式中 ρ 为空气密度，d 为空气层厚度，其他符号同前。为防止产生这种不利情况可以在空气层中间填充一些吸声材料。

(2) 隔声罩、隔声间

简单的隔声构件并不能很好地控制声波传播，必须将隔声构件科学地组合才能获得理想的降噪效果，隔声罩和隔声间便是一种最常见的组合隔声降噪设施(最简单的隔声罩见图 6-5)。

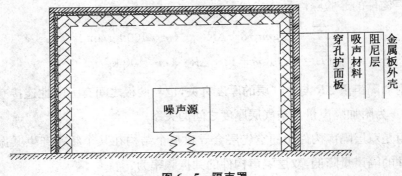

图 6-5 隔声罩

隔声罩的隔声量并不能用隔声构件的隔声量代替,由于声波在隔声罩内可能受到壁面的反射使得隔声罩的声能密度增大,因此隔声罩实际隔声量小于等于隔声构件的隔声量,其隔声量公式如下:

$$TL_{隔声罩} = 10\lg(1 + \bar{\alpha}/\tau) \tag{6-7}$$

式中:$\bar{\alpha}$为隔声罩内的平均吸声系数,τ为透射系数。上式说明,当$\bar{\alpha}=1$时,隔声罩的隔声量最大,可以达到隔声板的理论隔声量,当$\bar{\alpha}=0$时,隔声罩的隔声量等于0(当然隔声罩内的平均吸声系数不可能达到1或0的两种极端情况)。实际上一般隔声罩的声透射系数τ很小,平均吸声系数$\bar{\alpha}$较大,这就使得式(6-7)括号中的1可以忽略,于是上式可以进一步近似为下式:

$$TL_{隔声罩} \approx 10\lg(\bar{\alpha}/\tau) = TL + 10\log\bar{\alpha} \tag{6-7'}$$

实际工程中隔声罩可能是由不同隔声构件组成的,例如除隔声板外还有门、窗、进排风口,它们的吸声系数和透射系数各不相同,则多个构件组合而成的隔声罩的隔声量可用下式计算:

$$TL_{隔声罩} = 10\log\left(\frac{A}{S}\right) = 10\log\frac{\sum \alpha_i s_i}{\sum \tau_i s_i} = 10\log\frac{\bar{\alpha}}{\tau} \tag{6-8}$$

式中,A和S分别为隔声罩内表面的总吸声量和总透射量,单位均为 m^2,$A = \Sigma S_i \alpha_i$,$S = \Sigma \tau_i S_i$,S_i、α_i、τ_i分别表示隔声罩不同隔声构件的面积、吸声系数和透射系数。

隔声罩分为隔绝声源保护周围环境和在高噪声环境中隔绝出一个安静的空间以保护人两种情况。显然对声源加设隔声罩保护的范围更大,效果也更好。但对噪声源加装隔声罩时,第一,需要防止设备振动引起隔声罩壳体振动并产生结构噪声,需对隔声罩采取减振措施;第二,设计时要充分考虑到隔声罩内的通风散热等工艺要求和设备的维护、检查方便。而保护人员的隔声罩则要考虑员工的对整个生产区的观察、操作,因此需加设隔声窗和便于进出的隔声门;同时从保护员工身体健康出发,隔声罩内的吸声不应采用易于风化和散落的纤维性吸声材料。

(3)声屏障

声屏障是用隔声构件组合而成的非封闭性的隔声降噪设备,目前应用十分广泛。声屏障的降噪原理在于它能阻挡声波直线传播,使屏障后面形成"声影区",声波只能透射和绕射到"声影区"内(见图6-6),从而使"声影区"内的声能量大幅降低。因为声屏障不是封闭性的,所以其降噪量比封闭性的隔声罩差,但其不像隔声罩存在通风散热、操作不便等负面影响。

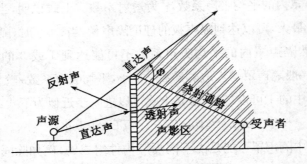

图 6-6　声屏障的降噪原理

对于点声源,无限长声屏障的降噪效果可用下式估算:

$$\Delta L_d = \begin{cases} 5 + 20\lg \dfrac{\sqrt{2\pi N}}{\tan h \sqrt{2\pi N}} & N \geqslant -0.2 \\ 0 & N < -0.2 \end{cases} \quad (6-9)$$

式中:$N = 2\delta/\lambda$,N 称为菲涅尔数,δ 为声波绕射引起的声程差,λ 为声波波长。

对于线声源,无限长声屏障的降噪效果为:

$$\Delta L_d = \begin{cases} 10\lg\left[\dfrac{3\pi \sqrt{(t^2-1)}}{2\ln(t+\sqrt{t^2-1})}\right] & t = \dfrac{30f\delta}{3c} > 1 \\ 10\lg\left[\dfrac{3\pi \sqrt{(1-t^2)}}{4\arctan\sqrt{\dfrac{1-t}{1+t}}}\right] & t = \dfrac{30f\delta}{3c} \leqslant 1 \end{cases} \quad (6-10)$$

式中 f 为频率,c 为声速,其他符号同上。

3. 消声器

消声器是一种控制气流动力噪声的有效降噪设备,它能有效地吸收气流中的声能量,而对气流通过的影响很小。消声器一般可以分为阻性消声器和抗性消声器两大类型,它们的消声原理是不同的。阻抗复合消声器、微穿孔板消声器等均可视为这两种消声器的组合。

（1）阻性消声器

阻性消声器是一种在气流通过的途径上敷设多孔性吸声材料,利用吸声材料对声波的摩擦和阻尼作用将声能转化为热能,达到降低空气动力噪声目的的装置。阻性消声器消声量大,消声频带宽,对高频气流噪声的消声效果好于对低频的效果,广泛使用于各种风机进、排气口和通风散热口的噪声控制上。

① 阻性消声器的结构

最简单的阻性消声器是直管式消声器,它是在气流管道的内壁面上敷贴一层吸声材料,其结构如图 6－7(a)所示。管式消声器适合小流量通风管道的消声,对于流量较大的通风管道,往往采取多个并列消声通道的消声器,这种消声器实际上是用吸声材料将一个大的通风管道分隔成多个小的通道,以增加消声器的消声量,防止大风道造成高频失效现象发生,图 6－7(b)即为并列四通道的阻性消声器。

根据内部结构和形式不同可以将阻性消声器分为直管式消声器、片式消声器、折板式消声器、蜂窝式消声器、声流式消声器、迷宫式消声器、消声弯头等。图 6-8 为各种阻性消声器的结构图。

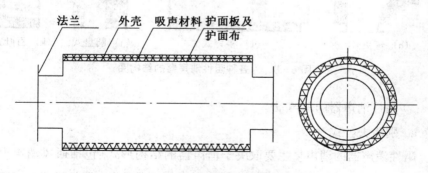

法兰　　外壳　吸声材料 护面板及
　　　　　　　　　　　　护面布

图 6－7(a)　直管式阻性消声器

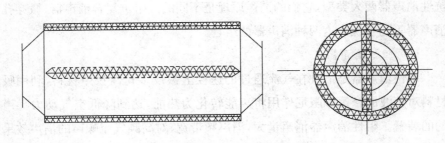

图 6-7(b)　四通道阻性片式消声器

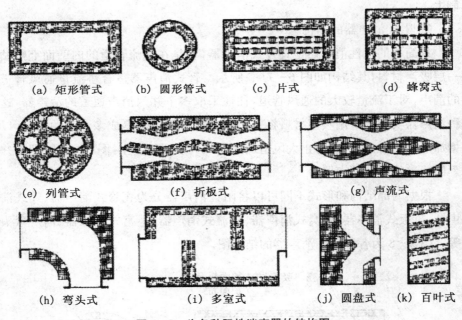

（a）矩形管式　　　（b）圆形管式　　　（c）片式　　　　（d）蜂窝式

（e）列管式　　　　（f）折板式　　　　　　（g）声流式

（h）弯头式　　　　（i）多室式　　　　（j）圆盘式　　（k）百叶式

图 6-8　为各种阻性消声器的结构图

② 阻性消声器的消声量

a. 别洛夫公式

阻性消声器的消声量主要取决于消声器的结构形式（包括通风消声道的周长、横截面和长度），以及吸声材料的吸声性能，通过消声器的气流速度不宜太大，否则会产生气流再生噪声。这里只对直管式消声器的消声量公式进行介绍，其他形式的阻性消声器可以参照该公式估算它们的消声量。工程中估

算阻性消声器消声量的常用公式是别洛夫公式,其表达式如下:

$$L_{NR}=\psi(\alpha)\frac{P}{S}l \qquad (6-11)$$

式中:P 为消声通道衬里的截面周长,S 为消声通道衬里的横截面面积,l 为通道长度,α 为吸声材料的吸声系数,$\psi(\alpha)$ 为 α 的函数,$\psi(\alpha)$ 与 α 的关系如表 6-4 所列。

表 6-4 $\psi(\alpha)$ 和 α 的经验关系

α	0.1	0.2	0.3	0.4	0.5	0.6	0.7	0.8	0.9	1.0
$\psi(\alpha)$	0.11	0.22	0.35	0.5	0.65	0.90	1.1	1.2	1.3	1.5

b. 高频失效频率

相比较声波波长而言,直管式消声器的气流通道截面积不宜过大,因为气流通道截面过大,高频声波的波长很短,声波将以窄束状从消声器中间通过,很少或根本不能与吸声材料接触,这样消声器的消声效果将明显降低。工程实践表明,当声波波长接近于吸声通道截面尺寸的一半时,直管式消声器的消声效果就开始下降,相应的频率称为高频失效频率,直管式消声器的高频失效频率估算公式如下:

$$f_h=1.8\frac{c}{D} \qquad (6-12)$$

式中:c 为气流中的声速,D 为消声器通道截面的边长或直径。当频率高于失效频率 f_h 以后,每增加一个倍频带,其消声量约下降 1/3。为防止消声器对高频声波失效,工程中往往将大的通风消声器分成多个小消声通道,或将吸声材料制作成不同结构和形状以阻挡声波直接穿过,这样就形成了片式、蜂窝式、折板式、小室式等各种形式的阻性消声器。

c. 气流速度对消声器声学性能的影响

气流从消声器内通过时,气流速度的大小对消声器的性能有一定的影响,这主要表现在两个方面:一是气流的存在会引起声波的传播和衰减规律发生变化;二是气流与消声器内的结构件相互作用会产生再生噪声,影响消声器的降噪效果。

— 159 —

气流引起声波传播和衰减规律的变化可以近似地用消声系数来表达,消声器的消声系数随气流速度增大而降低:

$$\psi'(\alpha_0) = \psi(\alpha_0)\frac{1}{(1+M_a)} \qquad (6-13)$$

式中 M_a 为气流速度与声速之比,称为马赫数。

气流引起的再生噪声主要是气流通过消声器时,由于结构件的局部阻力和摩擦阻力在气流中形成一系列湍流,从而产生新的噪声辐射;气流激发消声器结构件振动也会产生噪声辐射。根据人们的试验结果,得到估算气流再生噪声的半经验公式:

$$L_{再} = (18\pm2) + 60\log v \qquad (6-14a)$$

$$L_{再f} = 72 + 60\log v - 20\log f \qquad (6-14b)$$

式中:v 为消声器通道内的气流速度,单位:m/s;f 倍频带中心频率,单位 Hz。气流对消声器消声效果的影响中再生噪声是更主要的,从式(6-14b)可以看出,频率越低再生噪声越大。

设计消声器时,应注意消声器内的气流速度不能太高,经验表明空调消声器的流速不应超过 5 m/s;压缩机和鼓风机等消声器的流速不应超过 10 m/s;内燃机、凿岩机消声器的流速应控制在 30 m/s 以内;对于大流量排气放空消声器的流速可选为 50 m/s 以下。总体而言,消声器内的气流速度越小,气流再生噪声就越小,阻力损失也越小,消声器的消声效果也越有保障。

d. 消声频率与消声片厚度

阻性消声器设计时除了要防止气流通道太大引起高频失效外,还应根据气流噪声的频率特点来设计消声片厚度。通常吸声材料的厚度越大低频吸声效果越好,吸声材料的密度越大低频吸声效果越好,所以如果气流噪声的频率较低,消声器设计时应该首先考虑加大吸声材料的密度,其次再考虑增加消声片的厚度,因为消声片越厚整个消声器的体积就越大,造价也越高,所以消声器的消声片厚度要设计合理。

采用超细玻璃棉作消声器内的吸声材料时,如果要消除的空气动力噪声频率较低,则应当采用容重 30 kg/m³ 以上的超细玻璃棉,根据下面的经验公式确定消声片的厚度：

$$f_r \times D = 30 \qquad (6-15)$$

式中，f_r 为消声片的第一吸声峰值频率，D 为消声器壁面吸声层厚度或插入中间的消声片半厚度(m)。例如空气动力噪声的峰值频率 f_r 是 250 Hz，则 D 值为 12 cm。如果允许消声片的吸声系数下降到峰值系数的一半，则对应的噪声频率是 125 Hz。

(2) 抗性消声器

抗性消声器是根据声波的反射和干涉原理来改变声波传播规律的装置，纯粹的抗性消声器是不使用阻性吸声材料的。抗性消声器主要适合于消除窄带噪声和低、中频噪声，因此，常用来消除峰值突出且频率较低的空气动力噪声，如内燃机、空压机排气噪声等。

抗性消声器主要有扩张室式消声器和共振腔式消声器两大类。

① 扩张室式消声器

扩张室式抗性消声器是利用管道截面的突然扩张或收缩造成通道内声阻抗突变，使沿管道传播的某些频率的声波反射回声源方向，达到阻止该频率声波通过的目的。图 6-9 是最简单的扩张室式抗性消声器，它是在管道的中间插入一个大的腔室构成的。

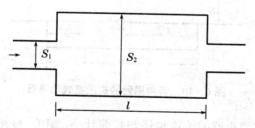

图 6-9 最简单的扩张室式消声器

根据声压连续和体积速度连续的条件，可以推导得到单节扩张式消声器的消声量公式：

$$L_{NR} = 10\lg \left[1 + \left(\frac{s_{21} - s_{12}}{2} \sin kl \right)^2 \right] \qquad (6-16)$$

結构噪声及防治工程

式中：$S_{21}=S_2/S_1$，$S_{12}=S_1/S_2$，称为扩张比，l 扩张室长度，详见上图。对上式进行分析：

a. 扩张式抗性消声器的消声量 L_{NR} 与 $\sin kl$ 密切相关，当 $\sin kl=1$ 时 [相当于扩张室的长度 l 是声波波长的 $(2n+1)/4$ 倍]，L_{NR} 消声量最大；当 $\sin kl=0$ 时（相当于扩张室的长度 l 是声波波长的 $n/2$ 倍），L_{NR} 消声量为 0。因此在设计扩张式消声器时应该让扩张室的长度等于需要消声的声波波长的 1/4，此时的消声效果最佳。这也说明单纯的扩张室消声器只对某些频率（或很窄频带）的声波起消声作用，对相邻的其他频率的声波消声效果较差。为增加扩张式消声器的消声频带宽度，可以针对不同频率的声波设计多级扩张式消声器，但这样一来消声器的体积就显得庞大，工程造价也会相应增加。

工程中通常采用内插管的办法来增加消声频带宽度，即在消声器扩张室的两端分别插入内接管，其一端的插入长度等于扩张室长度的 1/2，即 $l/2$，另一端的插入长度为 $l/4$，见图 6-10。$l/2$ 长的内插管可以有效抑制 1/2 波长奇数倍的声波通过，$l/4$ 长的内插管可以有效抑制 1/2 波长偶数倍的声波通过，这样加了两个内插管的扩张式抗性消声器就具有了消除宽频噪声的能力。

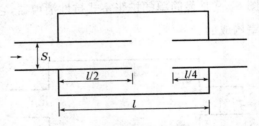

图 6-10 带内插管的扩张室式消声器

b. 扩张室式消声器的消声量还与扩张比 S_{21} 相关，显然扩张比 S_{21} 越大，消声效果越好。但是像阻性消声器一样扩张比过大就会出现高频失效，其上限失效频率可用式（6-17）进行估算。

$$f_h=1.22\frac{c}{D} \tag{6-17}$$

扩张室消声器除有上限截止频率的限制外，还存在下限截止频率，其有效消声的下限截止频率可用式(6-18)计算。可以看出,扩张室消声器的下限截止频率主要由扩张室长度决定。

$$f_l = \frac{c}{\sqrt{2}\pi}\sqrt{\frac{S_2}{V_2 l}} \qquad (6-18)$$

式中,S_2、l 的意义同前,V_2 为扩张室的容积。

② 共振腔消声器

共振腔式抗性消声器是利用赫姆霍兹共振原理,在通风管道壁面上开小孔并与外侧的共振腔相连接制作而成。当管道中的声波到达开孔处时,与共振腔共振频率相同的声波产生共振,气流在腔的进气口来回运动,共振频率的声能通过摩擦阻尼转化为热能而消耗掉,其他频率的声波也因小孔处的声阻抗发生突变,使部分声波向声源方向反射回去,最终只有小部分声能继续向前传播,从而达到降低气流噪声的目的。

共振腔消声器的结构模型如图6-11所示,这实际上是在通风管道壁上增加赫姆霍兹共振器。实际的共振腔消声器是在管壁上开多个孔,外侧的共振腔共用,详见图6-12。

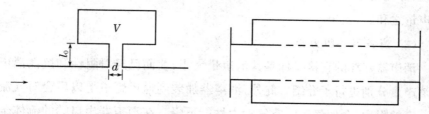

图 6-11　共振腔式消声器结构模型　　图 6-12　共振腔式消声器

共振腔消声器的共振频率见式(6-19),消声量见式(6-20)。

$$f_r = \frac{c}{2\pi}\sqrt{\frac{s_0}{Vl}} \qquad (6-19)$$

$$L_{NR} = 10\lg\left[1 + \left(\frac{\frac{\sqrt{GV}}{2S_0}}{\frac{f}{f_r} - \frac{f_r}{f}}\right)^2\right] \qquad (6-20)$$

两式中,S_0 为连接管的截面积,$S_0 = \pi d^2/4$,d 为连接管的直径;l 为连接管的有效长度，$l=l_0+0.8d$，l_0 为连接管的实际长度；V 为共振腔的体积；G 为传导率，$G=\dfrac{nS_0}{l_0}$，n 为开孔数。

从式(6-20)可以看出，对于不同频率的声波，越接近共振频率 f，共振腔消声器的消声量越大，越远离共振频率消声量越小。对于不同频带宽度的噪声源，共振腔消声器的消声量可以用下式计算：

$$L_{NR}=\begin{cases}10\lg(1+2K^2) & \text{一个倍频程}\\ 10\lg(1+19K^2) & \text{三分之一倍频程}\end{cases} \qquad (6-21)$$

式中，$K=\dfrac{\sqrt{GV}}{2S_0}=\dfrac{1}{2}\sqrt{\dfrac{nV}{S_0l_0}}$。由式(6-21)可以看出，共振腔消声器的消声量主要由 K 值决定，要增大 K 值可以增加共振腔的体积、减小连接管的截面积和长度。

另外在设计共振腔消声器时要注意：共振腔的各部分的尺寸都要小于共振频率波长的三分之一；开孔尽可能位于共振腔的中部，分布均匀，开孔部分的长度最好不要超过共振频率波长的 1/12，孔心距要大于孔径 5 倍；当腔体较大、开孔较多时，可以将空腔分隔成几个小腔，其总消声量近似等于各部分消声量之和。

(3) 消声器的阻力损失

消声器好坏的直接指标是其消声量大小，前面已经对阻性和抗性消声器的消声量分别进行了介绍。此外，消声器加装到通风管道上以后会对气流产生一定的阻力，会使气流的空气动力性能下降。在消声器出口端的流体全压比进口端降低的数值就是消声器的阻力损失，这是衡量消声器性能好坏的另一个重要指标。

消声器的阻力损失分为摩擦阻力损失和局部阻力损失两种类型。

① 摩擦阻力损失 ΔH_β

摩擦阻力损失是由于气流与消声器壁面之间摩擦产生的阻力损失，可用下式计算：

$$\Delta H_\beta=\beta\frac{l}{2}\frac{\rho v^2}{d_e} \qquad (6-22)$$

式中:β 为摩擦阻力系数,其与管壁的相对粗糙度相关,详见表 6-5;l 为消声器的长度(m);d_e 为消声器通道截面的等效直径(m);ρ 表示管道内气体密度(kg/m³);v 为管道内气流速度(m/s);摩擦阻力损失 ΔH_β 的单位是 Pa。

表 6-5 摩擦阻力系数 β 与相对粗糙度的关系

相对粗糙度(%) 相对粗糙度= 管壁绝对粗糙度/等效在径	0.2	0.4	0.5	0.8	1.0	1.5	2.0	3.0	4.0	5.0
摩擦阻力 系数 β	0.024	0.028	0.032	0.036	0.039	0.044	0.049	0.057	0.065	0.072

② 局部阻力损失 ΔH_ξ

局部阻力损失是气流在消声器结构突变处(如弯曲、扩张或收缩及遇到障碍物)所产生的阻力损失,局部阻力损失可用下式估算:

$$\Delta H_\xi = \xi \frac{\rho v^2}{2} \qquad (6-23)$$

式中,ξ 为局部阻力系数,局部阻力系数的确定比较复杂,与结构的形状关系密切,计算时可以根据具体的结构形状在相关流体力学的参考文献中查找。

消声器的总阻力损失应是摩擦阻力损失和局部阻力损失之和。

$$\Delta H = \Delta H_\beta + \Delta H_\xi \qquad (6-24)$$

一般而言,阻性消声器的阻力损失以摩擦阻力损失为主,而抗性消声器的阻力损失以局部阻力损失为主。显然,无论是摩擦阻力损失还是局部阻力损失都与气流速度的平方成正比,阻损的增加要比气流速度的增加快得多。因此,如果采用较高的气流速度,会使阻损增大,使消声器的空气动力性能变坏。

考虑到前面论述的气流速度增大引起的再生噪声会使消声器的降噪效果降低,因此从消声效果和空气动力性能两方面考虑,设计消声器时都应该采用较低的气流速度。

(4)复合消声器

① 阻抗复合消声器

阻性消声器对中、高频噪声的消声效果好,而抗性消声器适用于消除低频噪声,所以在实际工程中为了获得更宽频率范围的消声效果,常采用阻抗复合式消声器,图 6-13 所示是常见的一些阻抗复合式消声器。

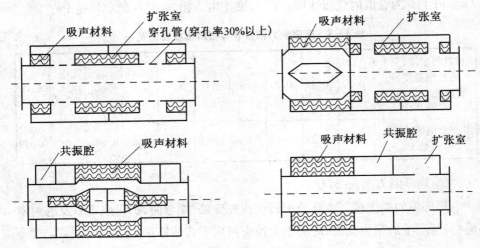

图 6-13　常见的阻抗复合式消声器

② 移频消声器

前面介绍的消声器均是根据气流噪声的频率特性被动地消除该频率的噪声,而移频消声器则是积极地消除气流噪声,它适用于高流速高压头的气流动力噪声。移频消声器的消声原理是首先提高气流的噪声频率,然后再进行消声,使消声器的消声效果大大提高。

当气流压头较高、速度较大时,气流从管道口排放时就形成喷注噪声,喷注噪声的峰值频率可以用下式估算:

$$f = \beta \frac{v}{d} \tag{6-25}$$

式中:β 为斯脱罗哈数,近似取 0.2,v 为气流速度(m/s),d 为气流排放口的直径(m)。所以要使气流噪声的频率向高频移动可以提高气流速度和采用小口径排气的方法。为此,移频消声器设计时,首先将原来一个大的排气口变为若干个小的排气口,使排气噪声的频率大大提高。然后再将小排气口排出的气流汇集起来进行消声降噪处理。图 6-14 为一种空压机排气口移频消声器,这是一款将移频装置与阻性消声结合在一起的消声器,其消声量可以达到 40 dB 以上。图 6-15 是一种柴油机排气口移频消声器,这是将移频装置与阻抗复合消声结合在一起的消声器,其消声量可以达到 50 dB。

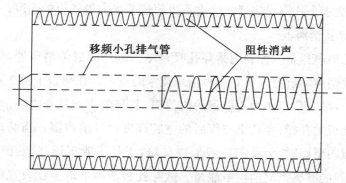

图 6-14　空压机移频消声器

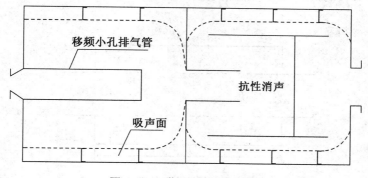

图 6-15　柴油机移频消声器

分析移频消声器降噪量大的原因,第一是因为通过小孔调制后气流噪声的频率大大升高,使得原来的高频部分的噪声超出人耳听觉的敏感区域,原来的中低频噪声提高至高频,从而使 A 声级降低,其降噪量可用下式估算:

$$\Delta L_A = -10\log\left[\frac{2}{\pi}\left(\tan^{-1}x_A - \frac{x_A}{1+x_A^2}\right)\right] \qquad (6-26)$$

式中 $x_A = 0.165d$,d 为小孔的直径(mm)。

第二是气流噪声频率提高至高频,在后续的阻性或抗性消声段中可以更容易被吸收和消除,其消声量计算方法与阻性和抗性消声器相同。

移频消声器阻力损失相对较大,要求气流具有一定的压头,一般空压机、柴油机柴油发电机等排气压力都是较大的,所以它们的排气噪声均可以采用这种消声器。移频消声器的阻力损失可以通过控制小孔数量和总面积要调节,原则上要求小孔排出的气流速度不要超过原来大排气口的速度。

③ 微穿孔消声器

微穿孔消声器是一种利用微穿孔吸声结构制作而成的消声器,微穿孔降噪技术是我国声学研究人员对噪声治理技术的贡献。在薄板上穿 1 mm 左右的微孔若干,微穿孔板作为消声器的内壁面,其与消声器外壳之间形成空腔,根据微穿孔板的孔径、穿孔率与板后的空腔深度设计消声器。当脉动气流流过微穿孔板内壁面时,微孔与空腔形成共振,于是一股气流在微孔中来回运动,产生强烈的摩擦阻尼消耗声能量。微穿孔板消声器能够在较宽的频率范围内获得良好的消声效果,而且阻力损失很小,起到阻抗复合式消声器的消声效果。

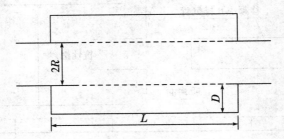

图 6 - 16 微穿孔板消声器的理论计算模型

图 6 - 16 是微穿孔板消声器的理论计算模型,对于任意截面的微穿孔板消声器,其消声量公式为:

$$L_{NR} = 6.14L\sqrt{\left\{\frac{Fkx}{S(r^2+x^2)} - k^2 + \sqrt{\left[\frac{Fkx}{S(r^2+x^2)} - k^2\right]^2 + \left[\frac{Fkx}{S(r^2+x^2)}\right]^2}\right\}}$$

$$(6-27)$$

当消声通道内管半径 R 大于 10 cm 时,上式可简化为:

$$L_{NR} = \sqrt{\frac{R}{\sigma}} \times \frac{Lr}{R(r^2 + x^2) - \dfrac{x}{k}} \qquad (6-28)$$

上式中 F、S 分别为通道内管截面周长和截面面积，R 为内管半径，L 为穿孔板管段长度，k 为波数，r 为微穿孔板壁面的声阻率，x 为微穿孔板壁面的声抗率，σ 为微穿孔板的穿孔率。只要消声通道内管半径 R 不小于 10 厘米，简化式(6-28)计算误差小于 1 dB。

第三节　结构噪声的防治

固体声是指在固体介质中传播的声波，正常情况下固体中的声波不会影响到人的听觉器官，只有人的肢体接触到固体才有可能感觉到振动的存在，而且感觉到的振动频率主要在 80 Hz 以下。但是当固体声波从固体表面透射到空气中或者固体表面的振动激发空气产生结构噪声时人耳就会听到该噪声，特别是产生于封闭空间内（如建筑室内）的结构噪声往往比外部的影响大得多，会对人产生十分不利的影响。因为人耳的听阈范围是 20～20 000 Hz，与肢体感觉到的振动频率错位较大，所以大多数音频范围内的振动对人体的影响很小，但其振动激发产生的结构噪声却是不可忽视的，所以结构噪声防治更应注重对音频范围内的振动控制。

结构噪声的防治应该根据其形成的不同阶段进行控制（如图 6-1 所示），首先考虑对振动源控制，当振动源控制难以达到预期效果时则应考虑在固体声波传播途径中控制，如果前面两个阶段的控制措施仍然不力，则应采取各种措施抑制固体中弯曲波向空气中辐射结构噪声。如果结构噪声已经形成，则其控制应该按空气噪声治理的原则和方法进行处理。结构噪声三个阶段控制的主要技术手段有隔振、减振、阻尼以及利用传声介质的力阻抗不匹配来抑制固体声波。

1. 隔振

隔振是防止设备振动源传递振动的主要方法，其包括基础隔振和连接件隔振。其中基础隔振是在设备与基础之间加设弹性元件,使设备与基础的刚性连接变为弹性连接,主要隔振元件有金属弹簧、橡胶减振器、橡胶减振垫、空气弹簧、纤维毡、钢丝绳减振器、金属橡胶减振器等。设备连接件隔振是指在振动的管道中间加设软接头,刚性支撑件上加设弹性吊勾、弹性支架等,这里重点对基础隔振进行讨论和分析。

当一个振动的机械设备刚性地固定在基础上,其运行所产生的力就会直接传播到基础上,并通过基础在相连接的固体中传播,形成固体声波。如果在设备振动源与基础之间安装一组弹性元件,设备基础上的振动就会大大降低,固体声波和再生噪声也就相应减小。隔振是一个应用非常广泛的减振降噪技术,通常分为主动隔振和被动隔振,为防止设备振动传播到相邻的固体介质中所进行的隔振称为主动隔振或积极隔振,为防止基础或设备支撑物的振动对精密仪器、仪表产生不利影响所进行的隔振称为被动隔振或消极隔振,主动隔振和被动隔振两者的性质虽然不同,但隔振的原理和采取的隔振方法基本是相同的。

（1）隔振原理

图 6-17 是一个简单的包括质量、弹簧和阻尼的单自由度隔振系统,设振动机械的重量为 m,其运行时的扰动力由 $F_0 \sin \omega t$,隔振系统的刚度为 K,阻尼系数为 R,传到基础上的力为 $P(t)$。

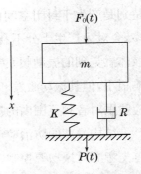

图 6-17 单自由度的隔振系统示意图

以上隔振系统的微分运动方程式如下：

$$m \frac{\mathrm{d}^2 x}{\mathrm{d}t^2} + R \frac{\mathrm{d}x}{\mathrm{d}t} + kx = F_0 \sin \omega t \qquad (6-29)$$

这就是前面介绍过的强迫振动微分方程,其稳态解是：

$$x = B \sin(\omega t + \theta) \qquad (6-30)$$

将(6-30)式代入到(6-29)式,可以得到：

$$B = \frac{F_0}{\omega \sqrt{R^2 + \left(m\omega - \frac{k}{\omega}\right)^2}} \qquad (6-31)$$

$$\theta = \tan^{-1} \frac{R}{m\omega - \dfrac{k}{\omega}} \qquad (6-32)$$

显然 $F_0(t)$ 为系统的干扰力,而传递到基础上的力 $P(t)$ 主要由隔振系统的弹性力 kx 和阻尼力 $R\dfrac{\mathrm{d}x}{\mathrm{d}t}$ 构成,而这两个力在相位上相差 $90°$,所以传播到基础上的合力应为这两个力的矢量合成,即:

$$P(t) = R\frac{\mathrm{d}x}{\mathrm{d}t} + kx = x\sqrt{k^2 + (R\omega)^2} \qquad (6-33)$$

用振动传递系数 T 表示系统隔振效果的好坏,其等于传递力除以干扰力。根据第二章中的介绍,隔振系统的固有频率为 $\omega_0 = \sqrt{\dfrac{k}{m}}$,临界阻尼系数为 $R_c = 2\sqrt{mk}$,再引入阻尼比 $\xi = \dfrac{R}{R_c}$,最终得到振动传递系数为:

$$T = \frac{P(t)}{F_0(t)} = \sqrt{\frac{1 + \left(2\xi\dfrac{\omega}{\omega_0}\right)^2}{\left[1 - \left(\dfrac{\omega}{\omega_0}\right)^2\right]^2 + \left(2\xi\dfrac{\omega}{\omega_0}\right)^2}} \qquad (6-34)$$

图 6-18 为不同阻尼比条件下的振动传递系数随频率比的变化曲线图。

① 分析振动传递系数 T 与 f/f_0 的关系可以看出:

a. 当 $f/f_0 < 1$,即干扰力的频率小于隔振系统的固有频率时,$T \approx 1$,说明干扰力通过隔振装置全部传给了基础,即隔振系统不起隔振作用。

b. 当 $f/f_0 = 1$,即干扰力的频率等于隔振系统的固有频率时,$T > 1$,说明隔振系统不但起不到隔振作用,反而对系统的振动有放大作用,甚至会产生共振现象,这当然是隔振设计时必须避免的。

c. 当 $f/f_0 > \sqrt{2}$,即干扰力的频率大于隔振系统的固有频率 $\sqrt{2}$ 倍时,$T < 1$;而且 f/f_0 越大 T 越小,即隔振效果越好。通常需要隔振设备的频率特性是给定的,因此,要想得到好的隔振效果,在设计时就必须充分考虑隔振系统的固有振动特性,使其固有振动频率 f_0 小于 0.7 倍干扰频率 f,以求获得较好的隔振效果。从理论上讲,f/f_0 越大隔振效果越好,但是在实际工程中必

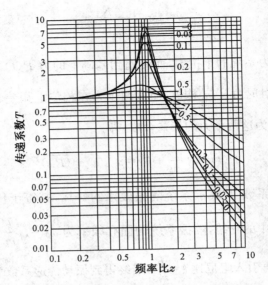

图 6 - 18 振动传递系数与频率比的关系

须兼顾系统稳定性和成本等因素,通常隔绝低频振动影响时设计的频率比 f/f_0 取值在 2.6~5 之间。但音频振动的频率相对较高,所以为防治结构噪声隔绝音频振动时采用的频率比 f/f_0 可以适当取大一些。

② 分析振动传递系数 T 与阻尼比 ξ 的关系可以看出:

(A) 当 $f/f_0 < \sqrt{2}$ 时,ξ 值越大,T 值越小,这表明在这段区域增大阻尼对控制振动是有利的。特别是在系统共振时,这种抑制共振的作用非常重要。

(B) 在 $f/f_0 > \sqrt{2}$ 时,即在系统起隔振作用的区域,ξ 值越大,则 T 值越大,表明在这段区域阻尼对隔振是不利的。但是机械设备在启动和停机过程中,其干扰频率 f 是渐变的,总会出现隔振系统频率 f_0 与机器扰动频率 f 相同或接近的情形,为了避免系统共振,隔振设计时就必须考虑采用一定的阻尼比以抑制共振区附近的振动,从隔振的角度考虑,较为实用的阻尼比在 0.04~0.20 之间。表 6 - 6 为各种隔振材料的阻尼特性。

表6-6　各种隔振材料的阻尼特性

材料	毛毡	软木	海绵	金属弹簧	橡胶隔振器	黏弹性阻尼材料
阻尼比 ξ	0.05	0.04～0.06	0.06～0.07	0.006～0.01	0.06～0.2	0.20～0.50

（2）隔振设计

① 隔振系统的设计计算

隔振系统设计时首先要了解机械设备的工作特性，主要有设备重量、重心位置、扰动力的大小、频率和方向、起动力矩等；还要知道设备所在的环境状况，需要保护的环境或仪器、仪表所允许的振动水平，初步确定隔振器的安装位置和数量。然后进行以下计算：

a. 确定振动传递率 T 和隔振系统的频率比

根据机械设备的振动大小和环境或仪器允许的振动水平确定振动传递系数 T，当振动是以作用力表示时，可以用式（6-34）计算得到隔振系统的频率比。在实际工程设计中可以忽略阻尼的影响，这样就可以用式（6-35）来确定隔振系统的频率比：

$$T = \left| \frac{1}{1 - \left(\frac{f}{f_0}\right)^2} \right| \tag{6-35}$$

当振动是以振级表示时，可以用隔振系数 N 进行计算，实际上就是需要降低的振动级，隔振系数 N 与振动传递系数的关系如下式：

$$N = 20\log\left(\frac{1}{T}\right) \tag{6-36}$$

b. 确定隔振系统的固有频率 f_0

根据振动源的振动频率和上面计算得到频率比，计算得到隔振系统需要具备的固有频率 f_0。而固有频率 f_0 又可以表示为：

$$f_0 = \frac{\omega_0}{2\pi} = \frac{1}{2\pi}\sqrt{\frac{k}{m}} = 4.98\sqrt{\frac{k}{w}} = 4.98\sqrt{\frac{1}{\delta}} \tag{6-37}$$

式中：k 为隔振器的等效刚度（N/cm），w 为机械设备的重量（N），δ 为隔振器的静态压缩量（cm）。考虑到隔振器的动态弹性模量与静态弹性模量存在一定的差异,所以工程设计中式(6-37)还应再乘以动态系数 d,不同类型隔振器的动态系数 d 见表6-7。

$$f_0 = 4.98\sqrt{\frac{d}{\delta}} \tag{6-37'}$$

表6-7　不同类型隔振器的动态系数

隔振器材料	金属弹簧	天然橡胶	丁腈橡胶	丁氯橡胶
d	1	1.2~1.6	1.6~2.5	1.4~2.8

根据式(6-37)的固有频率公式可以进行隔振材料选择和布设。对于一些机械设备,可能需要隔振系统的固有频率较低,可以通过减小弹性元件刚度 k 和增加系统质量 m 来降低固有频率 f_0。特别是在设备上附加一个惯性基础块,既可以起到增大系统质量、降低固有频率的目的,还可以调节设备重心,降低隔振器安装难度的作用。

② 隔振器的选择

隔振器种类较多,减振降噪工程中采用较多的隔振器有钢弹簧隔振器,橡胶隔振器、橡胶隔振垫、软木、玻璃纤维毡垫等类型。在工程设计中应根据振动源的频率特性、隔振要求和机械设备所处的环境状况选择合适的隔振器。

a. 钢弹簧隔振器

钢弹簧隔振器具有承重大、固有频率低、耐高温、性能稳定、经久耐用等优点。但其主要缺点是阻尼太小($\xi=0.05$),易于传递高频振动,稳定性差。大型机械以及消声室等特殊建筑物大都采用钢弹簧隔振器。

钢弹簧隔振器有螺旋形、板条形、蝶形、环形等不同种类,但螺旋形钢弹簧隔振器应用最广泛,其轴向劲度 K 可用下式计算:

$$K = \frac{Gd^4}{8nD^3} \tag{6-38}$$

式中 $G=8\times10^{10}\,\text{N/m}^2$,为切变弹性模量,$d$ 为弹簧钢丝的直径,D 为弹簧圈直径,n 为弹簧总圈数。对于压缩弹簧,其未受荷载时的高度为 H,受荷载平衡状态下的高度为 H',压缩量为 δ,因此有:

$$H = H' + \delta \tag{6-39}$$

设计要求 $H'>(n+1)d$,否则弹簧失去减振作用。

b. 橡胶隔振器

橡胶隔振器是目前应用最广泛的减振器,适用于各种机械设备隔振。橡胶减振器的优点是具有持久的高弹性,适度的阻尼,可方便地设计制造成各种形状、大小和刚度,适合垂直、水平和旋转三个方向的隔振,采用不同的加工工艺和在橡胶内加入不同的添加剂都能改变其性质使其适用性更广泛,对高频振动尤为适用。其主要缺点是易老化,性质随温度变化较大,使用寿命不长,一般在 5 年左右。

橡胶的一个重要特点是不可压缩性,其形状改变时总体积并不变化,如其在垂直方向受压时,在水平方向向外伸展。因此用橡胶减振器隔振时,其旁边一定要留有足够的间隙让其延伸,否则起不到隔振作用。表 6-8 为室温条件下不同邵氏硬度橡胶的物理性质。

表 6-8　室温条件下橡胶物理性质随邵氏硬度的变化

邵氏硬度 (°)	静态弹性模量(10^4 N/m^2)			损耗因子 (η)	声速 (m/s)	比重	比热
	压缩	拉伸	剪切				
30	120.5	122.5	35	0.013	35	1.01	0.47
40	189	161	49	0.0175	50	1.06	0.43
50	262.5	213.5	66.5	0.0445	64	1.11	0.40
60	375	315	98	0.073	105	1.18	0.38
70	525	427	136.5	0.11	228	1.25	0.35
80	840	717.5	—	0.15	—	1.31	0.33

根据承受力的方式不同,可以将橡胶隔振器分为压缩型、剪切型和压缩剪切型等。图 6-19 为一种国内广泛使用的 JG 型隔振器结构图,这是通过剪切弹性力实现减振目的的圆锥形隔振元件,表 6-9 为 JG 橡胶减振器的技术参数。

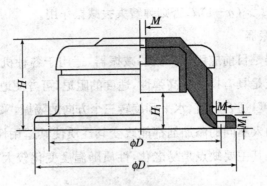

图 6-19　JG 型隔振器结构图

表 6-9　JG 橡胶减振器的技术参数

型号	最大设计静载荷 （kg）		相应静载压 缩量（mm）	对应竖向最 低频率工作 （Hz）	极限压缩 量（mm）	产品重量 （kg）
	积极隔振	消极隔振				
JG1-1	19	24				
JG1-2	27	32				
JG1-3	37	46				
JG1-4	48	59	4.8~6.0	10.3~11.7	12.0	0.35
JG1-5	58	70				
JG1-6	70	86				
JG1-7	84	103				
JG3-1	100	120				
JG3-2	140	175				
JG3-3	200	250				
JG3-4	270	335	11.2~14.0	7.2~6.4	28.0	2.2
JG3-5	330	410				
JG3-6	405	500				
JG3-7	483	600				

型号	最大设计静载荷（kg）		相应静载压缩量（mm）	对应竖向最低频率工作（Hz）	极限压缩量（mm）	产品重量（kg）
	积极隔振	消极隔振				
JG4-1	330	370				
JG4-2	420	510				
JG4-3	580	710				
JG4-4	720	900	20.0～25.0	4.9～5.4	50.0	6.0
JG4-5	920	1 130				
JG4-6	1 080	1 320				
JG4-7	1 260	1 540				

c. 橡胶减振垫

橡胶减振垫是一种简单的平板形橡胶隔振器，它是用具有一定黏弹性和阻尼的橡胶做成的平板，平板的两面有槽肋、镂孔或钉状。橡胶隔振垫的最大优点是安装方便、价格低廉，只要剪切成需要的大小和形状用钢板夹好后放置在设备与基础之间即可。橡胶隔振垫的静压缩量较小，固有频率较高，对于隔绝音频振动和防止固体声传播比较适合。目前市场上常用的橡胶隔振垫有SD型和XD型，表6-10为SD型橡胶隔振垫技术参数。

表6-10 SD型橡胶隔振垫技术参数

橡胶硬度（旭尔）	每层块数	面积（cm²）	垂向静荷载（kg）	静态压缩量（mm）	固有频率（Hz）
400	0.5	36	18～43	一层:1.4～3.4	一层:16.4～10.5
	1	72	36～86		
	1.5	112	56～134	二层:2.8～6.8	二层:11.6～7.5
	2	148	74～178		
	2.5	187	94～224	三层:4.2～10.2	三层:9.6～6.1
	3	224	112～267		

橡胶硬度 (旭尔)	每层 块数	面积 (cm²)	垂向静荷载 (kg)	静态压缩量 (mm)	固有频率 (Hz)
	4	303	152~364	四层:5.6~13.6	四层:8.2~5.3
	6	458	208~500		
	8	612	304~728	五层:7.0~17.0	五层:7.3~4.7
600	0.5	36	72~115	一层:2.6~4.0	一层 13.2~10.6
	1	72	144~230		
	1.5	112	224~358	二层:5.0~8.0	二层:9.3~7.5
	2	148	296~474		
	2.5	187	374~600	三层:7.6~12.0	三层:7.6~6.1
	3	224	448~717		
	4	303	606~970	四层:10.0~16.0	四层:6.6~5.3
	6	458	830~1 328		
	8	612	1 212~1 940	五层:12.6~20.0	五层:5.8~4.7
800	0.5	36	144~288	一层:2.0~4.0	一层 17.2~14.7
	1	72	288~576		
	1.5	112	448~896	二层:4.0~8.0	二层:13.4~10.7
	2	148	592~1 184		
	2.5	187	748~1 500	三层:6.0~12.0	三层:9.9~8.5
	3	224	896~1 792		
	4	303	1 212~2 424	四层:8.0~16.0	四层:8.6~7.4
	6	458	1 660~3 320		
	8	612	2 424~4 848	五层:10.0~20.0	五层:7.7~6.6

这里举一个橡胶减振器的例子:设一栋居民楼内安装有一台水泵,其重 680 kg,转速 2 900 rpm,功率 14 kW,要求采用 SD 型橡胶减振垫进行隔振设计,隔振系统的振动传递系数 $T=0.2$。设计步骤如下:

(a) 根据传递系数 $T=0.2$,利用式(6-35)求得 $f/f_0=2.5$;

（b）已知水泵策动频率 $f=2\,900/60=48.3$ Hz，计算得到隔振系统的固有频率应为 $f_0=19.7$ Hz；

（c）在表 6-8 中选择旭尔硬度 80° 的一层橡胶隔振垫，其固有频率为 17.2 Hz；

（d）隔振垫采取 4 个支点对称布局，每个支点承重 170 kg。根据表 6-8 中 80°SD 橡胶隔振垫垂向静荷载为 4 kg/cm^2，则每个支点隔振垫面积为 $42.5\ cm^2$；

（e）剪四块 $42.5\ cm^2$ 面积的 SD 橡胶隔振垫，上加一块相同面积的钢板，安装在水泵下方的四个支撑点上。水泵试运行，检测其隔振效果及水泵运行的平稳度，并根据检验结果作进一步调整。

隔振效果验证时可以用式 $f_0=4.98\sqrt{\dfrac{d}{\delta}}$，橡胶隔振垫为丁腈橡胶，$d=2.5$ cm，现场测量 δ 为 0.18 cm，得 $f_0=18.6$ Hz，$T=0.175$，满足设计要求。

d. 其他隔振器

除了上述常见的三种隔振器外，还有空气弹簧隔振器、金属钢丝绳隔振器、金属橡胶隔振器等，不同的隔振器均有不同的适用场所。其中空气弹簧隔振器是利用压缩空气的弹性隔振，其固有频率可以低到 1 Hz 以下，且具有一定的黏滞阻尼，十分适合隔绝低频振动的设备。金属钢丝绳隔振器具有非线性弯曲刚度和干摩擦产生的非线性阻尼，使用寿命长，性能稳定，特别适合恶劣环境。金属橡胶隔振器是用细金属丝制作而成的一种新型隔振器，专门用来对精密仪器仪表的被动隔振，其既具有橡胶的阻尼特性，还具有金属的耐候特性，目前航空航天飞行器中采用金属橡胶减振器对仪器、仪表安装板进行整体减振。

（3）音频振动隔离的特殊性

① 高频固体声波在金属弹簧中的穿流现象

图 6-17 中的金属弹簧隔振理论公式中质量 m，刚度 k，阻尼系数 R 是集中参数，推导出来的力传递公式对于一般低频振动隔绝都是可行的，因为低频振动在金属弹簧中传播波长长，m、k、R 的集中参数假设条件成立。但是机械

设备也存在高频振动,高频固体声波的波长短,金属弹簧隔振理论中的集中参数理论不能成立,导致金属弹簧隔振系统对高频振动失效。

根据第四章第一节中固体声波产生的条件,当振动干扰力作用于隔振元件上时,隔振元件内也可能形成固体声波。当固体声波的半波长大于弹性材料的长度时,干扰力可以使整个弹性材料作整体运动,此时的作用力相当于彻体力,隔振弹簧遵从强迫振动理论可有效抑制振动源的力传递;而当振动干扰力的半波长小于隔振弹性材料的长度时,干扰力尚未穿越整个隔振弹性材料就出现了质点振动方向的变化,此时的作用力在弹性元件中形成固体声波,高频振动以固体声波的形式穿过了弹性元件,这就是固体声波的高频"穿流现象",这种情况下集中参数的强迫振动理论已经不再适用。

因此金属弹簧虽然对低频振动的隔振效果较好,但是音频振动的频率一般较高,当振动频率高到一定程度时金属弹簧就成了振动波的传播通道,振动以固体声波的形式传播到基础上,使金属弹簧失去隔振作用。第四章第一节中计算了 1 m 长元钢条中形成固体声波的激励频率为 2 950 Hz,如果将 1 m 长元钢条换成 1 m 长的钢弹簧,则可以知道激励频率大于 2 950 Hz 时钢弹簧将产生高频固体声波的穿流现象。

如果弹性元件具有较大的阻尼,高频固体声波在穿过阻尼层时声能量可被大量吸收,所以采用阻尼系数大的隔振器(如橡胶减振器、钢丝绳减振器、空气弹簧,或钢弹簧和橡胶组合成的复合型隔振器等)仍然可以有效地隔绝高频振动,而单纯的金属弹簧却因高频固体声波的穿流现象而使减振失效。

② 防止音频振动引发基础、结构件共振

在建筑物或车辆、船舶上安装机械设备时,由于楼板、车船底板等都是弹性构件,并且各自具有自己的固有共振频率,各结构件之间的组合体也存在共振频率,因建筑物或车船结构的复杂性,各结构件的固有共振频率以及它们之间的共振频率分布在不同的频域内。它们与机械设备构成弹性振动系统后,机械设备的扰动频带往往较宽,其与整个基础的固有频率及各结构件的固有频率 f_i 相吻合的概率较大,很容易产生共振,这对整个系统的固体声波及其产生的二次噪声控制十分不利。

因此在隔绝音频振动时,既要防止音频振动波在弹性隔振材料中发生穿流,也要避免策动力与基础结构件的固有频率发生共振,最有效的防治措施就是采用高阻尼的减振器。

南京市某大厦刚建成时在裙楼上安装了两台冷却塔,冷却塔试运行时发现与其相距约 50 m 的主楼会议室内一片"嗡嗡"声,会议室立柱、墙壁振动十分严重,立柱中部的振幅达 5 mm,建设单位十分恐慌。作者现场检查发现冷却塔没有进行隔振处理,是直接放置在裙楼上的,而且有一台冷却塔的柱脚也没有垫好,致四根立柱受力不平衡导致振动加剧,冷却塔的运行频率与会议室的固有频率产生了共振。后来重新安装冷却塔,调整好冷却塔 4 个柱脚的力平衡,并在每个柱脚下加装了橡胶减振器,消除了冷却塔运行引起的会议室内的振动和建筑结构噪声。

2. 阻尼减振

（1）阻尼减振机理

阻尼是指系统及材料损耗振动能量的能力,这种能量损耗的机理是材料在应力或交变应力的作用下分子或晶界之间的相对运动和塑性滑移等引起的。

① 金属阻尼机理:在低应力状况下由金属的微观运动产生的阻尼耗能,称为金属滞弹性,如图 6-20 所示。当金属材料在周期性的应力作用下,由于金属的滞弹性,应变并不随着应力增大呈线性增加,而是走了一条上凸的曲线 OPA,应力变小至反方向时,应变

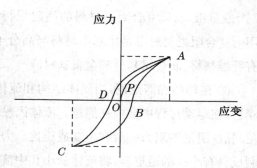

图 6-20　金属内部应力和应变的滞迟回线

也不是直接回到 O 点,而是经 B 到 C 点。于是在一次周期的应力循环中,构成了应力—应变的封闭回线 ABCDA,阻尼耗能的值正比于封闭回线的面积。

金属材料在低应力的情况下阻尼主要由黏滞弹性产生,但当应力增大时,局部的塑性变形显得更重要,阻尼则由滞弹性和塑性形变两种机理产生。所

以金属材料在不同应力条件下的阻尼也是不相同的,在高应力大振幅时会表现出更大的阻尼。

② 黏弹性材料阻尼机理:橡胶等高分子聚合物结构较为独特,被称为黏弹性材料,它们的分子之间依靠化学键和物理键相互连接,构成三维分子网,分子之间很容易产生相对运动,分子之间的化学单元也能够自由旋转。因此受到外力作用时分子链容易产生拉伸、扭转等变形,分子间的链段也会产生滑移和扭转。当外力撤销后有部分变形的分子链段能恢复到运动前的原位,释放出外力所做的功,这就使黏弹性材料具有一定的弹性;但还有一些分子链段的变化常常不能完全恢复原状,产生永久变形,外力所做的功变为热能并耗散掉,这就使黏弹性材料具有黏性,从而导致黏弹性材料的阻尼性能。

③ 复合材料中阻尼机理:将两种或多种不同杨氏模量的材料以某种方式混合在一起制作成复合材料,该复合材料受到外力作用时内部不同部分之间产生形变和位移,这种形变和位移除了因为同种分子链段之间的黏弹性阻尼外,还存在不同分子之间的库仑阻尼,使得复合材料的总阻尼大大增加。库仑阻尼是不同分子界面之间运动引起干摩擦消耗能量而产生的,它类似于两个接触面之间相对运动产生的摩擦阻尼。由于库仑阻尼比黏弹性阻尼要大 1～2 个数量级,所以复合阻尼材料的高阻尼特性在工程中得到广泛的应用。常用的复合阻尼材料都是用基本材料与高分子材料组合而成,其中的基本材料有纤维基材、非金属基材和金属基材。

④ 流体的黏滞阻尼:当固体结构和流体相接触时,因大部分流体具有黏滞性,在运动过程中会损耗能量。流体因黏滞性而产生能量损耗,称为黏性阻尼,黏性阻尼的阻力一般和速度成正比。为了增大流体的黏性阻尼,可以人为制成具有小孔的阻尼器,将流体从小孔中流过,流体通过小孔时形成涡流并损耗能量,所以小孔阻尼器的能耗损失实际包括黏滞损耗和涡流损耗两部分。

(2) 阻尼损耗因子

阻尼减振就是利用材料的阻尼特性将机械振动的能量转变成热能或其他可以损耗的能量,从而达到降低结构件振动的技术方法。一种材料的阻尼大小采用损耗因子 η 来表示,其定义为系统振动时损耗的能量 E_D 与系统的振

动能量 E_S 之比,具体见式(6-40)。

$$\eta = \frac{E_D}{E_S} \qquad\qquad (6-40)$$

不同材料的阻尼大小是不一样的,大多数材料的阻尼损耗因子 η 为 $10^{-1} \sim 10^{-5}$,其中金属的阻尼较小,橡胶的阻尼较大,表 6-11 是常用工程材料的阻尼损耗因子。

表 6-11　常用工程材料的阻尼损耗因子

材料	损耗因子	材料	损耗因子
钢、铁	$1 \times 10^{-4} \sim 6 \times 10^{-4}$	木纤维板	$1 \times 10^{-2} \sim 3 \times 10^{-2}$
有色金属	$1 \times 10^{-4} \sim 2 \times 10^{-3}$	混凝土	$1.5 \times 10^{-2} \sim 5 \times 10^{-3}$
玻璃	$6 \times 10^{-4} \sim 2 \times 10^{-3}$	砂(干砂)	$1.2 \times 10^{-1} \sim 6 \times 10^{-1}$
塑料	$5 \times 10^{-3} \sim 1 \times 10^{-2}$	黏弹性材料	$2 \times 10^{-1} \sim 5$
有机玻璃	$3 \times 10^{-3} \sim 4 \times 10^{-2}$		

（3）阻尼材料

通常所谓的阻尼材料是指内阻尼特别大的材料,它能有效地减小固体表面的振动和结构噪声。按照材料的性质分类,常用的阻尼材料有:黏弹性阻尼材料、阻尼涂料、复合阻尼材料、沥青型阻尼材料、阻尼合金等,这里主要介绍前面三种阻尼材料。

① 黏弹性阻尼材料

黏弹性阻尼材料是目前应用最为广泛的一种阻尼材料,该阻尼材料可以在相当大的范围内调整其成分及结构,从而满足特定温度及频率要求。黏弹性阻尼材料主要分橡胶类和塑料类,产品一般是胶片形状,使用时可用黏结剂将它贴在需要减振的结构件上。黏结剂的选用原则是其杨氏模量要比阻尼材料的模量高 1～2 个数量级,一般可选用环氧黏结剂。

黏弹性阻尼材料的损耗因子随温度和频率而变化,只有在特定温度范围内才有较高的阻尼性能,图 6-21(a)是黏弹性阻尼材料性能随温度变化的典型曲线。根据黏弹性阻尼材料的性能曲线,可将其划分为三个温度区:温度较低时表现为玻璃态,此时杨氏模量高而损耗因子较小;温度较高时表现为橡胶态,此时杨氏模量较低且损耗因子也不高;在这两个区域中间有一个过渡区,过渡区内材料杨氏模量急剧下降,而损耗因子较大。损耗因子最大处称为阻尼峰值,达到阻尼峰值的温度称为玻璃态转变温度。另外大多数黏弹性阻尼材料性能也受到振动频率的影响,而频率又与温度之间存在着等效关系,总体而言在温度一定的条件下,阻尼材料的模量大致随频率的增高而增大。图6-21(b)是黏弹性阻尼材料性能随频率变化的示意图。

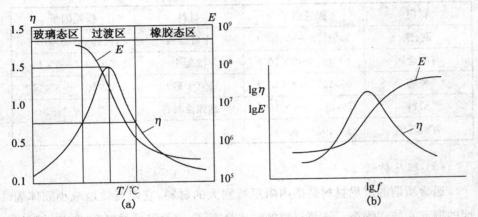

图6-21 黏弹性阻尼材料杨氏模量和损耗因子随温度变化曲线

② 阻尼涂料

阻尼涂料由高分子树脂加入适量的填料以及辅助材料配制而成,是可涂覆在各种金属板状结构表面的具有减振、绝热和一定密封性能的特种涂料,可广泛地用于飞机、船舶、车辆和各种机械的减振。由于涂料可直接喷涂在结构表面上,故施工方便,尤其对结构复杂的表面更体现出它的优越性。阻尼涂料一般直接涂敷在金属板表面上,也可与环氧类底漆配合使用。

一般情况下,阻尼涂料的损耗因子越大、杨氏模量越大、涂层越厚,抑制振动的效果越好。对于杨氏模量比较小的阻尼涂料阻尼层的厚度应达到振动金属板厚度的3倍以上才能取得较好的减振效果。

③ 复合阻尼金属板材

在钢板、铝板或其他板材之间夹有一层薄的黏弹性高分子材料,就构成复合阻尼金属板材。复合阻尼金属板材受到振动发生弯曲变形时,中间的阻尼层受到上下两个约束面的作用而难以伸缩变形,两个接触面因剪切作用而消耗能量。复合阻尼金属板材的强度由各基体金属材料保证,阻尼性能由黏弹性材料和约束层结构加以保证,所以其不仅损耗因子大,减振性能稳定,而且在常温或高温下均能保持良好机械性能。减振降噪工程中使用的复合阻尼金属板材,实际上在黏弹性高分子材料的一面是金属板,另一面是保护膜,使用时只要撕掉保护膜后将其粘贴在振动结构件表面即行,十分便利。复合阻尼金属板近几年在国内外已得到迅速发展,并且已广泛应用于汽车、飞机、舰艇、各类电机、内燃机、压缩机、风机及建筑结构上。

3. 吸振

动力吸振器的原理是在振动物体上附加一个质量弹簧共振系统,附加的共振系统的固有频率接近或等于振动源的激振频率,这种附加系统在共振时产生反作用力可使振动物体的振动减小。当激发力为单一频率,或频率很低不宜采用一般隔振器处理时,动力吸振更能显示其优势。动力吸振器可分为无阻尼动力吸振器、有阻尼动力吸振器、复合式动力吸振器、非线性动力吸振器等。无阻尼动力吸振器如果设计得好可以完全抵消振动源的振动,但若设计出现偏差也可能产生更大的振动,所以一般工程中均采用阻尼动力吸振器和复合式动力吸振器。

4. 管道振动的控制

输送流体的管道是一个特殊的机械结构件,管道的振动和结构噪声不仅仅来源于动力机械,还可能来自流体的压力脉动,所以对管道的振动控制不仅要隔绝来源于动力机械的振动,还要有效抑制流体的脉动,否则即使在管道中加设了弹性软接头,管道仍然会因流体压力脉动重新振动并向空气中辐射结构噪声。

(1) 软连接、弹性吊架隔振措施

为防止固体声波沿着管道传播,常常在管道和动力源之间加一段软接头,对固定管道的吊架采用弹性吊架或弹性支撑。例如输送液体的管道采用橡胶软管、金属波纹管等耐压、耐温、耐腐的软接头,这样就隔断了液体泵的振动沿管道传播;而输送低压气体的管道则可以用帆布、薄橡胶板、薄塑料板等自行制作软接头。

为防止管道的支架或吊架传递固体声波,可以在支架与管道之间加一个隔振器件,如弹簧、橡胶垫或纤维毡等;如果管道是吊挂在屋面上的,则可以将原来的吊架改用弹簧吊钩或采用弹性橡胶绳吊挂,如果管道是穿过墙体的,则管壁与墙体之间不能刚性接触。总而言之,输送流体的管道既不能受到动力机械传播来的振动影响,更不能将管道振动传递到支撑的地面或建筑物上。

当然除管道外,动力设备的其他连接件也会将振动传递到与其相连接的固体中,因此对这些连接件也要采取隔振减振措施,采取同样的弹性支撑和弹性吊架等方法。

(2) 消除流体的压力脉动

管道除了受到设备振动源激发产生结构噪声外,还会因流体的压力脉动而引起振动,特别是高压风机和高压输液泵的管道结构噪声主要是流体压力脉动引起的。

防止因流体脉动引起的结构噪声的根本方法是消除流体内的压力脉动,对于送排风管道而言应消除气流中因旋转和涡流引起的压力脉动,对于输送液体的管道而言应消除液体中的紊流脉动、空化和水锤现象。管道内的气流脉动可以采用消声器来控制,这与控制空气动力噪声完全相同,在本章的第二节空气动力噪声控制中已经介绍了消声器控制气流噪声的方法,这里就不再重复。

对于液体压力脉动引起的管道结构噪声,则应在管道中加设消振器,通常橡胶软接头、金属膨胀节等弹性连接管对减小管路机械振动传递的效果很好,但对消除管道内液体压力脉动的效果并不显著,需要设计专门的消振器。根据液体消振器的原理和结构可以将其分为三种:第一种是扩张室式消振器,它的结构是在管道中间加一节扩张室,当脉动的流体进入扩张室后,流速变慢,流体变得平稳,使流体压力脉动降低。扩张式消振器的扩张室体积应适当大一些,使其足以平衡流体内的压力脉动,图 6-22(a)为扩张式消振器的结构和实物图示。

　　第二种是气囊式消振器,其结构是在流体管道中间加设一段密封气囊,当液体流经空气囊段时,液体内的压力脉动转化为空气囊的收缩和膨胀,从而使液体内部的压力平衡。气囊式消振器可以将气囊放在水流中间,也可以让流体从气囊中流过,气囊式消振器要求气囊必须是柔性的,且能承受流体的冲击

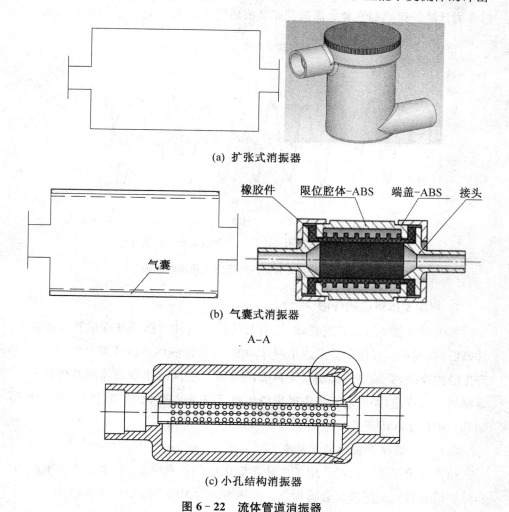

(a) 扩张式消振器

(b) 气囊式消振器

A-A

(c) 小孔结构消振器

图 6-22　流体管道消振器

以及温度、酸碱度等要求。图 6 - 22(b)是水流从气囊中间流过的消振器结构示图和实物。

　　第三种是小孔式消振器,其结构为在流体经过的通道中增加一些小孔结构,流体高速通过小孔因流体的黏滞特性消耗压力脉动能量。图 6 - 22(c)是第三种流体管道消振器的结构图示和实物图。

　　消振器安装于管道中可以有效地抑制管道内的压力脉动,图 6 - 23 是通过压力计测量得到的气囊式消振器安装前后管道内水流压力脉动的对比图。

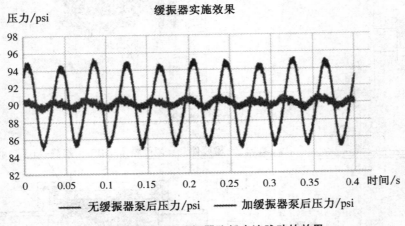

图 6 - 23　气囊式消振器降低水流脉动的效果

5. 抑制固体声波的传播

　　当机械设备的振动通过基础、管道及其他连接件传播到基础或其他连接件以后,基础和连接件中就形成了固体声波,为防治固体声波传播过程中激发产生结构噪声,必须设法抑制固体声波的传播。根据第四章固体声波传播和衰减的基本理论,要抑制固体中的声波传播可以通过声波的扩散衰减、阻尼抑制和力阻抗不匹配等方法来实现。

　　(1) 利用固体声波的扩散衰减

　　第四章第三节中已经介绍了声波在固体中的扩散衰减,其主要由声能的自然扩散衰减和阻尼吸收衰减构成。固体声波的扩散衰减受传声介质的大小和声源的特性决定,在无限大固体介质中,点声源的声强随距离呈平方规律衰减,线声源随距离呈线性规律衰减,这与空气中是相同的。但除了大地外,固体传声介质都是有限空间的,且大多数呈板状和柱状结构,例如建筑物、车辆、舰船等都是可以视为板和柱的结合体,在板状固体中点声源的声强随距离呈线性规律衰减,线声源没有衰减;而柱状固体中,即使是点声源,声强也没有衰减。所以许多情况下,固体声波都是发生在板状和柱状的传声介质中,受到有限边界的限制其自然扩散衰减很小,这不像在大气中具有无限大传声介质,声能量的扩散衰减很快。

声波在固体中的阻尼吸收衰减主要来自热流机理和阿克希瑟机理,无论何种机理,都是由介质的固有特性决定的。所以要控制固体声的传播应该选择阻尼系数大的传声介质,例如橡胶、塑料等高分子材料。

前面介绍的隔振技术实际上也是固体声传播途径中的第一道声抑制措施,其中高阻尼的橡胶隔振垫除了利用橡胶的弹性隔振外,还利用了它的高阻尼,使固体声波得到衰减。

（2）利用传声通道中的力阻抗不匹配抑制固体声能

根据声波在固体介质中的透射和反射规律,当传递固体声波的介质力阻抗发生变化时,声波就会产生反射,从而使得向前传递的声能量减小。力阻抗 $Z = S\rho C$,而声强的垂直透射系数为:

$$\tau_I = \frac{4Z_1 Z_2}{(Z_1 + Z_2)^2} = \frac{4\rho_1 c_1 S_1 \rho_2 c_2 S_2}{(\rho_1 c_1 S_1 + \rho_2 c_2 S_2)^2} \qquad (6-41)$$

显然力阻抗与传声介质的密度、声速和通道截面积相关,所以为抑制固体声波,可以人为地改变固体声波传播介质的材质和通道截面等。

① 改变固体声波传播介质的材质

在固体声波的传播通道中插入完全不同材料,只要这种材料的密度和声速的乘积 $\rho_2 c_2$ 与原有材料的 $\rho_1 c_1$ 存在较大差异,则声波在两种介质的分界面上就会产生反射,使声能量得到衰减,两者差异越大,声能量衰减也就越大。例如为防止固体声波在建筑物内传播,可以在墙体中间砌一层木砖,使固体声波在木砖的两面产生声反射。再如为防止固体声波沿土壤传播,可以在声传播通道上打一排钢桩或挖一道深沟,固体声波传播到这里会产生声反射,使向前传播的声能量大大降低。

在实际工程中,我们常常采用减振沟来防止振动的传播,在振动源与保护目标之间挖一条深沟,沟内可以是空气,也可以填一些木屑、黄沙等松软的物质。当固体声波传到深沟的边界面上时就产生反射,如果沟内为空气,理论上声强透射系数可以达到 10^{-4},可见减振沟因透射引起的衰减是很大的。但是因为减振沟的底部仍然是连接在一起的,减振沟也不可能无限长,固体声波会通过底部和两端绕射到沟的对面,这时的减振沟如同大气中的声屏障。因为固体中的声速比大气中快得多,相同频率声波的波长也长得多,固体声波的绕射更严重,所以减振沟必须要有足够的深度和长度。一般来说,减振沟越深隔振效果越好,而沟的宽度对隔振效果影响不大。减振沟中间以不填材料为佳,若为了防止其他物体落入沟内,可适当填些松散的锯末、膨胀珍珠岩等材料。图 6 - 24 为试验得出的减振沟的实际隔振效果图,图中沟的宽度为地表振动波波长的 1/20,纵轴以沟前振幅 X_1 与沟后振幅 X_2 之比为刻度;横轴是以沟的深度 h 与波长 λ 之比为刻度。由图可以看出,当沟的深度为波长的 1/4 时,振幅减少至 1/2;

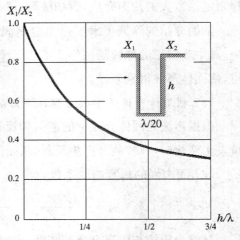

图 6 - 24　减振沟隔离固体声波的效果

当沟深为波长的 3/4 时,振幅减少至 1/3。

② 改变固体传声通道的截面积

根据式(6 - 30),固体声波的力阻抗不仅与材料的声速和密度相关,还与传声通道的截面积相关,因此通过改变固体传声通道的截面,同样可以有效抑制固体声的传播。大多数情况下,在传声通道中插入不同的材料是难以实现的,而改变固体传声通道的截面积却很容易,例如在建筑物的立柱中间插入另一种材料可能会影响到建筑物的安全,而改变立柱的截面积是十分容易的。

工人常常在金属板上焊接几道加强筋,这样既可以增加板的强度,改善板的共振特性,还起到抑制板中固体声波传播的作用。城市地铁的运行常常引起临近轨道线路建筑物内的结构噪声,为防止列车经过时将振动传播到建筑物上,房屋开发商可以将建筑物的基础做大一些,到地面上以后突然收缩成墙体和立柱的截面积以抑制固体声波向建筑物上层传播,降低建筑结构噪声对室内人员的影响。

第四章第三节已经详细介绍过固体声波的传播衰减,其中图 4-4 给出了传声通道截面突变的声反射原理,图 4-5 给出了纵波和弯曲波的声透射损失,显然传声通道的截面积比 m 越大,透射损失越大,截面比大于 8 时透射损失可达到 5 dB。

③ 固体声波传播通道数量和方向变化产生反射

与气流噪声在管道中的传播相似,固体声波在结构件中传播时如果传声通道发生弯曲、分叉等情况,固体声波也会因力阻抗发生变化产生反射和透射,第四章中的图 4-6 至图 4-8 已经给出了弯曲波在不同结构分叉方式下的传声损失。在金属板加工中人们常常将板件冲压成各种凹凸状花纹,这不仅可以增加金属板的强度,也能起到抑制固体声波传播的作用。

另外,如果传声结构件突然有一个 90° 的角度,固体声波还会发生波形变化,原来的弯曲波变成纵波,而纵波变成了弯曲波。声波在薄板、细棒中传播时总是弯曲波占主导地位,而传播弯曲波的固体表面振动很容易向空气中辐射结构噪声,使得噪声辐射效率增大。

在噪声治理工程中抑制固体声波的传播具有重要意义,例如对一台机械设备加设隔声罩,因设备振动会通过基础传播到地面,如果设备没有采取有效的隔振措施,而隔声罩又刚性地安装在地面上,基础的振动必然会传播到隔声罩上,使隔声罩产生结构噪声,这样隔声罩的隔声效果就大大降低了。再如高铁护栏上的声屏障,其屏蔽轨道交通噪声的效果总是低于理论计算值,其中很重要的一个原因是道床的振动传播到声屏障上,使声屏障向空气中辐射结构噪声。

在对机电设备的噪声控制中,抑制固体声波的传播同样重要,我们有时发现有些机电设备配套的动力机械运行噪声并不高,但是当将其组装好以后,整个设备的运行噪声大大增加了,这是因为动力机械的振动传播到了机座、管道、外壳等结构件上,使这些结构件成了次生噪声源。特别是许多家用电器都有一个薄板外壳,只要固体声波传播到该外壳上就极容易向空气中辐射结构噪声。例如某家电企业生产了一种净水器,其唯一的振动源是水泵,将水泵放到机箱外,单独测量水泵的运行噪声级为 42.3 dB(A),但将水泵放到机箱内测量整机运行噪声级达到了 51.4 dB(A),两种情况相差 9.1 dB,详见表6 - 12。

表 6 - 12　某净水器水泵和整机噪声测量数据

单泵测试		整机初始状态	
前	44.9	前	49.8
后	38.4	后	56.5
左	42.9	左	49.3
右	46.2	右	50
上	39.1	上	50.1
平均	42.3	平均	51.4
水泵的噪声较小		整机噪声很大,外壳振动明显	

分析净水器整机噪声增加大的原因,主要是水泵放入机箱后没有很好地进行隔振处理,当水泵的振动传到了水管和机箱上后又没有采取有效的抑制固体声波和结构噪声的措施,这样水管和机箱也成了噪声辐射源,而且水管和机箱辐射噪声的效率远比水泵本身大。后来通过改变水泵的安装方式,采取了一系列控制固体声波的措施,使净水器整机噪声降到 40 dB(A)。

6. 减小固体声波向空气中的声辐射

固体中的声波对人几乎是没有影响的,但是当其向空气中辐射结构噪声后就会对人产生影响,而且其对封闭空间内部的影响远远大于外部。为消除这些影响,除在振动源和固体声波的传播途径上采取控制措施外,还可以采取多种措施减小固体声波向空气中的声辐射。其中固体声波中的弯曲波是向空气中辐射噪声的主要波型,其激发产生空气噪声的原理与机械振动向空气中辐射噪声基本相同,因此一些防止机械振动向空气中辐射噪声的方法在这里也是适用的。

根据第四章中弯曲波激发空气噪声的内容,固体声中的弯曲波向空气中辐射再生噪声分为面辐射和线辐射,显然面辐射是主要矛盾。为抑制面板向空气中的声辐射,应从降低固体的声辐射效率和辐射面积两方面入手。根据第四章第四节板中弯曲波的声辐射效率公式(4-59)、(4-60)和第五节中楼板受撞击后向空气中辐射的倍频带声功率级公式(4-80),可以采取以下抑制固体结构噪声的措施:

(1)降低固体声波的辐射效率

降低固体声波的辐射效率可以从以下几个方面考虑:

① 改变固体介质的材质

固体传声介质的材质不同,其辐射噪声的效率不一样,为降低固体中的弯曲波向空气中辐射噪声,可以选择阻尼系数大的材料制作设备结构件,如橡胶、塑料、沥青等。但是这些材料大都是强度较小,环境适应性较差,为满足机械设备的工艺要求也可以采用复合阻尼金属板和哑金属材料。复合阻尼金属板的强度有两面金属板保证,阻尼性能有中间黏弹性材料和约束层结构加以保证。

哑金属是指阻尼系数大、受激振动时辐射噪声小的含有锰、铅、锡、镁、铜等的合金材料。Mn-Cu 系合金内阻尼系数较一般金属大一个数量级以上,其声辐射效率低,机械强度好,耐腐蚀,常用来制造机器的撞击部件。例如用锰铜合金代替铸铁制造的泵体其噪声级可降低 10~15 dB,织布机梭子的梭头和挡板等用阻尼系数大的高分子材料也能使撞击噪声降低 15 dB 左右。

② 对薄板加设阻尼层

薄板中的弯曲波最容易向空气中辐射噪声,为抑制其声辐射,可以在薄板上加一层高阻尼的黏弹性材料,通过外加的黏弹性材料抑制薄板向空气中辐射噪声。例如大的机械设备有飞机座舱、高铁车厢、汽车外壳等都可以用粘弹阻尼材料来抑制它们的固体声辐射,小的零器件如电子元件、动力设备的底盘和构件也都可采用高阻尼的黏弹性板材制作。现在许多机械设备上的薄板、骨架采用阻尼材料,均有效地降低了结构噪声,并防止了设备和零部件产生共振。

③ 改变固体结构件的厚度和密度

根据楼板冲击噪声辐射公式: $L_w = 10\lg\left(\dfrac{\rho_0 C_0 \sigma_r}{10.3}\dfrac{(mv_i)^2 N}{\rho^2 H^3 C_L \eta}\right) + 120$,被撞击后楼板产生的再生噪声除与楼板的声辐射效率 σ_r 相关外,还与楼板的密度平方和厚度的三次方成反比,该式虽然通过对冲击过程的分析得到的,但对抑制固体声波向空气中辐射声波具有同样的指导意义。因此为防止固体声波的辐射,可以采用密度大的材料和厚一些的板材,理论上板厚增加一倍向空气中辐射的噪声级可降低 9 dB,密度增加一倍辐射噪声级可降低 6 dB。

④ 控制结构件的固有频率

根据振动源的频率特性,选择适当的构件尺寸,控制结构件的固有频率,避免源频率与结构件固有频率共振引起强烈的声辐射。例如四周紧固的圆板或方板的简正频率为:

$$f_n = \frac{B}{2\pi}\sqrt{\frac{Eh^2}{\rho d^4(1-\sigma^2)}} \tag{6-42}$$

式中,B 为 n 的函数,E 为杨氏模量,σ 为泊松比,h、ρ、d 分别为板的厚度、密度和线度(半径或边长)。我们可以控制板的厚度和半径,使其固有频率与固体声波的频率错开;在大板上做加强筋或将薄板冲压成条状突起,以改变板的固有频率,防止结构共振引起强烈的噪声辐射。

(2) 减小固体声波辐射面积

固体声波向空气中辐射的声能量与其辐射面积是密切相关的,面积越大,辐射声能量越多,结构噪声的声功率级也就越大,因此设法减小固体声波的辐射面积是减小再生噪声的有效途径。在机械设备的设计中应尽可能减少刚性连接的零部件数量和面积,不用或少用阻尼小的薄钢板作为箱式或柜式设备外壳。对于那些必须用薄板进行安全围护或装饰的设备,则必须做好隔振减振处理。还可用网板代替薄板以减小结构噪声辐射面积降低结构噪声。

第七章　风机和水泵噪声防治及案例

　　风机和水泵是最常见的机械设备,它们都是输送流体介质的动力源,所不同的只是风机输送的是气体,水泵输送的是液体。从两者的工作原理分析,它们都是将机械能转变为流体的动能和势能,这就导致了两者的结构相似,产生和传播噪声的机理相近,所以本章将它们放在一起进行分析和介绍。

第一节　风机噪声的防治

1. 风机种类、结构和工作原理

（1）风机的分类

　　风机是将机械能转变为气体的动能和内能的装置,从而使气体产生速度和压力,实现输送或压缩气体的目的。风机的种类繁多,根据气体产生能量的原理不同可以将风机分为叶片式风机和容积式风机两大类。叶片式风机又可分为离心风机和轴流风机,容积式风机又可分为往复式风机和回转式风机。

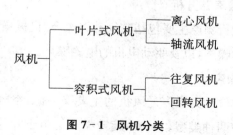

图 7-1　风机分类

因为日常生活和生产中使用较多的是叶片式风机,所以这里仅介绍叶片式风机中的离心风机的结构、工作原理和噪声形成机理。

(2) 离心风机的结构和工作原理

离心式风机的结构主要是由工作叶轮和螺旋形机壳组成,如图7-2所示是离心风机的结构及工作原理,它的主要部件有机壳 1、叶轮 2、轮毂 3、机轴 4、吸气口 5 和排气口 6,此外还有轴承座 7、机座 8、皮带轮和联轴器 9 等部件。

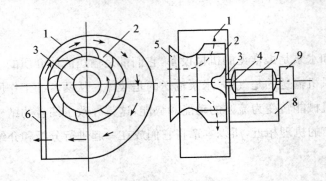

图 7-2 离心式风机结构和工作原理

离心风机的轴通过联轴器或皮带轮、皮带与电动机的轴相连,当电动机转动时就带动风机的叶轮转动,叶轮中的空气也随叶轮旋转,空气在惯性力的作用下,被甩向螺旋形机壳中。空气在螺旋形机壳内流向排气口的过程中,由于截面不断扩大,速度逐渐变慢,空气的大部分动压转化为静压,最后以一定的压力从排气口排出。当叶轮中的空气被排出后,叶轮中心形成一定的真空度,吸气口外面的空气在大气压力的作用下被吸入叶轮。叶轮不断旋转,空气就被不断地从进气口吸入并从排气口排出,从而达到输送空气的目的。

2. 离心风机噪声源分析

离心风机的运行噪声主要包括空气动力噪声、机械噪声、气体和固体结构件相互作用产生的噪声,以及驱动电机的电磁噪声。

① 空气动力噪声

一般情况下空气动力噪声是风机的主要噪声源,空气动力噪声又包括旋转噪声和涡流噪声两种类型。其中,旋转噪声是由于叶片周期性打击气体介

质引起的,旋转噪声的基本频率可以表示为:

$$f_i = Zn/60 \text{ Hz} \qquad (7-1)$$

式中 Z 为叶片数,n 为叶轮的转速(转数/分)。旋转噪声由基频声波及其谐波组成,噪声呈离散频率特性。

涡流噪声又称为紊流噪声,是风机叶片推动气体运动时气体因黏滞性附着在叶片表面形成紊流附面层,并辐射出噪声,紊流附面层发展到一定程度会脱离叶片,形成更大的涡流脱落噪声。涡流噪声的强度与气流速度的 8 次方成正比,发生在叶片全长上的旋涡噪声频率可用下式表示:

$$f = (0.18 \sim 0.22)v/D \qquad (7-2)$$

式中,v 为气流与叶片的相对速度,D 为叶片宽度在垂直于速度方向上的投影,由于叶片各截面上的圆周速度随半径而变化,因此气流绕过叶片各点的相对速度是连续变化的,涡流噪声也就表现为连续宽频带特性。

② 机械噪声

机械噪声是风机的固体结构件振动向空气中辐射噪声,它包括两个方面,第一是动力设备源自身运行不平稳引起振动辐射的噪声,例如风压引起的叶片变形、叶轮转子的不平衡、轴承不均匀磨损等振动产生的声辐射。第二动力设备源的振动传递到与其相连接的结构件上,并引起连接件辐射结构噪声,如风机的机座、支架、机壳、管道等。风机连接件本身并不振动,但因受到风机运动结构件的机械力作用产生振动并向空气中辐射噪声,该噪声称为结构噪声,结构噪声也属于风机机械噪声。

③ 气固耦合噪声

气固耦合作用也会使风机涡壳、管道等结构件产生结构噪声。风机叶轮旋转时叶片推动气流的速度和压力是分布不均的,这就会使气流产生压力脉动,气流的绕流、脱落和涡流也使气流压力脉动,正是这种压力脉动产生了风机的空气动力噪声。根据作用力和反作用力的道理,气流的压力脉动又反作用在风机涡壳和管道壁上,使风机涡壳和管道壁随时间的脉动而产生机械振动并辐射结构噪声;同时风机涡壳和管道又受到轴承、叶片等传播来的振动影响向空气中辐射结构噪声。当管道等结构件的振动频率与其固有频率一致时将发生强烈共振,使管道等结构噪声大大增强,严重时甚至导致结构件损坏。

④ 电机的电磁噪声

电机是风机的动力源,电机噪声中又包含电磁噪声、机械噪声和空气动力噪声,其中电磁噪声是主要噪声源,它是由定子与转子之间交变电磁力和励磁体磁滞伸缩引起的噪声;机械噪声是因转子受力不平衡和电机轴承摩擦等引起的结构件振动向空气中辐射的噪声;空气动力噪声则是电机冷却风扇冷却电机时产生的气流噪声。图7-3为离心风机噪声源分析。

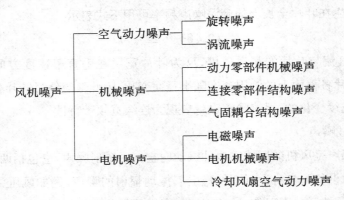

图 7-3　离心式风机噪声源

风机噪声的大小和特点因风机的类型、规格、型号而不同,同为叶片式风机,离心风机噪声以低频成分为主,频率越高声级越低,而轴流式风机噪声则以中频为主,如图7-4所示为两种叶片式风机的典型噪声频谱。

离心风机噪声的大小是与风机的风量和风压密切相关的,一般而言,同一种型号

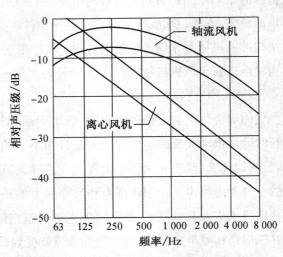

图 7-4　离心风机和轴流风机的典型噪声频谱

的离心风机的比声功率级 L_{WC}（单位风量单位风压下的声功率级）是固定的（例如中低压离心风机，L_{WC} 可近似取 24 dB）。当知道该型号风机的风量 $Q(\mathrm{m^3/h})$ 和风压 $H(\mathrm{Pa})$ 后，就可以用公式估算出风机的总声功率级：

$$L_W = L_{WC} + 10\lg(QH^2) - 20$$

还有一种更简单的估算离心风机声功率级的方法：

对于低压风机：$L_W = 91 + 10\lg P$

对于中高压风机：$L_W = 87 + 10\lg(PH) - 10$

两式中，P 为风机的功率(kW)，H 为风机的风压(Pa)。

3. 风机噪声的传播途径分析

（1）空气传声

风机运行时其进、排风口的空气动力噪声会直接在空气中传播，风机的机械噪声、电机的电磁噪声等也会向空气中辐射噪声并在空气中传播。噪声在空气中传播时存在自然扩散衰减，还受到植被、地表面、空气等的吸收以及各种固体障碍物的干扰和屏蔽影响，使其声场和声能密度发生变化，声级总体表现为不断降低。在噪声控制工程中常常利用声波的自然扩散衰减来降低噪声，如果自然扩散衰减和其他衰减不能使声环境质量达到人们的要求，就可以采用人为的方法增加声波在空气中的衰减，例如在风机进、排风口上加设消声器、对风机进行隔声、吸声、阻尼等处理，将风机运行噪声控制在环境许可的声级范围内。

（2）固体结构件传声

风机的运行噪声除了在空气中传播外，其振动还会传递到基础和送风管道上，基础和管道进一步将振动传递给地面、建筑物以及其他相连接的固体上，并在固体中形成声波。此外气流脉动也会激发风机涡壳和管道振动，该振动以固体声波的形式沿管道传播并进一步通过支撑架或吊钩传播到地面或建筑物上。沿风机壁、管道、地面和建筑物等传播的固体声波在传播过程中又不断地向大气中辐射噪声，由于固体声波在传播途径中经各种结构件的调制，辐射出来的噪声已经或多或少地带上的结构件的频率特性，所以一般称这种噪声为风机结构噪声，有时为了与声源直接向空气中辐射的噪声相区别也称该噪声为再生噪声。

4. 风机噪声防治措施

(1) 降低风机的噪声源强

任何噪声治理工程都应该首先从降低设备噪声源入手,降低风机噪声源强应该做好以下几点:

① 选择合适的低噪声风机。设计过程中应根据实际工程的客观需要选择振动小噪声低的风机,风机的风量和风压满足工艺需要即可,既不要小也不必过大,因为风量和风压小了不能达到工艺通风的要求;反之过大,不仅造成浪费,也会使风机的运行噪声增大,影响周围的声环境质量。

② 合理布局。在初期规划时应尽可能将风机布置在远离敏感保护目标的位置,或利用障碍物或距离衰减来降低噪声的不利影响。例如某学校食堂只有一个灶头,但其吸气罩排风管上加装了一只 5.6# 轴流风机,风机运行噪声对相邻居民干扰较大,后来改用了一只 2.5 D 的轴流风机,风量从 12 000 m³/h 降至 3 000 m³/h,同时将油烟排口避开居民楼。改造后居民楼处的环境噪声达标了,食堂吸气罩的除油烟功能也未受到任何影响。

③ 正确的安装。风机运行噪声的大小不仅与风机本身机械性能的好坏相关,还与其安装正确与否密切相关。如果安装后风机各个支撑点受力不均衡,其机身必然会产生振动并使得运行噪声增大。另外,风机基础、管道等如果没有做好隔振减振处理,风机运行时必然会激发基础和管道振动并产生结构噪声。因此风机安装时一定要做好隔振减振处理,并使各个受力点平衡,必要时可以通过增加基础块来调节各个支撑点的受力平衡。

④ 保持风机良好的运行状态,防止因机械磨损、零件松动、叶轮的动力不平衡等使风机运行噪声增大。

(2) 空气中的噪声控制

风机运行噪声在空气中传播会直接对周围环境产生不利影响,要消除风机噪声的负面影响,可以采取隔声、吸声、消声、减振等控制措施。

① 风机的空气动力噪声控制

控制风机的空气动力噪声一般都是在风机的进、排风口加设消声器,消声器的结构形式应根据需要的降噪量和风机的风量、风压、频率特性等综合考虑,具体设计可参照第六章消声器内容。

一般而言,轴流风机的压头较低,宜采用阻性片式消声器;容积式风机的压头较高,可采用抗性或阻抗复合式消声器;而离心式风机的压头介于前两者之间,应依据风机的风量、风压及要求的降噪量决定消声器的形式和规格大小。好的消声器应当能有效降低风机的空气动力噪声,并能确保风机输送气体的能力不降低,或影响极小。

② 风机的机械噪声和电磁噪声控制

风机的机械噪声和电磁噪声可以采取隔声和阻尼减振等控制措施。对于机械噪声严重、要求降噪量大的风机,隔声罩往往是首先考虑的措施,风机置于隔声罩内,隔声罩内壁面进行吸声处理。如电机也放置在隔声罩内,则应考虑电机的通风散热,隔声罩上要有进排风消声器。为防止风机的振动传递到隔声罩上,应对隔声罩进行消积隔振处理,隔声罩与地面之间加设减振垫,进出风管应与隔声罩软接触。考虑到对风机检查维护的方便,大型隔声罩上还需要设计隔声门、隔声窗。隔声罩的降噪效果主要由隔声板的质量、罩内的吸声系数和密封程度决定,所以要选择合适的隔声板材,罩内一定要作吸声处理,还要防止各种缝隙漏声。一般轻质隔声罩的隔声量可以达到 20 dB 左右,重质混凝土结构的隔声房隔声量可以达到 50 dB,特殊设计的隔声房可以达到 80 dB 以上的隔声量。

对于降噪量要求在 10 dB 左右而且只需要保护某个方位上的敏感目标时,可以采用声屏障屏蔽风机噪声。相对于隔声罩而言,声屏障措施虽然降噪效果差一些,但其对风机的正常运行影响较小。

风机的机械噪声是因为风机的结构件向空气中辐射声波产生的,所以设法抑制风机表面的振动就能有效地减小其机械噪声。如对风机涡壳进行阻尼处理,对送风管道进行阻尼减振或隔声包扎处理,也能取得很好地降低机械噪声效果。

(3) 固体噪声控制

① 风机基础隔振处理

为防止风机振动通过机座传播到基础上,应对风机进行隔振处理。隔振设计时首先要知道风机的重量、振动频率等基本情况,确定合理的力传递系数,然后再选择合适的隔振器安装好。为防止系统共振以及高频固体声波的穿流现象,隔振器应该具有一定的阻尼系数。基础隔振是为了隔绝固体声波的传递,不允许出现机座与基础之间的刚性接触,致使隔振器短路失效。作者曾多次见到隔振处理后的风机型钢支架被砌入混凝土墙体中,导致风机振动沿型钢支架和墙体传播,形成大范围内的建筑结构噪声污染。例如扬州市某饭店的一台风机安装在两根工字钢上,工字钢两端都固定在墙体内,结果该饭店 12 层以上的房间内都能听到风机的运行噪声。

② 管道的隔振处理

风机振动引起的固体声波除通过基础传播外,还会沿风机的管道传播,为防止风管的固体传声,可以在风机出风口与管道之间加一段柔性软管。一般低压风机可以采用帆布、皮革等柔性材料做成管道状将风机口与管道连接在一起;对于压力高的风机可以采用夹布胶管或夹钢丝胶管等软接头;对于输送高温、腐蚀性气体的风管可以选择耐高温和耐酸碱的胶管软接头、金属波纹管等。

如果风机的管道需要穿越墙体或机箱壁面,为防止管道振动传递到墙壁上,应在管道与墙壁之间作减振处理,确保管道与墙壁既很好密封,又保持柔性接触。

固定风机和管道的支架也要进行减振处理,否则振动会通过支架传递到其他固体结构件上,形成固体声波并辐射结构噪声。

5. 风机噪声治理案例

(1) 某热电厂风机噪声治理

① 概况

某热电厂新建 2 台 60 万 MW 超零界燃煤发电机组,电厂锅炉房南面 40 m 外为办公楼,锅炉房地面层并列安装了 2 台一次风机和 2 台送风机。因锅炉房面向办公楼一侧为敞开的钢架结构,风机噪声对南侧办公区的影响严重。电厂希望风机运行噪声对办公区的影响声级小于 70 dB(A),对办公室内的影响声级小于 60 dB(A)。

已知一次风机和送风机的单台风量分别为 30 万 m³/h 和 25 万 m³/h。

风机进风口距离地面12.5 m,均已经安装阻性片式消声器;送风管道与上层锅炉相接,送风管长约30 m,截面为4.0 m×4.5 m。图7-5为风机房平面布局图,图7-6是一次风机的立面图。

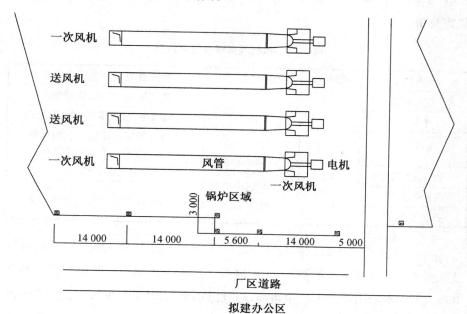

图7-5 锅炉风机房平面布局图

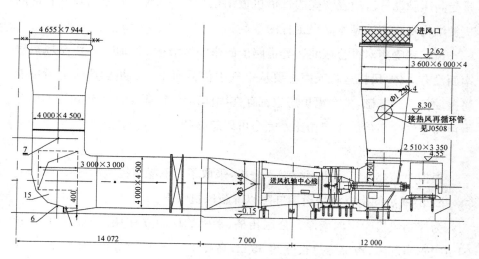

图7-6 一次风机的立面图

② 风机噪声污染分析

电厂正常生产时对一次风机及厂房不同位置的噪声进行了实地测量,表7-1为不同测点的噪声实测结果,表中最后一列是各测点的噪声性质和产生机理分析。

表 7-1　风机噪声现状监测结果

测点位置	测距(m)	噪声级 dB(A)	噪声性质及产生原因分析
一次风机	1.0	102	机壳振动产生的机械噪声
电机旁	1.0	98	电磁噪声、机械噪声和气流噪声
送风管旁	1.0	97～102	气流激发管道振动产生的机械结构噪声、空气动力噪声
一次风机进风口	4.0	93	空气动力噪声
南侧道路	25.0	82	机房内噪声通过空气传播而来
办公楼地面	—	75.0	

表 7-1 中前 4 个测点都是监测的声源噪声级,可以看出风机、电机、管道及风机进风口等噪声级都很高,一台风机就是一个体积庞大的噪声源。特别需要说明的是管道噪声不仅声级高,而且体积庞大,其声功率级应远远大于风机、电机、进风口等噪声。风管与风机之间已经设置了软接头,风管噪声应该是受高压脉动气流激发产生的管道机械结构噪声,抑制管道振动降低管道的机械结构噪声应该是本降噪工程的重点。

风机房噪声对办公区北边界道路上的影响声级达 82 dB(A),由于风机房南面没有墙体,风机运行噪声主要从空气中传播而来的。虽然风机运行可能将振动传递到基础,整个锅炉房也都存在固体声传播,但地面和建筑物的结构噪声与空气中传播的噪声相比是完全可以忽略的。

③ 噪声控制措施

根据对该热电厂风机运行噪声分析,采取了以下噪声控制措施:

a. 沿锅炉间南立柱加设声屏障以屏蔽风机噪声。

为控制风机噪声向南面办公区传播,沿锅炉房南立柱从西向东加设一道轻质吸隔声屏障,声屏障总长度约 66 m,高度 13.7～16.7 m(东高西低)。声屏障沿锅炉间南面的混凝土立柱布设,在混凝土立柱之间再加插 250H 型钢,保证立柱间距不大于 4 m。立柱之间用 150 槽钢横向连接,每隔 1.5 m 加一道横向槽钢。

声屏障采用复合彩钢板(0.5 钢板＋50 岩棉＋0.5 钢板)作隔声板材,隔声板内侧为 50 mm 吸声层,吸声材料为 30 kg/m³ 超细玻璃棉,外包玻璃纤维布,护面板为 1.0 mm 铝合金穿孔板。考虑到锅炉间内的光照,在声屏障上加设了 13 扇固定隔声窗,每扇隔声窗的面积为 3 m×1.5 m,隔声窗采用 5＋0.5＋5 mm 的夹胶玻璃,钢框架,四周作密封处理。

b. 采取阻尼隔声降低风机和管道噪声。

降低风机和管道壁面振动一般采取阻尼包扎,但是本项目中的风机和管道的壁均较厚,用阻尼材料较难抑制管壁振动,所以工程治理中采取了阻尼隔声板隔声方法降低风机机身和管道的结构噪声。具体做法是首先用 50 mm 厚度的岩棉包裹风机和管道四周,然后再用阻尼隔声板包裹在岩棉外。岩棉为低密度柔性材料,可以将管道与阻尼隔声板分隔开来,防止管道振动传播到外层的阻尼隔声板上,同时起到吸收声能的作用;阻尼隔声板是粘贴阻尼材料的薄钢板,其具有隔绝空气声波且能抑制自身结构噪声的作用。4 台风机和管道的阻尼隔声总面积约 2 400 m²。

c. 风机进风口增加吸声锥体。

风机的进气口已经安装有消声器,消声器上方 1.5 m 高处有一块 4.0 m×4.5 m 钢质挡板,工程中将挡板提高 0.5 m,并将钢板下面的刚性平面改为吸声锥体,以降低进风口的空气动力噪声。

整个锅炉房风机噪声治理措施如图 7-7 所示。

④ 降噪效果

实际噪声治理工程中,业主怕风机进风口加设吸声锥体会影响生产,所以先实施了声屏障和管道阻尼隔声措施。两项措施完成后对设备旁和厂区不同地点的环境噪声进行了监测,各测点处的噪声水平及降噪效果见表 7-2。南边办公楼处距地面 1.5 m 高度的环境噪声已经降到了 67.0 dB(A),达到了噪声治理方案的预定目标。

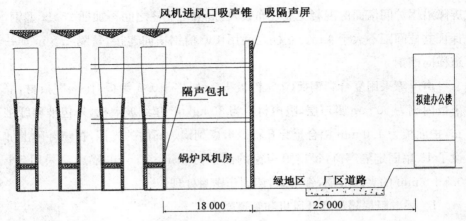

图 7-7 噪声控制措施示意图

表 7-2 不同点位噪声验收监测结果

测点位置	治理前	治理后	降噪量
一次风机	102	92.0	10.0
电机旁	98	95.5	2.5
送风管旁	97~102	88~93	9.0
一次风机进风口	93	91.0	2.0
南侧道路	82	73.8	8.2
办公楼地面	75.0	67.0	8.0
电厂南围墙外	—	58.0	—

（2）某三甲医院地下室风机噪声及管道结构噪声

① 概况

某三甲医院负二楼有数十台送风机和排风机,当风机运行时地下室内是一片噪声,医院拟对风机运行噪声进行治理,并选择了一台轴流排风机进行试验。该轴流排风机功率为 15 kW,风量为 45 679 m³/h,全压为 630 Pa,转速为 960 rpm,风机直径为 1 000 mm。风机安装在专用机房内,倒挂于机房楼板的下方,风机排风口接入预留的混凝土风道,废气送至楼顶排放,进风管沿风机房上面楼板伸出墙外后分为左右两根管道,两根管道长分别约 15 m 和 35 m,均吊挂于楼板下方。轴流风机的进风口安装有消声静压箱和风量调节阀,机房有一道进出门,隔声性能一般。风机运行时机房内的噪声级达 95.7 dB(A),机房

— 206 —

门关闭门外管道下方的噪声级达到 80.8 dB(A)。业主要求对风机噪声进行治理,使机房外地室内的噪声级达到 65 dB(A)以下。机房的平立面图如图 7-8 所示。

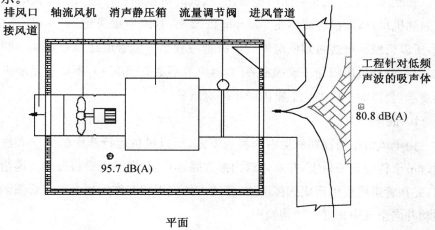

平面

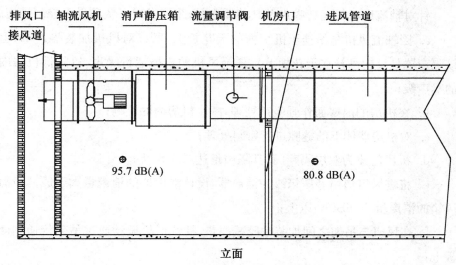

立面

图 7-8　机房的平立面图

② 噪声传播途径分析

a. 空气传声。

风机的运行噪声主要是空气动力噪声和机械噪声,本项目中的轴流风机进风口均位于机房外的地下室内,其空气动力噪声可通过空气传播影响地下室内的声环境质量。

轴流风机是安装在封闭的机房内,风机的机械噪声在空气中传播时只能透射到机房外,而机房墙体是 240 mm 混凝土,其隔声量应达到 50 dB(A)以上,所以机械噪声透射到机房外的声级理应较小。但管道穿墙处存在一些缝隙漏声,此外机房门是一般的木质门,隔声量不足 20 dB(A),不能满足隔声降噪要求,会影响机房外地下室内的声环境质量。

b. 固体传声。

由于风机是吊挂在机房内的楼板下方,所以风机运行产生的振动必然会通过吊架传递到楼板上,并在建筑内形成固体声波;风机也会将振动传递给管道,并在管道壁板中形成固体声波;管道内的气固相互作用也会引起管壁耦合振动并向空气中辐射出结构噪声。

③ 噪声控制方案

针对轴流风机的运行噪声及其传播途径,采取了以下 7 项噪声控制措施。

a. 因轴流风机是吊挂于机房内的天花板上,所以对风机加装隔声罩(但该隔声罩是反向吊挂在天花板上),隔绝风机的机械运行噪声,以降低机房内的噪声级;

b. 在机房的内壁面作强吸声处理,减小机房内的混响;

c. 对机房墙体上的缝隙进行密封处理;

d. 机房门改为双层隔声门,其隔声量达 35 dB 以上;

e. 将进风口消声静压箱改为消声器,设计消声器的消声量大于原消声静压箱的消声量 20 dB(A)以上;

f. 在风机与吊架之间加装橡胶减振垫,杜绝风机振动通过吊架传递到楼板上;

g. 在风机进风口与管道之间加装橡胶板软接头。

以上噪声治理方案既考虑了对设备噪声源的控制,也对空气传声和结构传声进行了抑制,理应可以达到预期的降噪效果。但是采取上述降噪措施后,机房内风机下方的噪声级降低到 86 dB(A),机房外管道下方的噪声级为

69 dB(A)，未能达到预期目标。

④ 管道耦合振动及抑制措施

再次对现场进行测量分析，在 35 m 长管道下方设几个噪声测点，得到的噪声级为 66～71 dB(A)，而在 15 m 短管道下方的噪声级为 62～70 dB(A)（该声级实际上是受到长管道噪声的影响），而且距离总风管 5 m 外短管道噪声就已经小于 65 dB(A)，说明长管道下方的噪声明显大于短管道。

进一步对机房内外长管道下方的噪声进行 1/3 倍频程的频谱分析，风机房内噪声的峰值频率出现在 125 Hz 的 1/3 倍频带内，而机房外噪声的峰值频率出现在 63 Hz 的 1/3 倍频带内，而轴流风机 4 叶片，转速为 960 rpm，基频为 64 Hz，二次谐波频率是 128 Hz，所以风机房内外的峰值噪声是缘于轴流风机的旋转噪声。另一方面，对长管道进行勘察分析，管道的宽度为 1.3 m，与气流中 64 Hz 噪声的四分之一波长和 128 Hz 噪声的半波长十分接近。气流中基频声波的四分之一波长正是声压峰值，声压峰值不停地击打管道内壁面使得管道产生振动，二分之一波长谐波声压也会在管道内产生颤振。通过气流噪声峰值频率分析和管道结构分析可以看出，因为气流中的峰值声压的脉动使得管道振动加剧，导致管道外壁面向地下室空气中辐射强烈的结构噪声，造成地下室内的声环境质量不能达到预期的降噪指标。

为抑制长管道的结构噪声，在两条进风管道的分叉点加装了一块针对 64 Hz 噪声的吸声锥体。吸声锥外壳为铝合金穿孔板，用角钢做骨架，锥体内填充较大容重的超细玻璃棉吸声材料。锥底面积为 3 500 mm×475 mm，锥高 1 200 mm，详见图 7-9。吸声锥安装后再次对机房外的噪声进行测量，通风管道下方的噪声又降低了 6 dB(A)，达到了合同约定的降噪指标。

⑤ 最终的治理效果

最后对机房内外的噪声进行测量，机房内的噪声级为 86 dB(A)，机房外地下室内的最大噪声级为 64.0 dB(A)，降噪工程得到了建设单位的认可。

(3) 某钢铁公司煤气加压站噪声治理

① 概况

某钢铁公司三号煤气加压站主厂房为二层建筑，二楼厂房内布设了 6 台

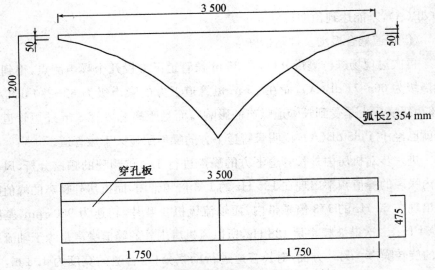

图 7－9　管道分叉口吸声锥(单位:mm)

转炉煤气加压风机,高压煤气管道均布设于主厂房南面的露天环境中。三号加压站建成投运后,发现厂房内外的噪声均很大,不仅对巡视值班的工人产生影响,500 m 外的职工宿舍区环境噪声也超出 2 类区夜间标准 50 dB(A)。公司决定对加压站噪声进行治理,使加压机房内的噪声级达到《工业企业噪声卫生标准》,居民区的环境噪声达到《声环境质量标准》中的 2 类区夜间标准。

煤气加压站的二楼平面布局如图 7－10 所示,加压机及煤气进出管道的立面布局如图 7－11 所示。

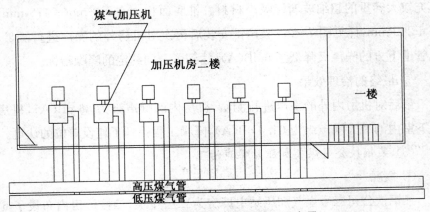

图 7－10　煤气加压站的二楼平面布局

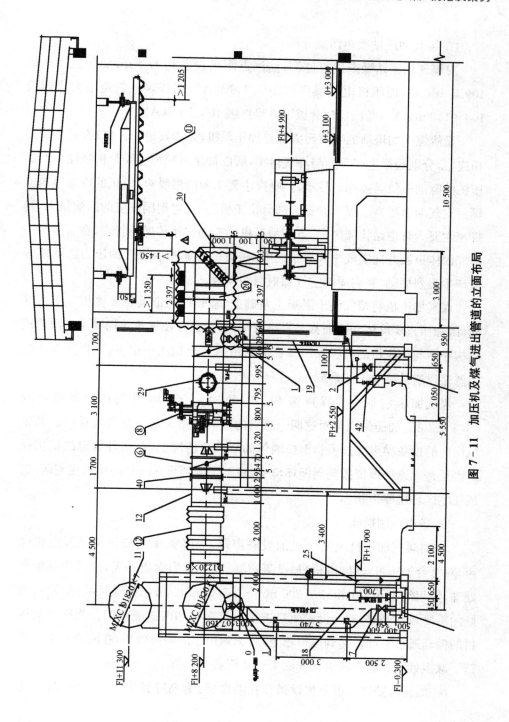

图 7 - 11　加压机及煤气进出管道的立面布局

② 煤气加压站噪声污染分析

对煤气加压站噪声进行监测,监测点距离设备均为 1 m,加压机噪声级 109.5 dB(A),加压机电机噪声级 105.4 dB(A),高压煤气管道下方噪声级 109～112 dB(A),低压煤气管道下方噪声级 103.5 dB(A)。

显然煤气加压站的噪声污染源是加压风机,因为其进、排气口都是与管道相连接,分别通往生产车间与煤气储柜,所以加压机噪声主要是机械噪声。加压机的驱动电机噪声相对较小,其噪声主要来源电磁噪声,电机的冷却风扇也辐射空气动力噪声。煤气管道大部分位于机房外,对周围环境的影响很大,其噪声主要为管道结构噪声,一方面加压机的振动直接传递给管道,在管道壁中形成固体声波并向空气中辐射结构噪声,另一方面高压煤气的压力脉动使管壁产生强烈振动,并向周围空气辐射结构噪声。

煤气加压机直接安装于混凝土基础上,基础振动带动整个楼板和机房振动,因加压机房墙体和屋面都是彩钢板结构,所以存在建筑结构噪声。但建筑结构噪声与加压机的机械噪声和管道的结构噪声相比小很多,工程治理中可以忽略建筑结构噪声的影响。

煤气加压站东边界噪声级 84.6 dB(A),500 m 外的居民区噪声级 52.6 dB(A),加压站噪声对这两个测点的影响显然是通过空气传播的。其中机房内的设备噪声经过了彩钢板墙体的隔声有所降低,机房外管道的结构噪声则是毫无遮挡地传播到周围环境中,直至影响到 500 m 外的职工住宅区,造成住宅区环境噪声超标。

③ 噪声控制措施

a. 对煤气加压机及其电机加设隔声罩:为降低煤气加压机及其电机噪声,对每台加压机(连同电机)加设隔声罩,隔声罩为钢质外壳,内部作强吸声处理,体积约为 6 200 mm×4 200 mm×3 300 mm。考虑到通风散热、检查维修的需要,每个隔声罩均设置两只进排风消声器和两道隔声门。为防止加压机的振动通过基础传递到隔声罩上,影响隔声罩的隔声效果,在隔声罩下方进行了减振处理。隔声罩设计如图 7-12 所示。

b. 加压机排气管道上加设微穿孔消声器:为消除管道内的气流噪声、防

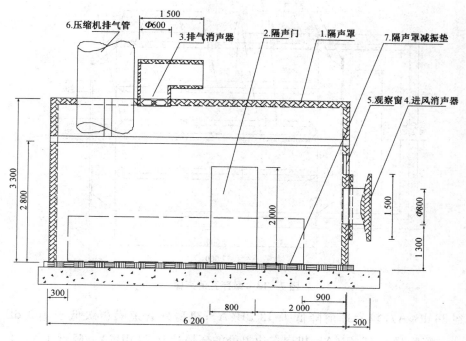

图 7 - 12　加压机隔声罩设计图

止煤气脉动激发管道壁的振动和辐射结构噪声,在每台加压机排气管道上加设一只微穿孔消声器。消声器体积为 $\Phi 1\,800 \times 2\,000$,采用 6 mm 钢板作外壳;内部吸声结构用型钢做骨架,用 1 mm 厚钢板穿 0.8 mm 微孔,制作成微穿孔吸声通道。考虑到煤气压力大,要求型钢骨架加密并与外壳焊接成一个整体,微穿孔吸声钢板与骨架也采取焊接方式。设计微穿孔消声器如图 7 - 13 所示。

c. 机房内作吸声处理:为降低煤气加压站室内的噪声,对加压站二楼内墙面和屋面作吸声处理。

d. 室内外管道作阻尼隔声包扎:为降低室内外管道的结构噪声对周围环境的影响,对煤气总管道采取阻尼隔声包扎处理,作法与例一中的电厂风机管道相同。

④ 噪声控制效果

工程完成后,对机房内外的噪声进行了再次测量,机房内的平均噪声级达

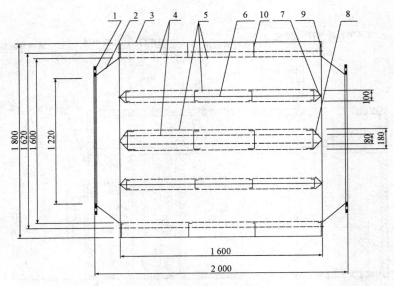

图7-13 微穿孔消声器

到 86 dB(A),较治理前降低了 13 dB(A);机房外管道噪声级低于 100 dB(A),降噪量达 12 dB(A);机房东边界处的环境达到 74 dB(A),降低了 11.4 dB(A);职工住宅区的环境噪声为 48 dB(A),降噪量为 4.4 dB(A),达到了夜间环境噪声标准。

第二节 水泵的噪声防治

1. 水泵的种类、结构及工作原理

水泵与风机极其相似,它们都是将机械能转换成流体(水或各种液体)的动能和势能的设备,风机输送的是气体,水泵输送的是水或其他液体。按照水泵的工作原理和结构可以将其分为叶片式泵(离心泵、轴流泵、混流泵、旋涡泵等)、容积式泵(往复泵和回转泵)和其他泵三种类型。其中前两类运用十分普遍。如图7-13所示是水泵的分类示图,表7-3为主要叶片泵和容积泵的适用范围和特性。

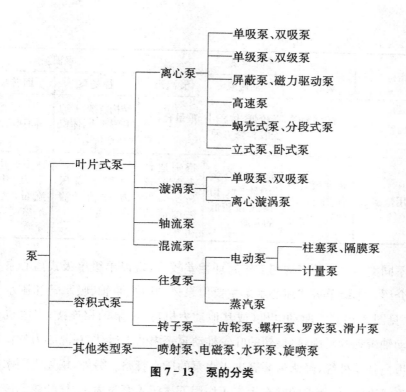

图 7 - 13　泵的分类

表 7 - 3　主要叶片泵和容积泵的适用范围和特性

指标		叶片泵			容积泵	
		离心泵	轴流泵	漩涡泵	往复泵	回转泵
流量	范围 (m³/h)	1.6~30 000	150~245 000	0.4~10	0~600	1~600
	稳定性	不稳定,随管路情况变化			恒定	
	均匀性	均匀			不均匀	较均匀
扬程	特点	对应一定流量,只能达到一定扬程			对应一定流量可达到不同扬程,由管路系统确定	
	范围	10~2 600 m	2~20 m	8~150 m	0.2~100 MPa	0.2~50 MPa
效率	特点	在设计点最高,偏离越远效率越低			扬程高时效率降低很少	扬程高时效率降低很大
	范围	0.5~0.8	0.7~0.9	0.25~0.5	0.7~0.85	0.6~0.8

指标	叶片泵			容积泵	
	离心泵	轴流泵	漩涡泵	往复泵	回转泵
结构特点	结构简单,造价低,体积小,重量轻,安装检修方便			结构复杂,振动和噪声大,体积大,造价高	同离心泵
选用范围	黏度较低的各种介质(水)	特别适合大流量、低扬程、黏度较低的介质	特别适合小流量,较高压力低黏度清洁介质	适用于高压力、小流量清洁介质	适用于中低压力,中小流量,尤其是黏度高的介质

　　不同类型水泵的结构和工作原理相差较大,现以单级单吸式离心泵为例进行介绍。单级单吸式离心水泵主要由泵体、叶轮、泵轴、吸水管和压水管等构成(见图7-14)。驱动电机(或其他动力机械)与泵轴相连接,当电机运行时传动轴带动叶轮旋转,旋转的叶轮推动泵壳内的水运动,在离心力的作用下水被甩向叶轮外缘,经蜗形泵壳进入水泵的压水管路。另外,蜗壳内因水被甩出后形成真空,水池里的水在大气压作用下被压入泵壳内,这样叶轮不停地旋

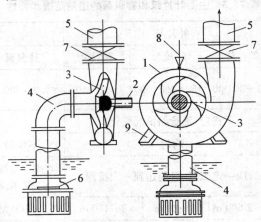

1—泵壳;2—泵轴;3—叶轮;4—吸水管;5—压水管;
6—底阀;7—控制阀门;8—灌水漏斗;9—泵座

图 7-14　离心水泵结构图

转,水就不断地从水池进入泵壳内,又被叶轮甩至压水管中,于是水泵就把水从一个地点源源不断地输送到另一个地点。

2. 水泵的噪声源分析

水泵运行噪声主要来自泵体、驱动电机和水管三个部位。

(1)泵体的噪声源分析

水泵泵体噪声是由泵的各结构件之间或结构件与泵内流动的介质相互作用产生的,按噪声性质可分为机械噪声、流体动力噪声和流体介质与结构件相互作用产生的噪声。

① 机械噪声

水泵机械噪声是水泵运行时的主要噪声源,该噪声源首先产生于叶轮与水体相互作用引起水泵叶片、传动轴等结构件因应变产生振动而辐射的噪声,如果水泵的叶轮、泵体、支架等结构件刚性不好,在水压的反作用下叶轮、泵体等振动增大,整个水泵的运行噪声就会增大;其次是因水泵旋转件不平衡,泵轴与电机不完全同轴引起振动产生的机械噪声;第三,旋转结构件与不旋转的泵体之间装配不精密,产生接触摩擦噪声;第四,水泵安装不平稳,支撑点受力不均匀造成水泵振动而辐射噪声。水泵各结构件之间振动力相互作用和传递,引发结构件中固体声波,并在传播过程中辐射结构噪声,该噪声是水泵机械噪声中的重要组成部分。

② 流体动力性噪声

流体在叶轮的作用下引起压力脉动,该脉动在水中形成声波,水声透过水泵外壳向空气传播噪声,流体动力性噪声在水泵噪声中占比较小。

③ 流体介质与结构件相互作用产生噪声

流体介质在水泵内的运行时刻受到各种结构件的制约,水和结构件相互作用产生振动和噪声,例如水中的压力脉动会激发泵壳等结构件振动,振动的结构件表面激发空气振动并形成噪声;水泵的导叶入口处截面积与入口边缘厚度搭配不合理时,也可能引起水泵较大的振动和噪声等。

水泵辐射噪声的功率大小与水泵的压头 p、流量 q 和旋转速度 n 密切相关,其声功率 W 可用下式表示。

$$W = p \times q \times n$$

水泵运行噪声的谐波频率与转速 r 和叶轮的叶片数 z 密切相关,其基频表达式如下:

$$f = \frac{r \times z}{60}$$

(2) 电机噪声

水泵的电机噪声包含机械噪声、电磁噪声和冷却风扇的空气动力噪声,其中机械噪声是因转子受力不平衡和电机轴承摩擦等引起的结构件振动向空气中辐射的噪声;电磁噪声是由定子与转子之间交变电磁力和励磁体磁滞伸缩引起的噪声,该噪声随转子偏心、磁场不均匀增大;空气动力噪声则是电机冷却风扇产生的气流噪声。

(3) 输水管道噪声

水泵在工作时不仅泵体会产生噪声,其输水系统的阀门和管道也会受脉动水压的作用辐射噪声,特别是带有节流和限压作用的阀门是输水管道中影响最大的噪声源。

① 阀门引起的空化噪声

当水流速度较高时,若阀门部分关闭形成扼流,则水流经过阀门时速度增高且内部静压降低,当流速达到或低于零界速度时,静压小于水的蒸发压力,则水流中形成气泡,当气泡随水流进入阀门下游时流速降低,水中静压升高,气泡被静压挤破,引起水流中的压力波动,并激发产生空化噪声。在流量大、流速快的水管中几乎所有的节流阀都能产生空化噪声,管道设计不当也会产生空化噪声,空化噪声能沿着管道向下游传播很远。空化噪声呈宽频特性,其声功率与水流速度的 7～8 次方成正比。空化噪声能激发阀门及管道中可动零部件的固有振动,并进一步在输水管道中传播,使管道发出类似金属撞击产生的有调声音。

② 管道中的涡流噪声

水在管道中流动时,绝大多数情况下水体都是处于湍流状态,本来这种湍流产生的噪声经过管道壁的隔声作用对周围环境的影响并不大。但是如果湍流水体所流经的管道形状不规则或内壁面不光滑,湍流与阻碍其流动的不规则管道壁相互作用就会产生涡流噪声。特别是管道存在急骤拐弯、截面突变、调节阀门等管道急速变化处时,水中的涡流噪声会大大增强,管道中水的涡流最终会激发管壁振动,在管道中形成固体声波,并以管道结构噪声向空气中辐射。涡流噪声的声功率与水流速度的 6 次方成正比,其噪声频谱总体呈宽频带特征,具体的频谱特性随水流速度、管道形状变化等因素而变化。如果管道中存在盲管,还会出现水流撞击盲管导致管道振动并辐射结构噪声,这种现象被称为水锤噪声。

3. 水泵噪声的传播途径分析

水泵噪声的传播主要途径有空气、固体结构件和水。

(1)空气传播噪声

水泵运行时其机身及电机会向空气中辐射噪声并进一步在空气中传播。处于露天环境中的水泵,其运行噪声在传播过程中会产生自然扩散衰减,空气、植被等的吸收衰减,以及障碍物屏蔽衰减;当声波遇到刚性壁面时反射声波也会使局部区域的声级增大。如果水泵处于水泵房或其他封闭式的隔声结构内,则封闭结构内会因声波的反射和混响使声级增高;但封闭结构壁面的隔声能力使水泵的运行噪声对外环境的影响很小。例如一般机房墙体和楼板的隔声量可以达到 50 dB(A)左右,再加上该声波传播过程中的扩散等衰减,水泵运行噪声传播到机房外的声级应该可以达到 30 dB(A)以下,已经低于一般环境的本底噪声,不会对人们产生干扰。如果水泵处于封闭式轻质隔声罩内,其隔绝空气声的能力也能达到 20 dB(A)左右,很容易将水泵运行噪声控制在声环境质量标准许可的声级范围内。

(2)固体构件传播噪声

水泵运行时的振动会通过基础、管道接头及各种固定件传递到地面、水管和建筑物上,并在管道、建筑物等固体结构中传播形成固体声波,建筑物等固体结构中传播的声波又不断地向空气中辐射再生噪声。当辐射的声波是处于建筑物内部时,就会干扰室内人群的正常生活和工作,引起噪声扰民纠纷,所以这里重点分析民用水泵噪声在建筑物内的传播途径。

　　一般民用水泵均安装于建筑物地下室内,也有安装于专用设备层或楼顶上,水泵基础、管道等部件都直接或间接地与建筑物相连。水泵引起建筑物内固体声波的传播途径如图 7-15 所示,图中箭头表示振动沿固体结构传播的方向,弧线表示固体表面向空气中辐射的建筑结构噪声。

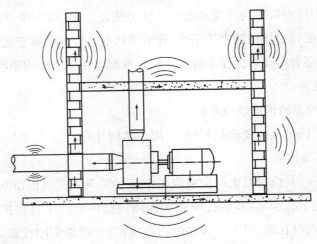

图 7-15　水泵固体声波的传播途径

　　从图 7-15 可以看出,水泵的固体传声有两条途径,一条是通过水泵和电机的底座将振动传到地面,然后地面将该振动进一步传到墙、立柱、楼板……直至居民家中,固体声波在其传播路途上不停地从建筑物表面向空气中辐射声波,形成建筑结构噪声。一般而言水泵引起的建筑结构噪声与水泵运行噪声相比是很小的,在旷野环境中不会对人产生影响,但是当这种建筑结构噪声出现在居室或办公室内时,因房间多个壁面同时辐射声波,并且房间内墙面的声反射,使得建筑结构噪声大大增强,足以对生活、学习、休息在里面的人群产生不容忽视影响,目前常有居民室内水泵等噪声污染的报道。

　　另一条固体声波的传递途径是水泵将振动传给输水管道并在管道壁上形成固体声波,固体声波沿输水管道进入居民家中,管道壁会向居民室内辐射管道结构噪声;管道内的流体动力噪声也会随水流进入居民家中,管道内的水流激发管道壁振动并向居民室内辐射结构噪声;此外输水管道穿越墙壁、楼板,以及通过固定连接件固定在建筑物上,管道振动又传递到了墙体、屋面,并在建筑物内形成固体声波,进一步向居民室内辐射结构噪声。

需要说明的是,建筑物等固体结构件中存在固体声波时,一般情况下人们是不能感觉到的,因为固体声波的振幅很小,人既看不到也较难感觉到,人体感觉到的振动频率在几十赫兹以内,而固体声波的振动频率绝大部分超出了人体的感觉阈。

（3）水流传播噪声

水泵叶片驱动水体时会在水体中产生流体动力噪声,该噪声会沿管道内的水流传播,并与管道壁相互作用,最终通过管道外壁影响大气中的声环境质量。水泵噪声也会在取水水体中传播,影响水体中的鱼类等水生动物,因本书不研究水声问题,这里不再多述。

3. 水泵噪声控制措施

为防止水泵运行噪声对周围环境和人群产生不利影响,规划设计时应选购运行噪声低、振动小、质量好的水泵,水泵房应布置在远离敏感保护目标的位置,科学正确地安装好水泵,尽可能减小水泵运行噪声和振动。对于已经投入使用且需要控制其噪声污染的水泵,应从空气传声和固体传声两个方面同时采取工程控制措施。

（1）空气传播的水泵噪声控制

水泵运行噪声通过空气传播产生污染的情况下,一般可以采取隔声降噪措施。如果水泵安装于室外,则设计一个隔声罩以隔绝空气的声传播,设计和安装隔声罩时要采取被动减振措施,防止基础振动传递到隔声罩上从而抵消了隔声罩的应有降噪量。如果水泵是在专用机房或封闭的外罩内,则可利用机房或外罩进行隔声,针对噪声的泄漏点和薄弱环节采取相应的对策措施,如果是门、窗漏声则可以加设隔声门、隔声窗,如果存在缝隙漏声则可采取相应的密封处理。为防止机房、隔声间或封闭隔声罩内部声波的反射和混响,应考虑在其内壁面作吸声处理。

（2）固体噪声控制

① 基础减振

水泵设计安装时一般都要求进行减振处理,但是现实中一些水泵虽然进行了减振处理,却没有达到预期的减振效果,主要是设计和安装方法不对。具体表现为:a. 采用的隔振器不适当,与水泵不匹配,例如防止固体传声应该采用阻尼系数大的减振器,金属弹簧减振就不合适;b. 许多水泵采用减振垫进行隔振处理,但减振垫的面积不够大,或者减振垫真正受力的面积太小,使得减振效果很差;c. 采取橡胶垫减振措施后又用螺栓紧紧固定,使得橡胶减振垫失去弹性,螺栓也变成了"声桥";d. 地面铺砌时水泥块卡在机座下,形成机座与基础刚性接触,使减振器短路失效等。

② 水管减振

a. 水管中间加设软接头:水泵的振动会沿着管道传递,为控制这种因管道引起的固体传声现象,可以在管道与水泵之间加一只软接头,使水泵的振动不能传递到管道上。目前水管的软接头有橡胶软接头和金属波纹管等系列产品,可根据水管大小和水压的高低进行选择。

b. 水管阻尼隔声处理:振动严重的水管进行阻尼包扎处理的降噪效果不及通风管道,因为输水管道中的水具有一定的阻尼减振效果,已经很大程度上抑制了管道振动,如果管道外部进一步作阻尼包扎其减振作用就比较有限了。而阻尼隔声处理是先用柔软的材料包裹在管道四周,然后再用高阻尼的隔声板包裹在柔软材料外,使水管处于一个隔声套筒中。因柔性材料的减振作用,传递到隔声套筒上的振动降低,即使隔声套筒有一些振动也会被阻尼层抑制,而阻尼隔声板却能有效地隔绝水管向空气中辐射的结构噪声。

c. 防止水管穿墙时的硬接触:水泵的进出水管一般都是要穿过墙体和楼板,为防止管道振动带动墙壁和楼板振动,在管道穿墙处一定要采取防止振动直接传递到墙壁或楼板上的措施。一般在管道周围让出一定的空间,用柔性材料填充,保证管道与墙和楼板为软接触。为防止管道穿越处的漏风、漏声,可以用膨胀剂、玻璃胶等柔软的材料密封。

d. 水管支架(吊架)的减振:水泵的进出水管常常要用支架固定在地面、墙面,或用吊钩吊挂在屋面上,这些支架吊钩一般都是刚性的,管道振动会经过支架、吊钩等传播到建筑物中。因此对这些支架和吊钩应进行减振处理,采用弹性吊钩和弹性支撑架。

③ 控制水流脉动

有些水泵本身的振动较小，或者水泵的振动已经被软接头隔绝，但输水管道振动仍然较大，其原因有两种，一是水流脉动引起管壁振动；二是水流激发管道产生共振。水流脉动会激发水管管壁振动，特别是高压水流冲击盲管、弯头、阀门等部件会产生水锤和空化现象，引起管道的冲击振动和噪声。对于这种情况可以采取稳定水流的方法加以解决，例如在管道中加设一个消振器，这与气流管道中加设消声器类似。消振器不仅可以使水流从脉动状态变成稳流，降低水流对管壁的冲击，还能改变原管道的固有频率，对控制管道振动有十分明显的效果。第六章图 6 - 22 中介绍了三种水流消振器，采用扩张式消振器抑制水流脉动时扩张室要足够大才能起到稳流作用，如果在消振器内加设一个弹性空气腔，则空气腔体积的变化能很好地平衡水压脉动，从而达到减小水声和管壁振动的目的。

对于水流与管道产生共振的情况可以通过改变管道长度、改变水流速度等方法来解决，因为管道尺寸改变了，其固有频率也变了，这就错开了原来的共振频率。同样，水流速度变化后，水流的激励频率避开管道的固有频率，也就消除了管道共振。

4. 水泵噪声治理案例

（1）净水机结构噪声控制

① 净水机结构

为防止饮用水中病菌、重金属和有害化学物质危害人体健康，越来越多的家庭采用净水机来净化饮用水，各种净水机商品也就应运而生。净水机净化水质的原理就是利用活性炭、超滤膜或者反渗透膜过滤掉水中的各种有害物质，为克服过滤器的阻力，净水机都需要配备一台高压水泵。本次降噪的净水机是两节活性炭加一节反渗透膜的三级净化系统，水泵为微型隔膜泵，转速 1 100 rpm，流量 5.3 L/min，压头 830 kPa 左右。隔膜泵、3 节过滤器、水管及电控仪表等均组装在同一个机箱体内，图 7 - 16 为该净水器内部结构图。

② 净水机噪声测量和分析

为降低净水机噪声，在消声室内对净水机的水泵、水管及整机运行噪声进

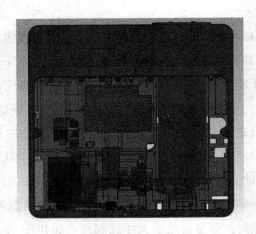

图 7 - 16　净水器内部结构图

行了测量,并对测量结果进一步计算分析,表 7 - 4 为对该净水机运行噪声的
实测和分析结果。

表 7 - 4　净水机不同构件的运行噪声级

方法	净水机结构件	运行状态	1 m 远噪声级 dB(A)
测量	整机	整机运行,但机箱一面敞开	51.4
	水泵	水泵取出,仅水泵运行(与过滤器分开)	42.3
	水泵	整机运行,但水泵取出,屏蔽水管和机箱噪声	44.6
	水管	整机运行,水管取出,屏蔽水泵和机箱	47.3
分析计算	机箱、水管等结构噪声	整机运行,整机噪声减水泵噪声	50.4
	机箱结构噪声	整机噪声减去水管和水泵运行噪声	47.4
	整机运行噪声	机箱封闭,考虑机箱内的混响,机箱的隔声量为 15 dB,按声级叠加公式计算	50.3

　　净水机的动力设备只有水泵,水泵不连接过滤器,单独放置在机箱外的地
面上,测量其运行噪声级只有 42.3 dB(A);水泵接上过滤器放置在机箱外地面
上,并用软廉屏蔽了机箱、水管、过滤器等结构件发出的噪声,测量水泵的运行噪

声级为 44.6 dB(A);这说明增加负荷以后水泵的运行噪声增高了 2.3 dB。

但水泵安装到机箱里整机运行的噪声达到 51.4 dB(A),现场观察到机箱和水管的振动较大,过滤器的振动很小,说明净水器整机运行噪声受机箱和水管的结构噪声影响较大。所以设法将一节水管拉到机箱外,用软廉屏蔽了机箱、水泵、过滤器等结构件,测量得到水管的结构噪声级为 47.3 dB(A)。设机箱后盖打开情况下的隔声量为 0 dB,用声级相减的公式计算得到机箱的结构噪声级为 47.4 dB(A)。但是由于水泵和水管都是处于机箱内部的,机箱对空气噪声具有一定的隔声能力,设后盖关闭情况下机箱的隔声量为 15 dB,水泵和水管噪声级分别减去 15 dB(A),再用噪声级叠加公式就得到机箱封闭情况下的整机的结构噪声级为 50.3 dB(A)。

由上面的计算分析结果得知,该净水器的运行噪声主要不是来自动力设备水泵,而是机箱等的结构噪声,所以降低净水机运行噪声应该从控制机箱、水管的结构噪声着手。

③ 结构噪声控制方案

为降低净水器的结构噪声,采取了以下措施:

a. 水泵底座双层减振:水泵刚性固定在净水器的机箱外壳上,必然会将振动传递到机箱上,因机箱是薄壳结构,很容易激发机箱的结构噪声,所以必须对水泵进行彻底的隔振处理。根据水泵重量、转速和机箱质量等基本条件,选择一种特制的橡胶减振器,并进行双层串联隔振处理。

b. 用消振器抑制水管振动:由于水泵的压头较高,水流压力脉动激励橡胶水管振动,水管辐射的结构噪声较高。考虑到该净水器的水管已经是软管,水管的振动完全是因为水流的压力脉动产生的,因此决定采用消振器抑制水流压力的脉动方案。因扩张式消振器体积较大,机箱内没有安装空间,所以在水管上加装了一只气囊式消振器。

对水泵进行隔振消振处理后的净水器如图 7 - 17 所示。

c. 其他措施:防止水管振动传递到机箱上,对水管进行合理布设,凡水管和机箱容易接触到的位置都采用柔软橡胶进行了隔振处理;在机箱的内壁面进行了阻尼和吸声处理;对机箱的一些缝隙进行密封,防止空气漏声。

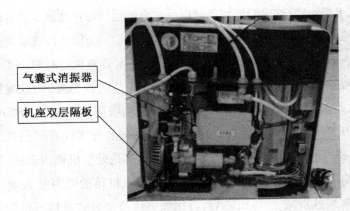

图 7 - 17　隔振消振处理后的净水器内部照片

④ 降噪效果

在采取了上述噪声控制措施后,净水器机箱和水管基本感觉不到振动,在同样测量条件下净水器整机运行噪声达到 41.0 dB(A),较未处理前降低了 10 dB 以上。

(2) A 居民区地下室水泵噪声治理

① 概况

A 居民小区水泵房位于地下室一层,泵房内有五台立式水泵(两台 7.5 kW,三台 11 kW)。水泵的进出水管上已加装了橡胶软接头,但水泵基础没有减振,上面的进出水管用角钢吊挂在屋顶上,虽然在水管与角钢之间加有减振垫,但减振垫受力面很小,减振效果较差。该居民区二楼、三楼居民投诉地下室水泵噪声对他们的正常生活产生严重干扰,未治理前水泵房和居民室内的噪声级见表 7 - 5 中第三列。

② 噪声污染原因分析

根据现场观察,地下水泵房与投诉的居民住宅之间水平距离约 30 m,中间相隔两层楼板和多道墙体,两者没有直接相通的门、窗、走道,水泵运行噪声不可能通过空气传播透射到居民室内;而水泵没有做减振基础,角钢吊架与水管之间的减振也没有处理好,水泵及水管的振动可能在建筑物中激发产生固体声波,并传至居民家中。在二楼居民客厅和卧室内均能听到水泵噪声,且感觉到室内桌椅的振动,据此确定这是一起建筑物固体传声引起的结构噪声污染。

③ 噪声治理措施

a. 对水泵基础进行减振处理

原水泵下面没有做减振基础,降噪方案首先在每台水泵下方各加设一个弹性减振机座,减振机座由钢板和橡胶隔振垫组合而成,如图 7 - 18 所示,目的是让水泵的振动不能直接传递到基础,消除建筑物内的固体声波对楼上居民室内的影响。

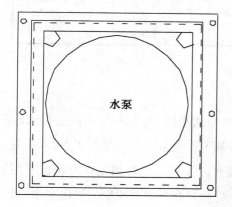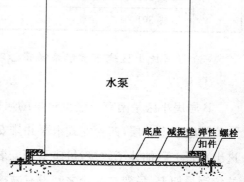

图 7 - 18　水泵基础减振示意图

b. 弹性吊钩

为彻底隔绝振动的传递,将所有固定水管的吊架改为弹性吊钩和弹性支架。

c. 对管道作阻尼隔声处理

④ 噪声治理效果

工程实施后,对水泵房和居民室内噪声再次进行监测,结果见表 7 - 4 中的第四列,噪声治理前后居民室内噪声级减小了 7.4～9.8 dB(A),在二楼居民室内已听不到水泵运行噪声。

表7-5 噪声治理前后水泵房和居民室内噪声级监测

噪声源	设备名称	噪声级[dB(A)]		数量	位置
		治理前	治理后		
	水泵旁1 m	71 dB(A)	71 dB(A)	5 台	地下室
保护目录	测点	治理前	治理后	测量时间	备注
	8 栋 201	35.8	27.8	3.18 22:00	听到水泵声
		34.6	28.4	3.28 22:00	治理后,201室自测声级26.0 dB(A)
			26.0	3.29 4:00	
	8 栋 202	34.6	27.8	3.28 22:00	
	8 栋 301		27.0	3.28 22:00	

(3) B 居民小区地下室水泵噪声治理

① 概况

B 居民小区是南京市建设较早的居民生活小区,其 139 号居民楼供水水泵位于地下室一层,四台立式水泵并排安装于一个条形水泥基础块上,水泵的进出水管上已加装了软接,机座下面安装有减振垫。水管搁置在天花板下面的角钢吊架上,吊架与水管之间没有减振处理。在一层至四层的居民家中,明显能够听到水泵的运行噪声。现场测量表明水泵运行噪声为 70 dB(A),在居民家中的噪声级达到 40 dB(A) 左右。

② 噪声污染原因分析

根据现场观察,地下室水泵运行噪声没有直接向楼上传播的空气传声通道,空气中声波通过墙体和楼板隔声后居民室内噪声级应该很低。而在居民家中将耳朵贴在墙上或家具上能够清晰听到地下室的水泵噪声,说明水泵及水管的振动通过楼房的墙体、框架、楼板等传播到了居民家中,居民室内的墙面、地板、屋面等的振动再向空气中辐射结构噪声,于是居民在室内听到水泵的运行噪声。

③ 噪声治理方案

a. 重新对水泵进行基础减振:原来安装水泵时虽然在机座与基础之间加

设的减振垫,但又用螺栓直接将水泵固定,螺栓成了水泵振动传递的桥梁,使减振垫失去了应有的减振作用。所以重新对 4 台水泵基础进行减振处理,采用专利号为 ZL200620072202.8 的减振机座更换原来的减振垫,原来的固定螺栓改用弹性限位装置。。

　　b. 输水管道的隔振处理:在水管的角钢吊架与管道之间加设一块减振垫,减振垫上下均为钢板,水管搁置在减振垫上方的钢板上,这样管道的振动传播到吊架和屋面上的振级就会大大降低。

　　c. 输水管道的隔声包扎:在水管外包裹一层 50 mm 厚的玻璃棉毡,用玻璃布固定好玻璃棉毡,再用阻尼金属板包覆在玻璃棉等软弹性材料的外层,达到降低管道噪声和振动的目的。

　　④ 工程效果

　　噪声治理工程实施后,地下室水泵正常运行时,一至四楼的居民家中已听不到水泵的运行噪声,测量室内声级均在 32 dB(A)以下,测量声级主要是本底噪声的贡献。经过几天运行居民确认听不到水泵运行噪声后,均签字认可了噪声治理工程的降噪效果。

第八章　空调机和冷却塔噪声防治案例

　　空调机和冷却塔都是热交换设备,空调是将室内和室外空气中的热能相互调配,使得室内空气温度和湿度更加舒适,而冷却塔则是利用室外空气降低循环水的温度,以保证水的重复利用,对于水冷式中央空调机组,冷却塔又是空调系统的重要制冷设备。空调机和冷却塔具有较多共性,两者都是利用空气和水的热传递特性和流动性来交换热能的,主要设备噪声污染源一般处于露天的室外环境中,运行噪声主要是空气动力噪声等。

第一节　空调机噪声防治

1. 空调机工作原理

　　一般空调机都是采用机械压缩式的制冷装置,其基本的组件有压缩机、冷凝器、节流装置和蒸发器,制冷剂在这四个组件中循环运行以完成热能的交换。首先,压缩机吸入低压的气态制冷剂,将其压缩成高温高压的气体;然后,气态制冷剂流到冷凝器,通过水或空气吸收热量将制冷剂变成低温高压液体;接着,通过节流装置降低制冷剂压力使其变成低温低压的气液混合物;最后进入室内的蒸发器,通过吸收空气中的热量使室内的温度降低,制冷剂又变成了低压气体,低压的气态制冷剂重新进入了压缩机循环上述热交换过程。空调机的整个工作原理如图 8-1 所示。

　　空调机组可分为中央空调和单体空调,它们都是由制冷主机和辅助热交

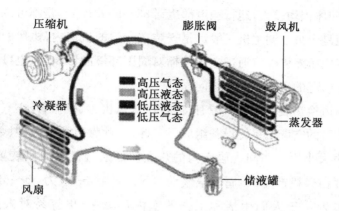

压缩机　　　　　　膨胀阀　　　鼓风机

高压气态
高压液态
低压液态
低压气态

冷凝器

蒸发器

风扇

储液罐

图 8-1　空调机工作原理示意图

换设备组成,工作原理是相同的。但中央空调机组相对复杂得多,其压缩机可分为涡旋机、活塞机、螺杆机、离心机等多种,制冷剂也有溴化锂、氟利昂和氨气等,对冷凝器冷却也分为水冷和风冷等不同方式。不同制冷剂空调系统的配置是不一样的,溴化锂制冷属于吸收式制冷,需要配备锅炉提供热源,而氟利昂则没有锅炉。不同的热交换方式系统的配置也不一样,冷凝器采取风冷需配备风机,而水冷则需配备水泵和冷却塔,所以不同制冷剂、不同压缩机组、不同冷却方式的中央空调系统噪声源也就存在较大差异。

空调机是用来调节室内温度的,所以冷凝器和蒸发器的热交换终端一个放在室外,一个放在室内。当需要制冷时将与蒸发器交换得到的冷空气引入室内,冷凝器端置于室外;当需要致热时则将与冷凝器交换得到的热空气引入室内,蒸发器端置于室外。

2. 空调系统噪声源及其声传播途径分析

(1)空调系统噪声源

空调机组噪声源可分为制冷系统的主机、调节室内温度的通风装置和室外的热交换装置(风冷为风机,水冷为循环水泵、冷却塔等)。主机噪声源为制冷机(含压缩机、冷凝器、蒸发器、金属管线等),属于机械噪声性质,其中单体空调的主机噪声源主要是一台热泵,运行噪声一般为 75~85 dB(A),因其体积较小,声功率在整个空调系统噪声中不是主要的。中央空调的制冷机品种多样,功率和体积均较大,运行噪声都达到 85~95 dB(A),是不可忽视的噪声污染源。但是中央空调主机一般都是安装在专门的机房内,机房的隔声能力可以大大降低压缩机噪声通过空气传播对周围环境的影响,但也可能产生机房固体传声引起的建筑结构噪声问题。

室内通风换热装置的噪声源有排风机、送风机、风机盘管、空气处理机组等。不同类型的空调机系统设备组成不一样,因此噪声源的类型、数量、位置和运行噪声大小均不相同。居室内的热交换是通过机械通风装置实现的,其噪声主要由风机产生的,属于空气动力噪声,声级一般为 55~65 dB(A)。由于换热装置位于人们生活和工作的室内环境中,更容易对人产生不利影响。

室外的热交换装置可能是通过气流或气流和水流共同实现的,其中产生气流的风机噪声主要是空气动力噪声,其声级大小与风机风量、压头和风速等密切相关。产生水流的水泵噪声是水泵、水管和电机的振动向空气中辐射的机械噪声和电磁噪声。冷却塔噪声主要来自轴流风机的空气动力噪声和底盘的落水噪声,空气动力噪声频率较低,而落水噪声频率较高。室外热交换装置中的风机、水泵和冷却塔运行噪声级一般为 65~85 dB(A)。国内根据单体空调机组运行噪声的大小将其分为一般噪声型、低噪声型和超低噪声型。

(2) 空调系统噪声的传播途径

空调系统各单元设备的运行噪声一般是通过空气传播,影响周围的声环境质量。但是当这些设备与居民建筑相连时,设备振动也会激发基础振动,在建筑物内产生固体声波,并进一步传播到居民室内,传播过程中不停地向空气中辐射建筑结构噪声。例如,中央空调制冷机都安装在办公楼相连接的机房内,单体风冷式空调外机一般都安装于建筑物的裙楼顶或阳台上,水冷式空调机组的水泵和冷却塔一般都安装于建筑物的裙楼顶上,裙楼下方即是居民卧室或办公室,如果不能很好地隔绝设备的振动,机组运行就会引起楼板振动,振动波进一步在建筑物中传播并向室内辐射结构噪声,使人们居住或工作环境的声质量下降。

3. 空调机噪声治理措施

根据前面的分析,采取针对性的预防和控制措施就能较好地克服空调机组的噪声扰民问题。

（1）选择低噪声或超低噪声的空调机组

噪声控制工程首先要求选择性能优良的机械设备,空调机组当然也不例外。现在单体空调机都根据其运行噪声大小分为一般噪声、低噪声和超低噪声型,我们在对空调系统规划设计时应选用低噪声和超低噪声的机组和附属设备,以免设备运行噪声污染周围环境,并产生扰民问题。

（2）合理布局和正确安装

空调机组是为调节建筑物室内温度而设置的,所以机组布局时需要靠近该建筑,但是从保护建筑物内外的声环境质量而言,空调机组又需要尽可能远离敏感建筑物,利用声波在空气中的扩散衰减来减小对居住环境的不利影响。对那些运行时振动较大的设备,安装时应尽可能使设备重心平衡,运行平稳,基础做好隔振,主机和固定的零部件不要与建筑物刚性连接,以避免在建筑物内形成固体声波,并导致相邻居室内建筑结构噪声产生。

（3）采取针对性的工程控制措施

针对空调系统噪声源特性及其传播途径,既要防止空气传播引起的噪声污染,又要防止建筑物固体传播导致的结构噪声污染,采取包括隔振、隔声、消声和吸声等综合性控制措施。针对系统中不同单元设备的运行噪声,一般可参考表8-1采取相应的噪声防治措施,因各个空调机组的运行噪声级、安装位置、附近的保护目标都不尽相同,确定噪声控制方案时应根据实际情况针对性地选择这些措施。

表8-1　空调系统中不同单元设备运行噪声防治措施一览表

单元设备	主要设备	空气噪声防治	结构噪声防治
空调主机	压缩机	隔声间、隔声罩,保证通风散热要求的消声处理	隔振、减振
室外热交换装置	风机	消声器、声屏障或具有通风消声功能的隔声罩	隔振、管道软接、阻尼减振

单元设备	主要设备	空气噪声防治	结构噪声防治
	水泵	隔声间、隔声罩或声屏障	基础隔振、水管软接头、阻尼、消振器
	冷却塔	进排风消声器、声屏障	隔振减振
室内通风装置	排风口	控制流速、消声器、室内吸声	—
	管道	管道隔声包扎	软接、消声、消振、阻尼

4. 空调机噪声治理案例

（1）某大厦空调机组噪声治理

① 某大厦空调机组概况

某大厦是安徽省马鞍山市一个居民小区的商住综合大楼,该大楼五层以下为商业用房,以上为居民住宅用房,在四层裙楼西侧的角楼内安装了两组海尔水冷式中央空调机组。但空调机组运行噪声不仅对东北角的居民住宅产生影响,而且对裙楼下面的四、三、二层室内声环境也产生较大影响。图 8-2 和图 8-3 分别为该大厦裙楼平、立面图和中央空调机组在机房内的设备布局图。

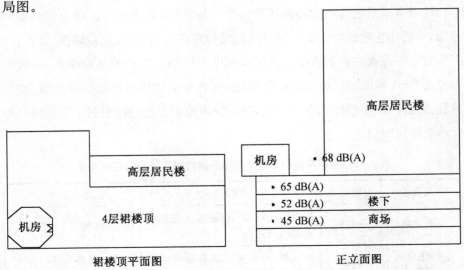

图 8-2　大厦裙楼平立面图

234

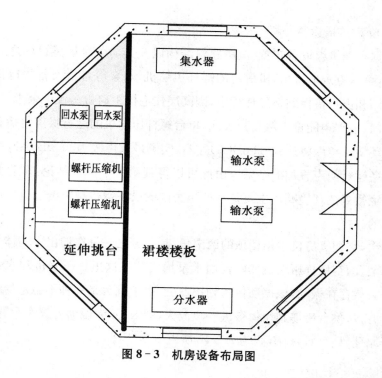

图 8-3 机房设备布局图

空调机组设备技术性能见表 8-2,治理前空调机组对不同测点处的影响噪声级见表 8-3。

表 8-2 空调机组技术参数

设备	功率(kW)	重量(kg)	转速(r/m)	数量	安装位置
螺杆压缩机	176	4 700	/	2 台	挑台上
输水泵	30	315	2 960	2 台	楼板上
冷却水泵	18.5	210	2 960	2 台	楼板上

表 8-3 治理前空调机组设备噪声及其影响声级[dB(A)]

设备	测点位置				
	距设备1 m	四楼室内	三楼室内	二楼室内	高层居民楼前
螺杆压缩机	83				
输水泵	76	65	52	45	68
冷却水泵	81				

② 噪声传播途径分析

根据空调机组设备布置、机房建筑结构以及其与各个敏感目标之间的位置关系,可以直观地看出,机房内的螺杆压缩机、水泵等各台设备的运行噪声会从大门和窗户传播到室外环境中,因高层住宅楼距离机房仅十余米,且正对机房大门,根据声能量扩散衰减公式,单台螺杆压缩机的运行噪声传播到住宅楼前的环境噪声级将达到 63 dB(A)左右,实测最大声级为 68 dB(A),是因为多台设备运行噪声叠加的结果。由此可以得到第一个分析结论:东北方向的高层住宅楼处的环境噪声主要是空调机房内的设备运行噪声透过机房门窗传播而来的。

其次,空调机房位于裙楼顶的西南角,其三分之一是在伸出主墙体外的延伸挑台上,两台螺杆压缩机和两台回水泵均安装在这里。压缩机和水泵正常运行时必然存在振动,该振动传递到挑台上,由于挑台是一种不稳定的结构形式,振动力从挑台传递到墙体被进一步放大,图 8-4 为振动力放大示意图,根据杠杆原理,$F_1=F_0A/B$,因为 $A>B$,所以 $F_1>F_0$。

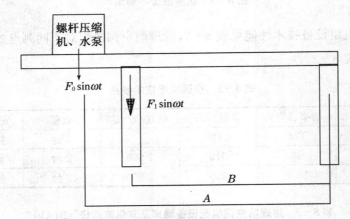

图 8-4　振动力被挑台放大示意图

设备运行的扰动力被放大后,传递到外墙体上,在墙体内形成固体声波,固体声传播到下面四楼、三楼和二楼时,墙体和楼板的表面振动向空气中辐射出结构噪声。由于房间内六个面同时辐射结构噪声,再加上辐射出的结构噪声在室内的反射和混响,使得楼下室内结构噪声远远大于室外,人们在机房下面的室外环境中感觉不到空调系统的噪声,但室内的建筑结构噪声却十分强烈,且越靠近空调机房的房间内噪声越大。因此得到第二个分析结论:楼下商业用房二、三、四层室内的噪声是该大厦楼板和墙面辐射的结构噪声,其根源是空调系统中螺杆压缩机、水泵等设备振动引起的。

③ 噪声治理措施

a. 高层住宅楼噪声控制

为解决空调机组运行噪声对东北方向高层居民住宅的影响,对主机房的窗户进行隔声处理,大部分窗户面积采用砖墙封砌,少部分面积做成双层隔声窗以保证室内的采光要求;另外将主机房大门改成密封性更好的隔声门。为防止隔声以后影响机房内通风散热,所以机房加设 2 只进排风消声器。

b. 固体传声的控制

为解决商场下层的噪声污染,分别对螺杆压缩机和水泵进行隔振处理,并对所有管线加装软接头和弹性支架。因为螺杆压缩机重量大,特别设计了一个大的减振机座,该机座有效地抑制了设备振动力向挑台楼板的传递,减小了大厦建筑物中的固体声波,降低了商业用房内的建筑结构噪声。

④ 噪声治理效果

实施了以上噪声治理措施以后,空调机组的运行噪声对高层居民楼的影响声级小于 2 类声环境功能区夜间标准 50 dB(A);裙楼以下的二、三层商业用房内已听不到空调机组的运行噪声,四楼商业用房内噪声级也达到 50 dB(A)以下,对商店经营基本没有影响。

(2) 某生鲜超市冷冻机噪声治理

① 概况

某生鲜超市位于居民楼一层,上面是居民住宅。超市内有一个冷冻室,两台冷冻机对冷冻室进行制冷。但是冷冻机一旦运行,楼上居民就听到冷冻机组的运行噪声。冷冻机组与居民住宅的位置关系见图 8-5。

两台冷冻机蒸发器冷媒管道直接与冷冻室相通,冷凝器热量通过安装在南墙上的风机向外排放。现场测量冷冻机噪声级在 80 dB(A)左右,振动明

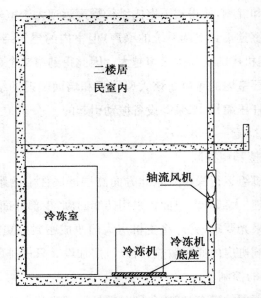

图 8 - 5　某生鲜超市空调机组与居民住宅的位置

显,且带动冷冻室轻质墙振动。超市上层 204 室客厅明显听到冷冻机运行噪声,采取"耳切"方法可以听到墙体内的冷冻机运行噪声。现场测量 204 室客厅和卧室中央的噪声级为 35~40 dB(A)。

②噪声污染原因判断

根据对生鲜超市冷冻设备布局和噪声污染现状判断:第一,在二楼居民室内采取"耳切"方法,利用骨传导原理,能十分明显地听到冷冻机运行噪声,说明冷冻机运行产生的振动已经通过机座传到地面,在建筑物内形成固体声波,并进一步传播到了居民家中,居民家中测量得到的噪声主要是地板、墙面和屋面等辐射产生的建筑结构噪声。第二,南墙散热风机的空气动力噪声直接向厂界外环境传播,而二层居民住宅南窗外也受到该噪声的影响,在二楼居民关闭南阳台门窗情况下,仍然有少量声波透射进入居民家中,对靠近阳台的室内噪声存在一定贡献,但对远离阳台的房间影响较小。所以本项目的噪声污染源是生鲜超市的冷冻机组,但二楼居民家中的噪声是通过建筑结构和空气两条途径传播而来的。

③ 噪声治理方案

a. 冷冻机组的减振处理

原减振器未能有效隔绝冷冻机振动向地面的传递，所以重新进行了减振设计：首先对每台冷冻机加设一个混凝土机座，在混凝土机座与地面之间加设一组橡胶减振器，以消除冷冻机振动通过基础传递到地面和墙体。冷冻机组下方增加混凝土机座可以降低隔振系统的固有频率，降低机组振幅和重心，提高隔振效果。图 8-6 为冷冻机组基础隔振设计图。

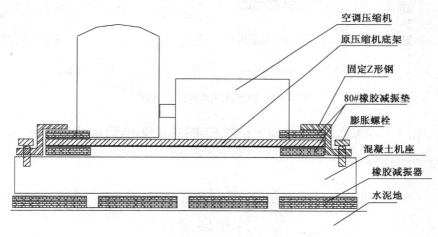

图 8-6　冷冻机组减振处理设计图

b. 散热风口加设消声器

冷冻机房散热风口直接向外环境排放热风，为防止空气动力噪声对上层楼居民产生影响，在散热风机排风口加设了一只阻性片式排风消声器，如图 8-7 所示。

c. 其他措施

除采取上述两项措施外，对冷媒管道采取阻尼减振措施；冷冻机房进行了吸声处理；机房进出口加设了隔声门等。

④ 工程效果

工程实施后，该生鲜超市冷冻机正常运行，在二楼居民家中听不到冷冻机

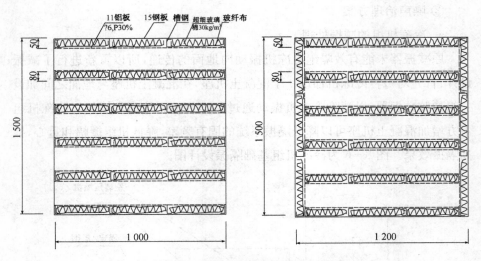

图 8-7 散热排风消声器设计图

运行噪声,耳朵贴在居民家的墙上也听不到冷冻机噪声,测量居民室内声级小于 28 dB(A)。

第二节　冷却塔噪声防治

1. 冷却塔工作原理组成及分类

冷却塔是循环供水系统中降低水温的机械设备,广泛运用在工业生产和中央空调机组的循环冷却水系统中。冷却塔降低水温的原理是让热水与空气相对流动接触,利用水的蒸发散热、对流传热和辐射传热来降低循环水的温度。

冷却塔主要由配水系统、淋水装置和通风筒三大部分组成。其中配水系统的作用在于将热水均匀地分配到整个淋水面积上,从而使淋水装置发挥最大的冷却能力。淋水装置又称填料,是将进入冷却塔的热水尽可能形成细小的水滴或水膜,增加水和空气的接触面积,延长水气的接触时间,以增进水气之间的热质交换。通风筒是吸收循环水中热量的水、气通道,也是冷却塔的外壳。

依据冷却塔内的热交换方式可以将冷却塔进行不同的分类。

第一种分类方法是根据循环冷却水在塔内是否与空气直接接触,将冷却塔分成干式和湿式。其中干式冷却塔是把循环水通入安装于塔内的散热器内被空气冷却,而湿式冷却塔是热水和空气直接在塔内对流冷却。显然干式冷却塔几乎没有水的损耗和污染,但其制冷效率低,一般使用在缺水和水质要求较高的场所。

第二种分类方法是根据通风方式将冷却塔分为自然通风式和机械通风式。其中自然通风冷却塔是没有风机的,它利用热气流上升的原理建设一个高大的冷却通风筒,空气在筒内自然形成上升气流,一般冷却循环水量大的发电厂都是使用自然通风冷却塔。而机械通风冷却塔通过风机组织气流,使之与循环水对流交换热量,其水的冷却效率要比自然通风冷却塔高3～5倍。机械通风冷却塔又可以根据风机的安装位置不同分为送风式和吸风式两种类型的冷却塔;吸风式冷却塔还可以根据气流的流向分为逆流式冷却塔和横流式冷却塔。目前吸风式机械通风冷却塔是使用最多的冷却塔,其横流式和逆流式结构如图8-8和图8-9所示。

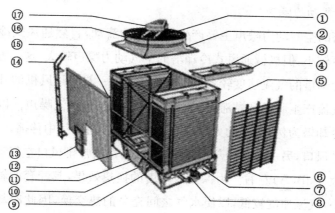

① 马达　② 送风机　③ 配水箱　④ 上部水槽　⑤ 填充材　⑥ 百叶窗　⑦ 散水水泵
⑧ 散水配管　⑨ 主管　⑩ 热交换器　⑪ FRP下部水槽　⑫ 检查通道　⑬ 点检门
⑭ 外板　⑮ 扶梯　⑯ 风筒　⑰ 皮带罩

图8-8　横流式冷却塔结构图

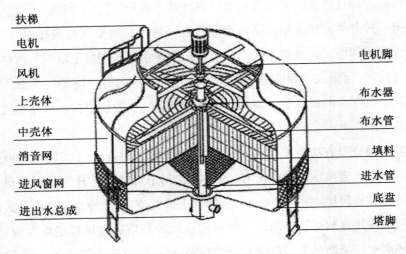

扶梯
电机
风机
上壳体
中壳体
消音网
进风窗网
进出水总成

电机脚
布水器
布水管
填料
进水管
底盘
塔脚

图 8-9　逆流式冷却塔结构图

2. 冷却塔噪声源和传播途径分析

冷却塔噪声主要来源于空气动力噪声、落水噪声和配套水泵噪声,此外还存在电机噪声、减速器及筒体的机械结构噪声等。

（1）空气动力噪声

冷却塔的空气动力噪声主要产生于空气的流动,自然通风式冷却塔的空气动力噪声较小,但机械通风式冷却塔的空气动力噪声较大,这一方面是因为机械通风冷却塔的气流速度较自然通风式高,另一方面是风机的叶片推动空气时会使气流产生脉动和黏滞,从而出现旋转噪声和涡流噪声。以机械通风的逆流式冷却塔为例,空气动力噪声源从两个地方向空气中传播,一个在冷却塔上方的排风口,另一个在冷却塔腰部的进风口,通常排风口空气动力噪声比进风口要大 5 dB(A)左右。为保证冷却塔的换热效果,其配套的轴流风机转速一般较小,气流速度较低,以便水气之间充分的热交换,因此冷却塔空气动力噪声的频谱呈中低频特性,噪声的声压级一般为 78~86 dB(A),详见图8-10 中的曲线 1。

尽管冷却塔风机的运行噪声级并不很高,但是风机体积庞大,其进、排风口的面积常常能达到数十平方米,例如一台 300 t 的冷却塔,其排风口面积达

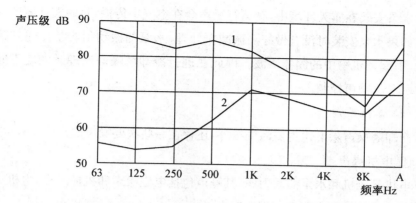

曲线 1. 风机排风口 45°方向塔径距离处空气动力噪声
曲线 2. 冷却塔进风口中心位置(关闭风机)淋水噪声

图 8-10　逆流式机械通风冷却塔噪声频谱曲线

到 10 m² 左右,进风口面积接近 20 m²,因此声源的声功率级却较大。由于冷却塔风机的声功率级大,频率低,主声源位置较高,导制冷却塔空气动力噪声治理的难度增加。

（2）落水噪声

冷却塔内的循环水从淋水装置滴落到下面的底盘上,当水滴以较高的速度与底盘水面相撞时,必然会引起水面的激烈振动,并向空气中辐射噪声。落水噪声的大小与水滴的大小、下落高度、水流量以及落水角度等相关,一般逆流式机械通风冷却塔的落水高度低、水量小,其落水噪声在 75 dB(A)左右。而发电厂自然通风冷却塔的水量大,水滴从很高处落下到达底盘时的速度高达每秒数十米,因此其落水噪声高达 80～85 dB(A),而且电厂冷却塔淋水面积动辄数千平方米,落水噪声的自然扩散衰减很慢,噪声影响范围很大。

落水噪声是撞击产生的,因而其频带较宽,而且呈中高频特点。逆流式机械通风冷却塔落水噪声的频谱曲线见图 8-10 中的曲线 2,其频率峰值在 1～2 KHz;自然通风冷却塔因水滴的落差大,撞击水面时的速度快,落水噪声的频谱峰值更高,达到 4 KHz 左右。

（3）水泵噪声

冷却塔循环水系统需要配套水泵,水泵运行噪声也达到 85 dB(A)左右,如果水泵安装在露天环境中，其运行噪声会在空气中传播，对周围环境产生污染。如果水泵安装时没有做好隔振减振处理，水泵的振动很容易传递到建筑物上，引起建筑物中的固体声波。因此在进行冷却塔噪声治理时一定不能忽视对水泵的噪声控制。

（4）其他噪声

冷却塔噪声除上述主要污染源外，还存在一些次要噪声源。

① 电机噪声

电机是风机和水泵的动力源，其噪声包括电磁噪声和机械噪声，电机噪声与其驱动的风机和水泵噪声相比较小。

② 减速机噪声

减速机噪声是齿轮啮合时产生的，该噪声属于机械噪声特性。降低齿轮啮合噪声需要提高齿轮的加工精度和轴的平行度，使齿廓重合度不至太小。减速机噪声也是较小的。

③ 冷却塔筒体等的结构噪声

冷却塔运行时塔体、管道、支撑结构等因受风机等的激励产生振动并辐射结构噪声，正常情况下冷却塔都安装于室外，筒体等部件向空气中辐射的结构噪声很小，基本可以忽略其影响。但如果结构件振动引发固体声波传播到建筑物室内，建筑物壁面向室内辐射二次声波，则建筑结构噪声就会对室内的声环境质量产生不利的影响。

3. 冷却塔噪声控制措施

（1）选用低噪声冷却塔

冷却塔噪声主要来自空气动力噪声和落水噪声，控制好这两个噪声源就能有效降低冷却塔整体的运行噪声。对于干式和横流式冷却塔而言，它们的运行噪声主要是空气动力噪声，落水噪声很小。对于自然通风式冷却塔，其运行噪声主要是落水噪声。对于逆流式冷却塔，其运行噪声既有空气动力噪声，也有落水噪声，但落水噪声比空气动力噪声小 5 dB(A)左右。

目前市场上的机械通风冷却塔按其运行噪声的大小可分为一般冷却塔、低噪声冷却塔和超低噪声冷却塔，它们的运行噪声级分别在 80～85 dB(A)、

75～80 dB(A)和 70～75 dB(A)。其中一般冷却塔大多数都是逆流式冷却塔,低噪声和超低噪声冷却塔则都采用横流式冷却塔。低噪声和超低噪声冷却塔除落水噪声很小外,对风机也进行了优化设计,例如控制风机转速,使叶片的圆周速度不高于 35 m/s;优化风机叶片的形状,包括控制叶片湍流边界层厚度,优化叶片的前掠角度,改善气流的气动性能,使叶片尾部脱落时涡流噪声降低;采用玻璃钢等阻尼系数大的材料制作风机叶片,减小风机的机械噪声;采用变频、低噪声电机和变速器等。

(2)冷却塔噪声的工程控制措施

① 在冷却塔进、排风口加装消声器

冷却塔进、排风口噪声主要是空气动力噪声,根据噪声治理的一般原则应该采取消声器的降噪措施。但是消声器设计时注意以下几点:

a. 因为与冷却塔配套的轴流风机压头低,所以进、排风口消声器的阻力损失必须要小,否则会影响风量使冷却塔内的热交换性能变差,因此一般采用阻力系数小的阻性片式消声器。

b. 消声器内的气流速度宜控制在 6～7 m 以下。气流速度的降低必然要求消声器的有效通风截面积增大,因此冷却塔排风口消声器的截面一般都要比原排风口面积大近 1 倍,这样排风消声器与冷却塔排风口之间还要加设一段扩张管才行。

c. 因为冷却塔空气动力噪声为中、低频噪声,所以排风口消声器设计应针对中、低频声波,吸声片的厚度应尽可能大一些。冷却塔进风口不仅存在空气动力噪声,还有落水噪声,这里的频率范围更宽,设计时应对各个频段的声压级作 A 计权修正,根据修正后的峰值频率选择合适的消声片厚度。

d. 对于逆流式冷却塔,气流中的湿度很大,消声器要做好防水处理。一般要求吸声材料采用无碱超细玻璃棉,因其吸湿率低,具有天然的防潮作用。工程中也常用一层塑料薄膜(厚度不超过 0.02 mm)将无碱超细玻璃棉包裹起来,让水气不能浸入吸声材料内,虽然这样会稍微降低高频声波的吸声效果,但冷却塔的空气动力噪声主要是中低频,因此塑料薄膜对消声器总的降噪效果影响较小。消声器的护面板等应做好防腐处理,护面板可采用耐腐蚀的穿孔板,如铝穿孔板等,消声器的外壳、槽钢骨架等应进行表面防腐处理。

e. 冷却塔进、排风口消声器体积庞大,其重量是不能依靠原塔体承载的,必须另行设计消声器的支撑钢架。

f. 如果需要保护的敏感目标处在冷却塔的某一个方向上,而其他方向对声环境质量要求不高,可以只在进风口面向敏感保护目标方向加装消声器;排风口消声器可以设计为消声弯头,让气流排口背向敏感目标,利用声源的指向性提高排气口背面的降噪效果。

② 降低冷却塔的落水噪声

可以从两个方面入手降低冷却塔的落水噪声,第一,在不影响制冷效果的前提下尽可能降低水滴的落差和减小水滴的质量,因为水滴越大,落差越高,水滴撞击水面的力量越大,激发产生的落水噪声也就越大。第二,在水滴落到水面前采取缓冲消能措施,以降低水滴速度,减小水滴的撞击力,例如在接水盘的水面上铺一层柔软的泡沫塑料,让水滴慢慢从塑料上流到接水盘,而不是溅落到水面上;再如在水面上方加多层细密的丝网,水滴通过丝网后速度降低了,粒径变小了,落水噪声也就降低了;还有在水面上方加蜂窝斜管、斜板等用以消解水滴的动能,降低落水噪声。

③ 利用声屏障降低冷却塔噪声

当需要保护的敏感目标位于冷却塔一侧,且敏感目标与声源高度相比不高,冷却塔排风口与声屏障顶的连接线的延长线高出敏感保护目标时,可以采用声屏障降低冷却塔噪声。

用声屏障来控制冷却塔运行噪声时,需要注意的是:a. 声屏障距离冷却塔的位置不能太近,以防止屏障影响冷却塔的进风;b. 声屏障应有足够的高度和长度,要能保证屏障后面的敏感目标得到有效屏蔽;c. 要用型钢立柱支撑好声屏障,保证其在恶劣天气条件下不会倾覆。

通常情况下冷却塔的排风口位置较高,如采用声障屏控制其噪声,屏障需要做得很高,降噪量还不一定理想,因此通常都是在冷却塔排风口加设消声器,而对进风口加设声屏障。在实际冷却塔噪声治理工程中有时还将消声器和隔声屏障结合在一起,制作成不同结构和形状的消声器、消声通道或隔声屏体,以降低工程投资,提高降噪效果。

④ 采取隔振减振措施防治结构噪声

冷却塔运行时风机会激发塔体振动并进一步传递到基础上,水泵运行也会将振动传递到基础和水管上,大多数机械通风冷却塔都是安装在裙楼或顶楼的屋面上,所以基础就是屋面,如果冷却塔、水泵等的振动传递到了屋面上,屋面振动就会进一步在建筑物内形成固体声波并引起楼下房间内的结构噪声。

为防止振动和建筑结构噪声的负面影响,应当对风机和水泵进行隔振减振处理,具体的处理方法与第七章中风机和水泵的固体声波控制方法相同,主要以基础和管道为主要对象进行隔振减振处理。

4. 冷却塔噪声治理案例

(1)南京市某办公大楼冷却塔噪声治理

① 概况

南京市某办公大楼为两栋 32 层的双子楼,双子楼之间是一栋 4 层裙楼。裙楼平台上安装了 11 台冷却塔,与北侧办公大楼相距约 15 m,冷却塔排风口与北子楼 6 层窗户高度相等。冷却塔与北子楼的平面布局和侧立面如图8‑11 所示。

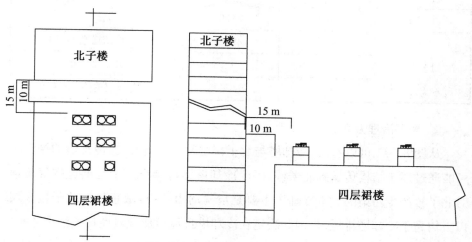

图 8‑11　冷却塔与北子楼相对位置关系图

11 台冷却塔均为上海金日牌 KSD—N—N175C1 型横流式冷却塔,单台冷却塔体积为 2 080 mm(L)×3 280 mm(W)×3 645 mm(H),冷却水量为 121 m³/h。冷却塔风机直径为 1 700 mm,风量 1 160 m³/m,压头 8.43 mm H$_2$O,转速 460 rpm,电机 5HR4R,顶部出风口口径为 1 800 mm。

② 噪声源和污染情况

冷却塔运行时测量冷却塔排风口 45°方向 2 m 处的噪声级为 79.6 dB(A),塔腰处 3.0 m 远处的运行噪声级为 80.5 dB(A)。

冷却塔群距离北子楼仅 15 m,与南子楼相距较远。冷却塔运行噪声对北子楼南窗外 0.4 m 处的影响声级测量结果见表 8 - 4。

表 8 - 4 冷却塔运行噪声对北子楼南窗内、外的影响声级

测点房间号	窗外 0.4 m	关窗室内 1 m	备注
418	61.5	41.2	测点低于裙楼
616	64.3	53.5	测点与冷却塔排风口等高
819	68.9	51.3	
931	69.6	50.9	
1 027	70.1	52.2	测点高于冷却塔排风口
1 222	69.8	52.1	
1 518	68.8	51.0	
1 822	67.9	49.8	冷却塔全开
	66.7		关了小机组
	60.7		冷却塔全部关停,本底噪声

③ 噪声治理方案

从图 8 - 11 可以看出,冷却塔与北子楼之间是分离开的,冷却塔的振动不可能通过建筑结构传播到北子楼,因此冷却塔运行噪声完全是通过空气传播对北子楼产生污染的。本冷却塔主要是空气动力噪声,敏感目标北子楼 6 层以上均高于冷却塔排风口,因此决定在冷却塔排风口加设阻性片式消声弯头,对冷却塔的进风口作消声处理的同时进行隔声屏蔽处理。

a. 阻性片式消声弯头

冷却塔排风口加设的阻性片式消声弯头出风口向南,背对北子楼,设计指标为降低冷却塔运行噪声对北子楼各楼层的影响声级 15 dB(A)。消声器的外壳为彩钢板,吸声护面板为铝合金穿孔板,吸声材料为无碱超细玻璃棉。考虑到冷却塔排风口噪声频率较低,在消声弯头的拐角处设计了一个大三角形吸声体,该吸声体既可以有效地消除中低频噪声,还能起到导流和降低局部阻力的作用。

b. 进风口隔声屏蔽处理

对最靠近北子楼的 4 台冷却塔,在北侧进风口加设一排倒 L 形声屏障,声屏障与塔身相距 1.0 m 以上,以保证冷却塔进风不受影响。声屏障与冷却塔等高,两端分别向东西适当延伸,使屏障长度超出塔体。声屏障倒 L 顶板与上面的消声器侧面相接,防止进风口噪声从屏障上方泄漏出来影响北子楼高层办公室。在两排冷却塔之间用隔声板将冷却塔进排风分隔开来,这样既屏蔽了冷却塔进风口噪声可能对高层办公楼的影响,又防止了冷热气流的混夹导制冷却塔的制冷效果下降。声屏障和隔声板内侧为吸声面,外侧为隔声板。图 8-12 为大厦冷却塔群噪声控制总图。

④ 噪声治理效果

实施上述噪声治理措施后,对北子楼南窗外的环境噪声进行了监测,测点与表 8-4 中的窗外测点相同,冷却塔正常运行时北子楼南窗外的环境噪声级均达到 61.0 dB(A)以下,各测点的总环境噪声级下降了 0.5~9.3 dB(A)不等。冷却塔停运后对北子楼南窗外的环境噪声进行了监测,各楼层窗外的环境噪声级与冷却塔运行时基本一样,因为该办公大楼受东西两面城市干道上的交通噪声影响,导致北子楼南窗外的环境噪声居高不下。本噪声治理工程经区、市环境监测站两次监测,顺利通过环保验收。

(2) 某大学综合楼冷却塔噪声治理

① 概况

某大学综合楼是 12 层的小高层建筑,楼顶有两台冷却塔(每台冷却水量 200 T/h),冷却塔旁边是循环水泵房,泵房内安装有 3 台水泵,两用一备(单台

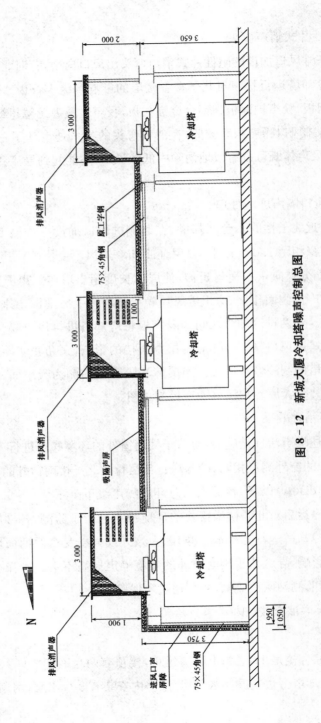

图 8 - 12 新城大厦冷却塔噪声控制总图

水泵的功率 15 kW,重 117 kg,转速 2 950 rpm)。但冷却塔下面是大学会议室,会议室下面是教师办公室,冷却塔系统正常运行时下方会议室内的噪声级达 59.6 dB(A),会议无法举行;再下层的办公室内和中间过道上也是一片嗡嗡的响声,老师无法正常备课和办公,必须对冷却塔系统进行噪声治理。

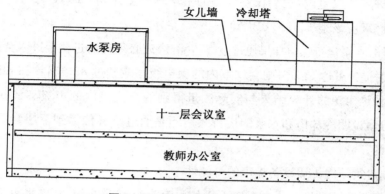

图 8 - 13　综合楼顶部正立面图

② 噪声源及传播途径分析

大学综合楼冷却塔系统噪声源主要是冷却塔和水泵,现场对系统正常运行时的噪声源进行了测量,距离塔体 3 m 处的冷却塔噪声级为 78 dB(A),水泵房内的平均噪声级 87 dB(A),两种设备的运行噪声基本属于正常水平。但是冷却塔和水泵都位于综合楼楼顶,它们的运行噪声可通过空气传播,并进一步绕射到下面的会议室和办公室;也可透射过楼板进入到下方会议室和办公室;也可能因设备振动激发综合楼楼板振动,并在大楼内形成固体声波,当固体声波传到下面的会议室和办公室后再向空气中辐射建筑结构噪声,影响会议室和办公室内的声环境质量。

a. 空气传播噪声的可能性分析

两台冷却塔布置在顶楼的露天环境中,如果冷却塔运行噪声直接透射过楼板进入会议室,用重质隔声量经验公式计算声波透射损失,设钢筋混凝土楼板厚 150 mm,比重为 2.3 t/m³,得到楼板的隔声量 $TL=18\log(m)+8=18\log(2.3\times150)+8=54$ dB,则冷却塔运行噪声对下层会议室内的影响声级应该为：$(78-54)\,\mathrm{dB(A)}=24\,\mathrm{dB(A)}$。如果冷却塔运行噪声是绕射到下方的，因综合楼顶两侧有较高的女儿墙，根据简化的声屏障绕射衰减公式 $\Delta L=10\log(3+10N)$ 计算，因绕射产生的声程差大于 3 米，声速为 340 m/s，噪声主频率为 250 Hz，得到声绕射衰减量为 16.7 dB；绕到下方的声波再透过会议室的墙体进入会议室内，设会议室南墙的平均隔声量为 30 dB(A)；这样会议室内的噪声级应该小于 31.3 dB(A)。

同样，水泵运行噪声如果通过空气传播，声波必须透射过楼板进入会议室，声波透射损失可达 54 dB，则会议室内的噪声级不应超过 $87-54=33\,\mathrm{dB(A)}$。对这两种噪声源的计算结果与实际测量得到的会议室内的声级 59.6 dB(A) 相距甚远，说明冷却塔和水泵的运行噪声不是通过空气传播到下层会议室和办公室的。

b. 建筑结构传播设备噪声的可能性

现场观察冷却塔和水泵机座下面均没有进行减振处理，立式水泵与地面用螺栓固定，测量水泵房窗户上及门外楼板的振动，振动加速度级均高达 4.8 m/s²，且峰值频率接近 300 Hz，这是水泵基频 49.2 Hz 的 6 次谐振频率（见图 8-14）。测量楼下会议室内的噪声，频谱峰值出现在 250 Hz 倍频程段（见图 8-15），而 300 Hz 频率包含在该倍频段内。水泵房振动的峰值频率和会议室内噪声的峰值频率相一致，且都是水泵基频 49.2 Hz 的 6 次谐波，说明水泵振动激发起综合楼内的固体声波，当固体声传播到会议室和办公室时，内

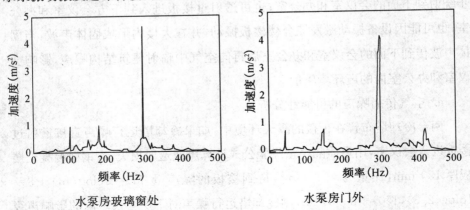

水泵房玻璃窗处　　　　　　　　水泵房门外

图 8-14　水泵房窗户及门外的振动测量

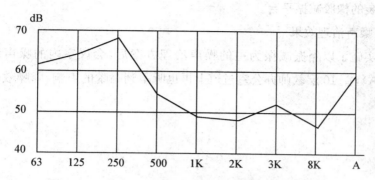

图 8－15　水泵正常运行时会议室内的噪声倍频程分析

壁面向空气中再次辐射噪声，于是会议室和办公室产生了严重的建筑结构噪声污染。

　　冷却塔旁边的楼面振动很小，可以断定下层会议室和教师办公室内的建筑结构噪声主要是水泵引起的。

　　③ 噪声治理方案

　　a. 拆除水泵（连同电机）的固定螺栓并抬高水泵，在水泵与基础之间整体串接金属钢丝绳减振器和橡胶减振垫，如图 8－16 所示。

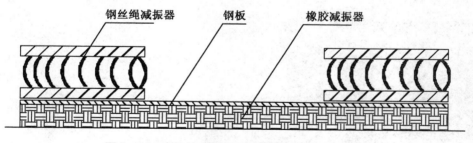

图 8－16　串接的金属钢丝绳减振器和橡胶减振器

　　b. 水泵进出水管加装橡胶软接头。

　　c. 凡着力于地面的输水管道，在其下方加装减振平台，凡吊挂于水泵房屋面的管道加装弹簧吊架。

　　d. 扩大穿墙管道洞口，让管道与墙体完全分开，并用膨胀剂密封洞口。

　　e. 水泵与冷却塔连接的水管原来刚性支撑在屋面上，在支撑管道与屋面之间加装的橡胶减振平台。

④ 噪声治理效果

在实施了以隔振减振为主的噪声治理方案后,会议室内的噪声级达到 40 dB(A),在 10 层教师办公室过道上再也听不到嗡嗡的声响,降噪效果十分明显。

第九章　电梯、变压器噪声防治

民用建筑内部的公用机械设备一般有水泵、风机、空调、电梯、变压器等等，它们都可能对室内的声环境质量产生不利影响，其中风机、水泵和空调机组已经在前面作了详细介绍，本章则介绍民用建筑内的电梯和变压器噪声防治。

电梯和变压器运行对建筑物内部的影响主要是固体传声引起的建筑结构噪声，所以本章对这两种设备运行激发产生固体声波、固体声波在建筑物内的传播、衰减以及向空气中辐射结构噪声的过程进行详细的分析和计算，并进一步提供电梯和变压器引起的建筑结构噪声的防治方法和案例。这种计算分析方法和防治技术对民用建筑内其他机械设备也是适用的。

第一节　电梯结构噪声防治

电梯是高层住宅楼必备的设备，电梯主机的侧旁或侧下方即为居民起居室或卧室。绝大多数情况下电梯运行噪声不会对居民住宅内部产生干扰，但也有少数电梯因为设计或安装不当产生结构噪声，影响毗邻居民的正常生活、休息和睡眠。随着我国高层建筑的日益增多，产生电梯结构噪声扰民的事件也越来越多，房产商对此束手无策，入住居民为此十分苦恼。本节首先对电梯噪声扰民的机理进行探讨，然后提出相应的对策措施，最后给出电梯噪声治理的工程实例。

1. 民用电梯的一般结构及布局

高层和小高层居民住宅楼均为中小型电梯,其负载后的总重量为5 000 kg左右,而商业办公楼电梯无论是规格和承载量都要大得多,两者的结构基本相同。整个电梯是由驱动机械和轿厢组成,两者之间用钢丝绳连接。其中驱动机械包括电机、传动装置(导向轮、齿轮箱、抱闸等)和电梯运行控制系统;而轿厢则由厢体、配重、进出门和导轨组成。当驱动机械运行时,导向轮通过钢丝绳牵引轿厢在电梯通道内上下运动,在控制系统的指引下完成运载人员和货物的任务。

通常电梯机房均是布置在建筑物最顶层的专用机房内,驱动电机和传动装置组成一个整体安装在型钢支架上,中间有四只配套的橡胶减振器。大多数情况下型钢支架一头嵌砌在与居民住宅共用的墙体内,另一头固定在专用的墙墩上,也有型钢支架的两头均嵌砌在与居民住宅共享的墙体内。电梯前方是平台和人行楼梯,其他三面均与居民起居室或卧室相邻。一般电梯机房的平面布局如图9-1所示,整个电梯侧立面结构如图9-2所示。

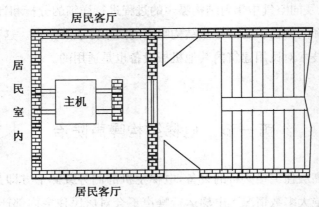

图9-1 电梯机房平面布局图

2. 电梯振动源分析

电梯运行时驱动机械、轿厢与型钢支架共同组成了一个完整的运行系统,分析整个电梯系统的振动源以及电梯运行系统的力或力矩的不平衡,对减小电梯振动、防治电梯噪声扰民具有重要意义。因为只有了解了振动产生的原

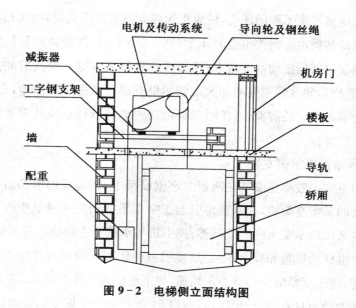

图 9 - 2　电梯侧立面结构图

因,才能针对性地采取相应的对策措施,将原本可能产生的噪声污染防治于源头。

（1）电梯系统的振动源分析

① 曳引机

曳引机是电梯轿厢升降的动力源和调速机构,其主要部件就是图 9 - 2 中的电机和传动系统。曳引轮振动主要来源于三个方面,第一是曳引轮的不平衡旋转是曳引系统机械振动的主要振动源,曳引机加工精度低、蜗杆刚度过小、减速箱及其曳引轮轴座与曳引机底座间的紧固螺栓预紧力不匀也会造成曳引机振动加大。第二电动机存在磁致伸缩产生的振动,电动机转子和制动轮的动平衡不好、与减速器之间的联轴器同轴度偏差同样会引起曳引机振动。第三当电梯启动和停车时抱闸张伸及制动器吸合也会产生瞬时的撞击振动。

② 悬挂装置

电梯轿厢和配重都是通过悬挂方式安装的,而在实际安装过程中经常出现绳头隔振装置刚度太大或太小、轿厢中心和曳引绳中心偏差过大,使导靴受力不均匀产生振动。各钢丝绳张力不均匀,摆幅过大。不同的钢丝绳张力会对曳引轮绳槽产生不同的压力,使曳引轮各绳槽磨损不均匀,绳间相对滑移加剧引起振动和噪声。绳头组合的压缩弹簧选型不对,弹簧弹性系数太小会使电梯起制动时轿厢振动幅度增大,弹簧弹性系数太大也会使其抗冲击负荷能力下降,同样会导致轿厢振动加大。轿厢没有进行减振防振措施,在轿厢起、制动时会引起很大的震动,当轿厢壁板振动频率与悬挂系统的振动频率相近时还会产生共振。

③ 承重的工字钢支架

民用电梯一般都是安装在两根工字钢横梁上,数吨重的电梯需要较高强度和刚度的承重支架梁,否则容易引起工字钢梁振动并在建筑中内产生固体声波。常常出现承重梁的刚度不够;曳引机与承重梁之间的减震不到位,减振器与整个电梯的重量和频率不匹配;曳引机及轿厢重量没有作用在承载工字梁的中间,使工字梁的两端受力不均衡(见下面的进一步分析)等。

电梯的动力只有一个,但其运行过程中的可能产生振动的因素较多,较复杂,这些振动最终都是通过两个节点传递给建筑物并在建筑物内产生固体声波,第一是驱动机械的型钢支架,第二是与轿厢导轨接触的导靴。

(2) 型钢支架对墙体的作用力分析

由于电梯主机是安装在工字钢支架上的,实际上电梯(驱动机械和轿厢)与型钢支架又构成了一个新的弹性振动系统,该系统要求力和力矩的平衡。如果型钢支架设计不合理,或者主机安装不当,即使电梯性能优良,驱动机械同样会造成工字钢支架振动。由于工字钢两端均嵌砌在墙体内的,该型钢支架的振动必然作用于墙体,造成建筑物中产生固体声波和结构噪声。

① 型钢支架的杠杆作用

居民楼内的电梯设计大多数如图 9 - 2 所示,电梯主机安装在型钢支架上,为节约机房面积,一般电梯设计中将型钢一端直接借用机房与居民住宅共享的墙体,另一端搁置在专门的墙墩上(也有两端均借用机房墙体)。这样的设计首先会导致型钢支架对墙体产生很大的作用力,如图 9 - 3 所示。

这里假设型钢为刚性的,O 点是坚硬的支点,设主机传递到型钢上的作用力为 F_0,则 P 点的力为 $F = F_0 \times SO/OP$。正常情况下 SO 达到 600 mm 以上,而 OP 只有 150 mm 左右,墙体接收到的振动力是主机施加到型钢上的力的 4 倍以上。所以尽管主机与型钢之间减振效果很好,但因型钢嵌砌在混凝土墙体内,只要主机作用在型钢支架上的力有一点波动,其端点对墙体作用力的波动就放大很多倍,使端点周围的墙体产生振动。作者多年的工程实践经验也表明,凡是振动物体嵌入建筑物墙体内,该建筑物极易产生固体传声和结构噪声。因此只要电梯的工字钢支架嵌入墙体内,支架端点必然会有振动力作用于墙体,激发建筑物内产生固体声波。

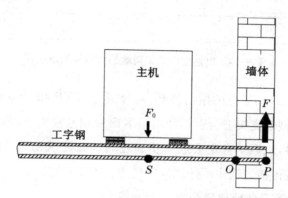

图 9 - 3　型钢支架埋墙端的杠杆作用示意图

② 型钢支架两端的力不平衡

还有一种不利的情况,电梯主机安装偏于型钢支架的一边,造成型钢两端的力不平衡,而且往往与居民住宅共享的墙体上受力更大,这就使工字钢端点的作用力更大,建筑物中的固体声波更强,相邻房间内的结构噪声更严重,如图 9 - 4 所示。

显然图 9 - 4 中,$F_0 = F_1 + F_2$,$F_1/F_2 = SP_2/SP_1$,如果电梯的总重量 F_0 为 6 000 kg,$SP_2/SP_1 = 2/3$,则与居民共享的墙体上受力为 3 600 kg,而墙墩上受到的力只有 2 400 kg,两者相差 1 200 kg,如此大的不平衡力作用在建筑物墙体上怎能不产生振动和固体声波呢?

为验证上述设计会导致型钢支架振动,作者在南京市某居民小区一台电梯上进行了振动测量,振动测点见图 9 - 4 中紧靠墙体的工字钢上方,SP_1:

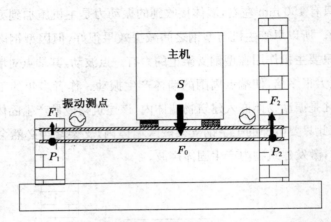

图 9 - 4 电梯型钢支架两端的力不平衡示意图

SP_2 约为 3∶2，P_1、P_2 点的振动级 VL_{Z10} 分别为 57 dB 和 76 dB。可见主机不对称地安装于型钢支架上会引起型钢两端振级相差很大，因型钢嵌砌在墙体内，是刚性连接，该振动肯定会进一步通过墙体在建筑物内传播形成固体声波，该固体声波传播过程中不停地向空气中辐射结构噪声。

3. 电梯噪声及传播途径分析

（1）电梯的运行噪声和振动

根据对多例产生噪声扰民的电梯运行噪声监测结果，一般机房内的噪声级为 73～81 dB(A)，机房门外的噪声级为 50～59 dB(A)，轿厢内的噪声级为 42～47 dB(A)，相邻机房的居民客厅（或卧室）内的噪声级达到 33～47 dB(A)，详见表 9 - 1。居民在家中可以清晰听到电梯运行噪声，夜间更加明显，有扰民投诉的居民室内噪声级绝大多数超出《社会生活环境噪声排放标准》和《民用建筑隔声设计规范》的限值指标。

表 9 - 1 扰民电梯的运行噪声级

测点	机房内	轿厢内	机房门外	相邻居民室内
声级 dB(A)	73～81	42～47	50～59	33～47

采用环境振动监测仪对电梯不同部位的振动进行测量，驱动机械上的振

动级 VL_{Z10} 在 100 dB 左右,由于经过电梯配套减振器的减振,型钢支架上的振动级 VL_{Z10} 已经达到 55～85 dB,而楼板上的 VL_{Z10} 只有 55 dB 左右,居民室内 VL_{Z10} 基本为 50～55 dB,详见表 9-2。

表 9-2 电梯运行时不同测点的振动级

测点	驱动主机上	型钢支架	机房内楼板	相邻居民室内
VL_{Z10} (dB)	100 左右	55～85	55 左右	50～55

楼板的振动级完全符合 GB 10070—1988《城市区域环境振动标准》,居民在室内一般感觉不到楼板振动。分析居民室内环境振动较小的原因,主要是环境振动监测仪的测量频率范围只在 80 Hz 以内,高于 80 Hz 频率的振动是测量不到的,而产生扰民的结构噪声频率范围绝大多数超出了环境振动监测仪的测量频率上限,只有人耳很不敏感的 20 至 80Hz 段的极低频段结构噪声处于振动监测仪的测量范围内,所以用环境振动测量仪是不能准确判断是否存在固体声和结构噪声的。

（2）电梯噪声传播途径分析

众所周知,噪声是由振动在介质中传播引起的,要降低电梯的扰民噪声,必须深入研究电梯振动的传播途径和过程。现在已经知道电梯的振动源是驱动机械,与该振动源紧密接触的介质有空气和型钢支架,驱动机械振动必然会激发附近空气和支架振动,因此电梯噪声只有从这两种介质传递到居民室内产生扰民,下面就详细分析空气和固体结构传播电梯运行噪声的可能性。

① 空气传声分析

电梯运行噪声通过空气传递到居民房间内的途径有:沿电梯门—楼梯道—居民门—居民客厅传播,通过墙体透射传播。

首先计算电梯噪声通过门、楼梯道、门等弯弯曲曲地传至居民客厅内的声衰减。根据轻质隔声的经验公式 $TL=13.5\log(M)+13$,取每道门的面密度 M 为 16 kg/M2(2 mm 钢板),则单道门的隔声量为 29 dB。因为电梯门和居民客厅门之间成垂直角度,且中间存在一定的距离,所以可以直接将两道门的隔声量相加得到总隔声量为 58 dB(A)。再加上距离扩散衰减和声源的指向性因素,其衰减量应达到 10 dB(A)以上。这样就得到电梯驱动机械噪声通过门、楼梯道、门传至居民室内的声级为 $81-29-29-10=13$ dB(A),所以该条传声通道不是产生噪声扰民的主要途径。

再计算通过墙体透射传声,根据重质墙体的经验隔声量公式:$TL=18\log(M)+8$,取电梯机房和井道墙体为 24 混凝土墙,M 约为 600 kg,计算得到的隔声量为 58 dB(A),再假设距离衰减量为 5 dB(A),则机房内的噪声透射到居民室内的噪声级应为 $81-58-5=18$ dB(A),可见只要墙体砌得密实,墙体透射传声也不是产生噪声扰民的主要途径。

通过理论计算,可以认为电梯运行噪声通过空气传播对相邻居民室内的影响是很小的。当然,如果电梯门和居民家中的门缝隙很大,或墙体存在孔隙漏声严重,则墙体和门的隔声量将大大降低,电梯运行噪声通过空气传播到居民室内的声级可能远高于以上的计算声级。

② 固体传声分析

电梯运行时因电机、传动系统的力和力矩不平衡会产生振动,该振动必然带动工字钢支架振动,为此生产商在电梯的驱动机械和型钢支架间设计了减振器,当电梯的设计和安装都很好时,驱动机械的振动经过减振器后衰减很大,传递到工字钢支架上的振动力较小。反之,减振器未能发挥其应有的减振作用,或者型钢支架设计不合理(如型钢支架端埋入与居民共享墙体内,主机偏离型钢支架中心等),存在力和力矩的不平衡,该不平衡导致型钢振动,因型钢与墙体为刚性连接,型钢振动进一步传递给墙体,墙体内的振动进一步沿着整个居民楼向各个方向传递,形成固体声波。固体声波传到居民室内时,居室内的墙面、地面、天花板、门、窗、家具等也跟随振动,并向空气中辐射结构噪声。

另外轿厢导轨与导靴之间也可能存在不平滑,因撞击产生结构噪声,但通过调查发现,由型钢支架产生结构噪声的概率和强度远远大于轿厢导轨与导靴。图 9-5 是电梯固体传声过程和结构噪声产生的示意图。

影响建筑物结构噪声大小的因素主要有三点,第一是固体内部的阻尼吸收,第二是声波的在建筑物中传播可能产生的反射损失,第三是固气边界面上的声透射损失。

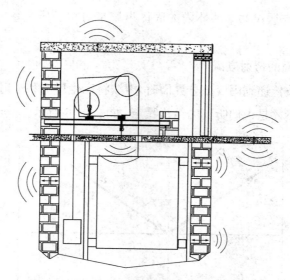

图 9 - 5　电梯运行时固体声波传播示意图

a. 固体声波传播过程中的阻尼衰减

通常水泥墙的阻尼损失因子为 $10^{-3} \sim 10^{-2}$，设固体声波的频率为 500 Hz，机房到居民室内的距离为 5 m，用板中平面行波的衰减公式，计算得到阻尼引起的声衰减量只有 0.15 dB。

$$V(x,t) = V_0 e^{-\frac{1}{4}K_b\eta X}\cos(wt - K_b X)$$

b. 声波在建筑物内传播过程中的反射损失

当电梯型钢支架埋入与居民共享的墙体时，该墙体的另一面就是居民室内，固体声波在该墙体内传播没有因力阻抗不匹配引起的反射损失。但是如果电梯型钢支架是搁置在专门的墙墩上的，则墙墩内的固体声波传播到楼板上会因传声介质的截面突变产生声反射衰减，楼板内的固体声波再向相邻的居民室内传播时，因楼面与墙面的十字交叉再次产生反射衰减。根据图 4 - 9，设墙墩截面和楼板的面积比为 0.1，则固体声波中的纵波和弯曲波的反射衰减分别为 5 dB 和 7 dB；根据图 4 - 12，相同截面的十字交叉引起的声反射衰减对楼板为 3 dB，对墙体是 8 dB。由计算可见，专用墙墩受电梯型钢支架作用力产生的固体声波对相邻居民室内的影响声级比与居民共享墙体内的固体声波小

8～15 dB,所以与居民共享墙体内的固体声波是对相邻居民室内产生噪声污染的主要原因。

c. 固气界面的透射衰减

当固体声波传递到固气的分界面时,声波将产生反射和透射,只有透射到空气中的声能量才是人们听到的结构噪声,如图 9-6 所示。

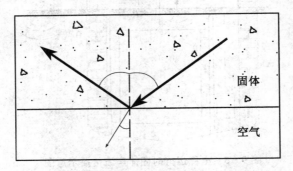

图 9-6　固体声波向空气中的航向衰减

现假设建筑物中的固体声波是纵波,按照声波垂直入射时的透射公式:

$$\tau = E_2/E_1 = 4\rho_1 c_1 \rho_2 c_2 / (\rho_2 c_2 + \rho_1 c_1)^2$$

式中:E_1 和 E_2 分别代表入射波和透射波的能量,ρ、c 分别为传声介质的密度和声速,其中下标 1 代表固体,2 代表空气。这里很容易计算得到透射到空气中的声能量与固体中的声能量差:

$$\Delta L = 10\log[4\rho_1 c_1 \rho_2 c_2 / (\rho_2 c_2 + \rho_1 c_1)^2] = 35.3 \text{ dB}$$

显然,当电梯型钢支架上受到足够大的振动力作用时,其产生的固体声波很容易传递到居民室内的墙体上,该墙体再向空气中辐射声波,虽然其透射到空气中的声能量只有墙体中的万分之一,但仍然能够产生足以让人耳感觉到的声级。

实际上建筑物的楼板和墙体均属于薄板,电梯激发产生的固体声波主要是弯曲波,其向空气中辐射声波的效率将增强。此种情况下建筑物表面的弯曲振动直接推动空气振动产生空气噪声,这与固体表面振动辐射噪声相同。结构噪声的大小不仅与墙体的材质、厚度、面积等物理性质相关,还与房间内的反射和混响状态相关,总体而言,存在固体声波的墙体面积越大、厚度越小、表面吸声性能越差,室内结构噪声越大,如果居民采取轻质薄板对室内进行了装修,则室内的结构噪声将更加严重。

4. 电梯噪声控制的对策措施

根据前面的分析,电梯噪声扰民主要是因为其动态的力和力矩不平衡,激发起建筑物内的固体声波和建筑结构噪声,因此应当针对性地采取以防治结构噪声为主的对策措施。

（1）选择性能优良的电梯

选择性能优良的电梯,要求电梯运行平稳,噪声和振动小,配套的减振器能与电梯重量、频率相匹配,重心不应偏离,尽可能选用对称性好的、制造精度高的电梯主机。

（2）合理设计电梯机房和支架

电梯机房和支架的设计十分重要,大多数产生建筑结构噪声污染的电梯都是因为设计不当产生的。

① 电梯机房不得与居民卧室、书房等要求安静的房间相邻,以免电梯运行噪声影响居民的正常休息和学习。

② 电梯型钢支架两端设置专门的墙墩,尽可能不要把型钢支架嵌砌在与居民共享的墙体内。如果因空间限制必须将型钢支架一端搁置在与居民相邻的墙体内,则型钢与墙体不得刚性连接,必须进行隔振处理,并确保减振器设计合理。

图9-7是作者设计的一款电梯型钢支架上的减振靴,电梯工字钢支架搁在减振靴内的两层减振器上,减振靴砌在墙体内,即使电梯工字钢支

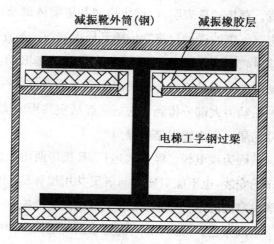

图 9-7　电梯型钢支架减振靴

架存在振动,经过砌在墙体内的减振靴的隔振处理,传递到墙体上的振动就会很小,相邻房间内就不会出现结构噪声。

③ 电梯主机重心必须布设在型钢支架中间,不得偏向任一端,作者曾见过一台电梯的工字钢支架长达 5 m,两端分别嵌砌在房间的两面墙内,而电梯主机安装在靠近居民住家一边,结果电梯的每个动作在居民家中都清晰可闻。

(3) 电梯的安装施工

① 电梯机房和井道墙体砌筑严实,不得留下任何孔洞,机房门安装严密,不得存在漏声缝隙,以防止可能产生的空气噪声的泄漏。

② 主机减振器安装不得偏离设计位置,确保其支承中心与电梯重心在同一条垂线。

③ 轿厢导轨必须垂直,从上到下导轨和导靴之间都应平滑接触。

④ 牵引轿厢的四根钢丝绳受力均匀,防止因此引起的轿厢振动。

⑤ 对电梯控制柜采取隔振减振措施,防止电梯运行控制系统及附属设备产生固体传声和结构噪声。

5. 电梯噪声控制实例

(1) 南京某小区居民楼电梯结构噪声控制

南京某居民小区建成后,多部电梯的运行噪声对机房两侧的居民产生干扰。现场踏勘表明,电梯机房和井道墙体砌筑严实,机房门安装较好,基本没有空气声波透过建筑物传播到居民室内。另外电梯的升降井导轨和导靴之间接触较平顺光滑,也没有导轨和导靴撞击振动。但电梯主机重心不在型钢支架的中间而是偏向与居民起居室共用墙体的一侧,造成电梯运行时型钢支架的振动力大部分传到了与居民起居室共用的墙体上,引起墙体内的固体声波,并向居民室内辐射结构噪声。

因为该电梯已经投入运行,且机房两侧的居民已经入住,不能对电梯重新布局安装,也不能对嵌入与居民共用墙体的型钢支架进行隔振处理。为降低居民室内的结构噪声,采取了两项控制措施:一是在电梯原减振器下方再串联一组减振器;二是针对主机重心偏离型钢支架中间的情况,在两根工字钢下方靠墙墩一侧增加一组弹性支撑架,以消除型钢支架的受力不平衡,减小与居民共用墙体内的固体声波强度,如图9-8所示。

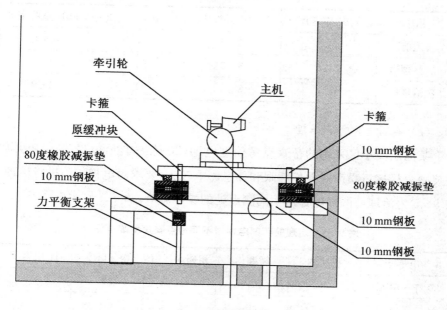

牵引轮
主机
卡箍
卡箍
原缓冲块
10 mm钢板
80度橡胶减振垫
10 mm钢板
80度橡胶减振垫
力平衡支架
10 mm钢板
10 mm钢板

图9-8 电梯结构噪声控制措施示意图

对该居民区住宅楼电梯采取治理措施后,相邻居民室内的再生噪声达到了《社会生活环境噪声排放标准》GB 22337—2008中结构传播固定设备室内噪声排放限值,取得了预期的降噪效果,相邻居民室内治理前后的噪声级对比见表9-3和表9-4。

表9-3 1栋3单元电梯治理前后噪声比较

测点	电梯主机房内	1101室	1102室
治理前	79(抱闸刹车)	44.5	44.0
	64.1(上下运行)	37.0	36.0
治理后	79.5(抱闸刹车)	31.7	31.2

表 9-4 四栋一单元电梯治理前后噪声比较

测次	1101 室客厅	1101 卧室 1	1101 卧室 2	1101 室卧室 3
治理前	44.8	42.5	41.8	43.0
一次治理后	34.2	32.9	32.9	33.1
二次治理后	31.7	30.5	29.7	30.8

（2）某园电梯噪声治理

某园居民小区采用的蒂森克虏伯型电梯，20 栋一单元和 22 栋二单元居民反映电梯运行噪声对他们睡眠和休息影响较大，要求对电梯噪声进行治理。表 9-5 为治理前两部电梯对不同测点处的噪声影响。

表 9-5 治理前两部电梯对不同地点噪声影响声级

电梯	机房内	轿厢内	相邻起居室	相邻卧室	下层客厅
20 栋一单元	76	47	40	37	—
22 栋二单元	72	50	42.6	—	37

现场踏勘电梯机房和井道墙体砌筑严实，壁面没有漏声缝隙，机房门安装较严密，门的隔声性能也较好，基本不存在空气传声影响居民室内声环境的问题；电梯的升降井导轨和导靴之间接触较平顺光滑，基本没有导轨和导靴撞击振动。但电梯主机的型钢支架一头埋在与居民共用的墙体内，且主机重心不在型钢支架的中间，使得电梯运行时型钢支架的振动力传到了与居民共用的墙体内，墙体内形成了固体声波，并传至居民家中的内墙面，再向居民室内辐射二次噪声。

针对这种情况，决定采取两步走的噪声治理方案：第一步在主机与型钢支架间的减振器下方再串接一组减振器，争取使相邻居民室内噪声级降到 35 dB(A)；第二步破开电梯型钢支架的墙体，对型钢支架作全面的隔振处理，争取使相邻居民室内噪声级降到 30 dB(A)以下。

两部电梯采取第一步降噪措施后，20 栋和 22 栋楼与电梯房相邻的居民客厅内的噪声级分别达 31.0 dB(A)和 31.2 dB(A)，下层居民客厅内噪声级均小于 30 dB(A),较治理前声级下降了 6 dB 左右。开发商与居民协商后,决定取消第二步噪声治理措施。

第二节 居民小区变压器结构噪声防治

1. 变压器工作原理和结构

变压器是居民小区必备的公共配套设施,其作用是将输送来的高压电降低到 380/220 V 的市电供居民使用。变压器是根据电磁感应原理将某一等级的交流电压和电流转换成同频率的另一等级的电压和电流的设备。变压器的核心部件是硅钢片迭合而成的铁芯和套在铁芯上的两组铜导线绕组,当在初级绕组中加上交变电压时就会产生交变磁通,交变磁通又在两绕组中产生交变感应电动势,感应电动势的大小与导线的圈数成正比,所以只要两绕组上的线圈数不同,就能实现电源电压的改变,图 9-9 为变压器的工作原理。

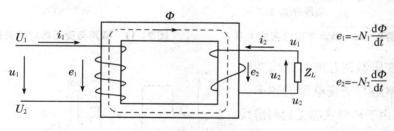

图 9-9 变压器的工作原理

真正用于居民区的变压器除核心部件铁芯和导线绕组外,还有绝缘层、机座、外壳、进出导线及轿架等,由于居民小区变压器都是降低电压,其输出线路中的电流变得很大,因此,输出导线大多数采用电阻很小的铜排连接,以减小电力损失。

2. 变压器噪声的产生机理

变压器的铁芯具有磁致伸缩特性,当铁芯励磁时沿磁力线方向的硅钢片尺寸会增大,垂直于磁力线方向的硅钢片尺寸会缩小。因为变压器耦合线圈之间的电磁场是交替变化的,所以铁芯就随着磁场的变化频率和周期而伸缩,铁芯垫脚等固定件受铁芯的周期性伸缩影响产生振动,并进一步引起整个变压器振动,向周围环境中辐射噪声。

　　变压器铁芯的磁致伸缩幅度是与变压器的磁通密度成正比的,而磁通密度又与变压器的功率成正比,所以变压器的电磁噪声与其功率成正比。图9-10为变压器的电磁噪声与磁通密度的关系图,图9-11为变压器电磁噪声与其功率的关系图。

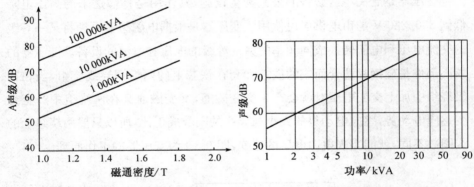

图9-10　噪声与磁通密度关系　　　　　图9-11　噪声与变压器功率关系

　　变压器铁芯磁致伸缩变化的频率是与交流电源的频率一致的,由于环形铁芯受到两组线圈电磁场的激励,所以其磁致伸缩的频率是电源频率的两倍。针对我国电网频率是50 Hz,所以变压器噪声的基频是100 Hz,其谐波频率有200 Hz、400 Hz等,图9-12为50 Hz小容量变压器运行噪声的频谱曲图。

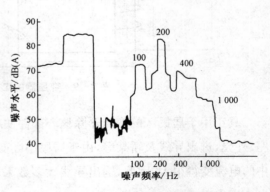

图9-12　小容量变压器噪声的频谱曲图

3. 变压器噪声在建筑物内的传播和衰减

居民小区的变压器一般都布置在建筑物的地下室或附近区域,因此变压器振动很容易引起建筑物内的固体声波,并进一步在居民室内形成再生噪声。本节根据变压器的振动水平及其产生的固体声波的传播路径,逐步推算变压器振动的传递、固体声波在建筑物中各节点的反射、透射以及扩散、阻尼等影响,最终求得居民室内的结构噪声。建筑物中结构噪声的分析计算方法完全是根据固体声波传播衰减和辐射理论进行的,由于固体结构件的复杂性,对传声物体的性质、结构、形状估计偏离就会产生计算误差,计算过程也较空气中的声波复杂烦琐。变压器结构噪声的计算结果与实际监测结果比较接近,这说明固体声波在建筑物内的传播衰减以及固体声波向空气中的声辐射理论是可信的。这种计算方法也可以用于水泵、风机、空调机组等结构噪声的研究分析,只要知道这些设备基础的振动级即可。

(1) 固体声波在建筑物内的传递损失

① 结构噪声在混凝土地板内的扩散衰减 R_p

建筑物内的声扩散衰减是声波在传播过程中因声能密度减小引起的声级降低,这主要由声源性质和声场扩散条件决定。声波在建筑物内传播时的衰减不可能像在空气中那样以球面波或柱面波扩散,它只能在墙体和楼板中传播。为便于定量说明问题,这里以某居民楼变压器房为例,该变压器房面积约 4 m×3 m,变压器位于房屋中央,其基础面积约 1.3 m×1.7 m,变压器运行时整个基础均会产生振动,固体声波从这里向四面扩散。

图 9-13 是变压器在变电房内的平、立面图,我们将变压器基础外周混凝土地板中的声能密度设为 E_0,将变压器房墙脚处混凝土地板中的声能密度设为 E_1,E_0、E_1 都是指平均声能密度。根据能量守恒定律:$V_0 E_0 = V_1 E_1$,其中 $V_0 = 2H_1(a_0 + b_0)$,$V_1 = 2H_1(a_1 + b_1)$(H_1 为混凝土地板的厚度,这里假设了混凝土地面厚度是一致的),得到 $E_1 = (a_0 + b_0)E_0/(a_1 + b_1)$,则固体声波的衰减声级为:

$$R_p = 10 \lg \frac{E_1}{E_0} = \lg \frac{a_0 + b_0}{a_1 + b_1}$$

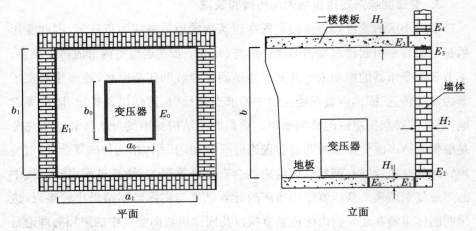

图 9 - 13　建筑物内固体声波的扩散衰减断面

将上述变压器和变电房尺寸代入,得到变压器产生的固体声波从基础传播到墙脚处声能量的扩散衰减了 3.7 dB。

② 地板与墙体直角处的传递损失 R_b

声波遇到墙体以后,固体声波将进一步向墙体传播(见图 9 - 13 中的立面图),因为混凝土地面和墙体成直角刚性连接,声波在这里将出现波形转换,并且产生反射和透射。设地面和墙体均是混凝土结构,波形转换后以弯曲波为主,根据式(4 - 68),L 形转角处弯曲波的传声损失 R_b 为:

$$R_b = 20\lg\left[\frac{m^{5/4}+m^{-5/4}}{\sqrt{2}}\right]$$

当地面和墙体厚度相同时,固体声波的传递损失为 3 dB,当两者厚度相差较大时,传递损失将急剧增加。针对居民住宅而言,墙体厚度一般为 240 mm,地面厚度大约为 160 mm,计算得到墙角处的传声损失为 4.1 dB。

③ 墙体中的扩散衰减 R_w

声波沿墙体向上传播时也会向两侧扩散,扩散衰减与墙体结构密切相关。

a. 若变压器房是独立的,其四周的墙体与其他墙体没有连接,则固体声能量向上传播时没有扩散衰减。

b. 变压器房墙体与相邻房间墙体连接,当变压器房的层高与其墙体宽度相比较小,则固体声能量向上传播时扩散衰减较小;当变压器房层高与其墙体宽度相比较大,则固体声能量向上传播时扩散衰减较大。根据声能量守恒原理,声波沿墙体向上传播时声能密度的变化可以按下式计算(参见图 9-14):$E_3=LE_2/(L+\pi h)$,声级的衰减量则为:

$$R_w=10\lg\frac{E_3}{E_2}=10\lg\frac{L}{L+\pi h}$$

以前述变压器房为例,其墙宽 3 m,高 2.6 m,$E_3=0.27E_2$,即墙体因声能扩散衰减量为 5.7 dB。

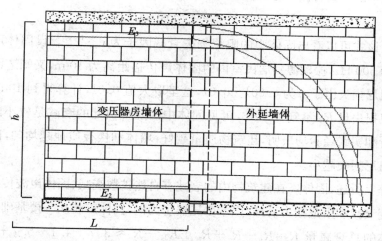

图 9-14　声波沿墙体向上传播过程中的扩散衰减

c. 如果存在变压器房的墙体与其他墙体 T 形或十字形连接,则延伸墙体中的声扩散衰减将变得复杂,但仍可从 T 形或十字形连接构件的传声损失图 4-7 和图 4-8 得知变压器房延伸墙体内声扩散衰减量大于 3 dB。这里主要考虑向上层楼的固体声传播衰减,对侧向传播不作深入分析。

④ 楼板与墙体 T 形相接的传递损失 R_{34} 和 R_{35}

一楼墙体内的固体声波继续向上传递,当固体声波到达与楼板 T 形相接处时声能量将再次分配给楼板和二楼墙体(见图 9-13),对于弯曲波而言,固体声波通过 T 连接的楼板时声能量的传声损失与墙体和楼板的厚度比密切相关。参照 T 连接构件图 4-7,其中 m 应改为图 9-13 中的 H_3/H_2,H_2 为墙的厚度,H_3 为楼板的厚度。设楼板的厚度与墙体的厚度比 m 为 0.7 时,则进入楼板的声衰减量 R_{35}(即图 9 - 13 中声能流密度 E_3 到 E_5 的衰减量)约为 8.5 dB,而进入二楼墙体的弯曲波的声衰减量 R_{34}(即图 9 - 13 中声能流密度 E_3 到 E_4 的衰减量)约 4 dB。

⑤ 固体传声介质对声波的阻尼损失 R_d

固体声波在建筑物内除了自然扩散衰减和拐角等处的突变衰减外,还会产生阻尼损失,阻尼损失主要是因固体中的热流机理和阿克希瑟机理造成的。以最简单的平面行波考虑,混凝土内的阻尼损失可用下式表述:

$$V(x,t) = V_0 e^{-\frac{1}{4} K_b \eta X} \cos(wt - K_b X)$$

从该式可以看出固体中的阻尼损失衰减因子为 $e^{-\frac{1}{4} K_b \eta X}$。设固体声波的频率为 500 Hz,振动源到居民室内的固体声传播距离为 10 m,又知道混凝土内的阻尼损失因子 η 为 0.001~0.01,这里取大值 0.01,计算得到 10 m 引起的阻尼损失量 R_d 不到 1.0 dB,可见固体中因阻尼引起的衰减是较小的。理论分析和实践经验均表明,建筑物质量越好,墙体和楼板质地越均匀,固体声波的阻尼损失越小。

综上所述,固体声在建筑物内的衰减有自然扩散衰减、固体声波传播通道的突变衰减和阻尼损失衰减,以本变压器房为例,固体声波从一楼基础传到二楼墙体的总衰减量 $R = R_p + R_b + R_w + R_{34} + R_d \approx 3.7 + 4.1 + 5.7 + 4.0 + 1.0 \approx 18.5$ dB,从一楼基础传到二楼楼板上的总衰减量 $R = R_p + R_b + R_w + R_{35} + R_d \approx 3.7 + 4.1 + 5.7 + 8.1 + 1.0 \approx 22.6$ dB,可见固体声波在建筑物结构内部的传播过程中衰减是相当快的。

(2) 固体声波在墙体内的反射增强效应

固体声波在建筑物内传播时,遇到边界面将会产生反射,由于固体声波的速度比空气中的声速快得多,而且墙体或楼板的厚度很小,所以固体声波在建筑物内的反射比房间内空气声波的反射频次大得多,因而固体中的声场更复杂。设建筑物墙体和楼板均为均匀的混凝土结构,声波传播的介质是两面平行的板状结构,声波在两个平行面之间来回反射容易产生谐振,使得某些频率的固体声波能量增大。

固体声波在边界面产生反射的规律与空气声波相同,对于斜入射的固体声波,其反射系数为:

$$\gamma_i = \left(\frac{R_2\cos\theta_i - R_1\cos\theta_t}{R_2\cos\theta_i + R_1\cos\theta_t}\right)^2$$

为简化计算,令 $\theta_i = 0$,即仅考虑固体声波的垂直入射,上式变为:

$$\gamma_i = \left(\frac{R_2 - R_1}{R_2 + R_1}\right)^2$$

与墙体和楼板边界面相邻的介质是空气,取空气的声阻 $R_2 = \rho_2 C_2 = 340 \text{ m/s} \times 1.29 \text{ kg/m}^3 = 438 \text{ kg/(s} \cdot \text{m}^2)$,而混凝土中的声阻 $R_1 = \rho_1 C_1 = 2\,300 \text{ m/s} \times 2\,400 \text{ kg/m}^3 = 5\,520\,000 \text{ kg/m}^3$,将数据代入上式计算可以得知混凝土建筑内声波的反射系数为 0.999 7,十分接近于 1。

由于固体声波在建筑物内的不断反射,使墙体或楼板内的声能密度增加。设固体声波在墙体内从一楼传递到二楼的距离为 3 m,墙体的厚度为 0.24 m,则接近二楼楼板处墙体内的固体声波除了直达声外还有约 12 次的反射声波,该 12 次的反射声波与直达声波叠加后,声强级应该为:

$$L = 10\log\left[(I_{直达声} + \sum_i I_{反射声i})/I_0\right] = 10\log\{[I_{直达声} +$$

$$\sum_i (I_{直达声}\, 0.999\,7^i)]/I_0\}$$

计算表明,由于墙面的声反射,固体声波在墙体内传播 3 m 距离声级将增加 11 dB。可见,因边界面引起的固体声波的反射,建筑物内声级增加很多,这在很大程度上弥补了固体声能衰减,使得固体声波能够在建筑物结构内部传播较远。

$$\Delta L_{反射} = 10\log(1 + \sum_i 0.999\,7^i) \approx 11 \text{ dB}$$

综合考虑本例中变压器引起的固体声波各项衰减和反射引起的声级变化,从一楼基础到二楼墙体共衰减了 7.5 dB($\Delta L = -R + \Delta L_{反射} = -18.5 + 11 = -7.5 \text{ dB}$);从一楼基础到二楼楼板共衰减了 11.6 dB($\Delta L = -R + \Delta L_{反射} = -22.6 + 11 = -11.6 \text{ dB}$)。

（3）固体声传递到空气中的声能衰减

① 固体声波透射到空气中的声级衰减

当固体声波传递到固气分界面时除产生反射外也会有少量的声能透射到空气中，该透射声波传到人们的耳朵里，就是人们听到的结构噪声。按照垂直入射的声波透射定律：

$$\tau = E_t/E_i = 4R_1R_2/(R_1+R_2)^2 = 4\rho_2 c_2 \rho_1 c_1/(\rho_2 c_2 + \rho_1 c_1)^2 \approx 0.000\ 3$$

很容易计算得到透射到空气中的声能量与固体中的声能量差：

$$\Delta = 10\log\tau = 35\ \text{dB}$$

从上可见，固体声波透射到空气中的声能量约为入射声能量的万分之三，声强级相差 35 dB(A)左右。

② 固体中弯曲波激发空气声的声能量衰减

实际上建筑物的墙体属于有限薄板，其中的固体声主要是弯曲波，墙体表面的弯曲振动向空气中辐射噪声应该是结构噪声的主要来源。式（4-60）为有限薄板中弯曲波的声辐射效率公式，该式表明有限薄板中弯曲波的声辐射效率不仅与截止频率 f_c 密切相关，还与声波的频率、平板的支撑条件、平板的具体尺寸等相关，很难用一个简单的公式计算出薄板中弯曲波的声辐射效率。但是根据第三章中声能密度与质点振动速度的关系式（3-19）：$e_k = \rho_0 v^2$，只要知道质点的振动速度就可以计算介质中的声能密度。显然墙体中固体声波的声能密度与空气中的声能密度分别为 $e_{k1} = \rho_1 v_1^2$ 和 $e_{k0} = \rho_0 v_0^2$（下标 1 代表墙体，0 代表空气），在固气、分界面上质点振动速度是连续的，v_1 与 v_0 的有效平均值可看作是相等的，因此墙体表面由弯曲波激发空气声的声能量衰减可以用下式估算：

$$\Delta L_{辐} = 10\log(\rho_0/\rho_1)$$

根据前面给出的混凝土密度和空气密度，计算得到墙体表面的弯曲振动向空气中辐射声波的能量比固体中的声能量衰减了 32.7 dB，说明墙体中弯曲波向空气中辐射声波的效率比声波透射效率高，约是声波透射效率的 1.7 倍。

（4）室内结构噪声的叠加

由于室内四面墙体和地板、屋面均会接收到从下面传来的固体声波，它们都会向室内辐射和透射声能，因此此室内结构噪声级应该是房间几个内壁面辐射声级的叠加。从前面的分析可知，传播到二楼墙体的声能量是最主要的，所以这里只考虑四面墙的声辐射叠加。设四面墙体的辐射的声能相同，且从声学角度认为墙面是刚性的，即室内没有声能量被吸收，则室内的再生噪声级应该再增加 $\Delta L_{叠加}=10\log 4=6$ dB。如果再考虑考虑辐射到房间内的结构噪声的反射和混响，则房间内的结构噪声还要增加，一次反射增大 $\Delta L_{反射}=10(1+1)=3$ dB(A)，二次反射增大 4.8 dB，以此类推。这里以一次声反射计算，则因房间因素室内的结构噪声增大达 9 dB。

（5）从变压器基础振动级推算二楼室内结构噪声级

对多台居民小区变压器振动的测量数据表明，变压器基础处的振动级 VL_{z10} 为 90 dB 左右，其加速度为：

$$a=a_0 10^{\frac{1}{20}VL_{z10}}$$

式中：$a_0=10^{-6}$ m/s^2，$VL_{z10}=90$ dB，得到振动加速度 $a=0.031\ 6$ m/s^2。根据牛顿定律：$F=ma=\rho_1 hSa$，得 $P=\rho_1 ha$，$E=P^2/\rho_1 c_1=\rho_1 h^2 a^2/c_1$。

这里 P 为声压，h、S 为墙体厚度和面积，ρ_1、C_1 为墙体的密度和声速，E 为墙体内的声能密度。这里设 h 为 0.24 m，得到建筑物墙体内的声能密度为 6×10^{-5} W，对应的声强级为 77.8 dB。

将建筑物内的声能密度对应的声级减去从一楼传递到二楼墙体的综合衰减量 ΔL、减去墙体向空气中的声辐射衰减量 $\Delta L_{辐}$、加上四面墙体辐射噪声的叠加量和一次反射声的叠加量，即得到透射到空气中的结构噪声级：

$$L_{墙结构}=10\log(E/E_0)-\Delta L-\Delta L_{透}+\Delta L_{叠加}+\Delta L_{反射}$$
$$=10\log(6\times 10^{-5}/10^{-12})-7.5-32.7+6+3=46.6\ \text{dB}$$

这就是变压器振动引起的二楼室内结构噪声级。显然这里计算得到的声级为线性声级，如果以 250 Hz 和 500 Hz 进行 A 计权，得到室内的结构噪声的 A 声级分别为 38 dB(A) 和 43.4 dB(A)。

表 9-6 为实测的几家变压器上方居民室内的结构噪声级，以 250 Hz 计

算得到的结构噪声级与实测值较为吻合。

表 9-6 变压器上方居民室内结构噪声实测值

地点	房间	A声级	变压器位置/台数
南京塞纳-马恩省 丽舍1幢1单元 203室	书房内	38.5	一楼室内/一台
	厨房内	36.7	
	洗手间	36.3	
南京绿岛华庭 306室	住户卧室	34.3	一楼室内/二台
	住户卧室	34.9	
	住户客厅	34.9	
成都望江橡 树林102室	102住户	41.0	地下一层/一台
	302住户	39.1	
徐州市电力公司 职工宿舍楼	三楼居民	51.0	地下一层/四台
平均		38.5	

理论计算和实际测量均表明,变压器运行引起的居民室内的再生噪声级超出了《社会生活环境噪声排放标准》GB 22337—2008 中的夜间标准,尽管固体声波向房间内空气中辐射和透射的声能量只有万分之五到万分之三左右,但其产生的结构噪声对人们的正常生活、工作和学习仍然会产生不利的影响,需要采取以减振为主要手段的控制措施。一般文献认为建筑物中的固体声波向空气辐射的声能十分微弱,可以不必考虑,但是理论计算表明,如果设备激发产生的建筑物固体声较大,对于声环境要求较高的居室或办公室内,建筑结构噪声是不容忽视的。

4. 变压器噪声控制措施

(1) 选用磁致伸缩小的低噪声变压器

变压器噪声主要是由于铁芯的磁致伸缩引起的,因此选用磁致伸缩小的铁芯是降低变压器噪声源强的根本方法。目前国内外已经取得很多控制变压器铁芯磁致伸缩的研究成果,主要有:① 选用高导磁、低损耗、晶粒取向优良、磁致伸缩小的硅钢片来制作铁芯,如 Hi-B 硅钢片和激光照射控制磁畴的硅钢片等;② 研究表明硅含量越高磁致伸缩越小,但当硅含量达到 3.5% 时,硅钢片就变脆,所以硅钢片中的硅含量应控制在 2.5~3.0%;③ 硅钢片的压延方向与磁力线的夹角成 50~60 ℃时铁芯的磁致伸缩最小,因此硅钢片铁芯采用斜接缝和阶梯接缝更好;④ 绕组线圈和铁芯间的间隙中插入纸板或环氧腻子撑紧,减小线圈与铁芯间可能的相互位移;⑤ 提高硅钢片加工精度,硅钢片厚度应控制在 0.27~0.35 mm,材料平整度要好、无缺陷、无毛刺、无波浪。通过对硅钢片材料、铁芯的结构和加工精度的有效控制,可以降低变压器本体噪声 5~10 dB(A)。

（2）采取隔声措施防止变压器噪声在空气中传播

变压器铁芯振动必然会通过铁芯的垫脚等固定件带动变压器外壳振动,并向空气中辐射噪声,为此应当采取以隔声为主的噪声控制措施。对于安装在地下室的变压器,则可利用建筑物进行隔声,根据建筑结构分析空气声波的传播途径,采取相应的对策措施,如果变压器噪声是从窗户泄漏出去的则可采用隔声窗,如果是从门或楼梯道等地方传播噪声,则可加设隔声门等。对于安装于露天的变压器,应当采取隔声罩控制变压器噪声,因变压器运行噪声频率较低,隔声罩的板材要厚重一些,还应在隔声罩内部针对低频噪声进行吸声处理。对于大功率变压器需要考虑隔声罩的通风散热,应在隔声罩上预留通风散热口,并在隔声罩上加设通风散热消声器。

（3）采取隔振措施防止固体声和建筑结构噪声

为防止铁芯振动通过机座、导线轿架传递到建筑物上,并进一步引起建筑物中的固体声波和房间内的再生噪声,必须采取相应的隔振减振措施。

① 变压器机座减振:采取橡胶隔振器、橡胶减振垫、空气弹簧隔振器、钢丝绳减振器等阻尼系数大的器件对变压器进行隔振处理,隔振系统的固有频率要适当低一些,使变压器的振动传递到机座上能有较大的衰减。

② 变压器导线轿架隔振:为防止变压器导线轿架将振动传递到建筑物上,可以采用弹性支架、弹性吊钩减振,也可以在电工的协助下采用多股软导线替换变压器铜排导线,防止变压器振动经过铜排、轿架传播到建筑物上。

5. 变压器噪声治理案例

（1）成都某居民小区变压器结构噪声的控制

① 概况

成都某居民小区高层住宅楼的变压器为 10 kV 干式变压器，单台变压器体积为 1 380 mm×1 050 mm×1 430 mm。整个变压器处于密闭的铁壳内，安装于型钢底座上，输出输入电线通过轿架与变压器连接。变压器安装于地下室内，与上层居民卧室相隔一层楼板，两者之间没有直接传播空气声波的通道，详见图 9-15。

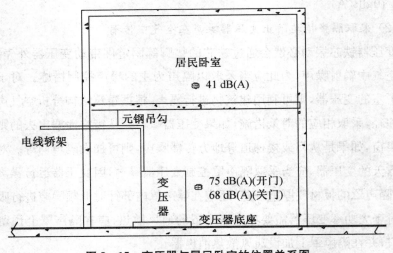

图 9-15　变压器与居民卧室的位置关系图

② 变压器噪声传播途径及其对上层居民室内的影响

对变压器房内的噪声进行测量，变压器铁壳门打开情况下 1.0 m 距离处的运行噪声级为 75 dB(A)，铁壳门关闭情况下 1.0 m 处的运行噪声级只有 68 dB(A)，说明变压器的运行噪声并不大。按照点声源在空气中的扩散衰减和楼板的隔声量进行计算，变压器运行噪声通过大气传播到上层居民室内的噪声级只有 10 dB(A) 左右，不会对室内居民产生影响。

对变压器的振动进行测量，变压器的振动级 VL_{z10} 在机座上为 108 dB，在基础上为 88.9 dB。按照前面的计算方法，考虑到声波在建筑物内的扩散、反射、混响、透射和叠加,其在上层居民室内的结构噪声级将达到 40 dB(A)。

实测居民室内的噪声级为 41 dB(A),与计算结果较吻合。现场采用"切"的方法,即用手去感觉地面存在振动,用长木棒放在导线轿架上感觉振动十分明显,到上层居民室内用耳朵贴在墙上能听到变压器的运行噪声,说明本噪声污染是由建筑物固体传声引起的,声波传播途径既有变压器基础,也有导线轿架。

③ 噪声治理方案

根据现场调查分析结论,变压器噪声扰民主要是设备振动通过建筑物结构传声引起的,所以工程中采取了三项隔振措施:

a. 对变压器基础进行隔振处理:根据变压器重量和振动频率,噪声治理工程采用了汽车座椅下的空气弹簧改装后安装在变压器下方,以隔绝变压器振动向地面的传递。为防止空气弹簧内的气体泄漏,每只空气弹簧均安装了压力传感器,一旦空气弹簧气囊内的压力不足,配套的充气泵立即充气,该自适应充气保证了空气弹簧的隔振效果。

b. 用弹性支架隔绝电线轿架的振动:原变压器的输出电线轿架是用元钢直接吊挂在天花板上的,因为现场发现轿架存在振动,为防止变压器电线轿架将振动传递到建筑物上,所以对轿架的固定方式进行了改进。用一根立柱支撑在轿架下面,立柱顶与轿架之间用橡胶减振垫作减振处理,同时割断原来吊挂在天花板上的元钢。

c. 电线轿架穿墙处采用柔软材料包裹和密封,防止轿架与墙体刚性接触。图 9-16 是变压器隔振措施示意图,图中给出了治理后各测点的噪声级。图 9-17 是安装在变压器机座下的空气弹簧隔振器。

④ 降噪效果

采取上述噪声治理措施后,在上层居民室内已经听不到变压器运行噪声,测量居民室内噪声级为 26.0 dB(A),达到了《社会生活环境噪声排放标准》GB 22337—2008 中规定的固定设备引起室内结构噪声的排放限值。

(2) 徐州市某职工宿舍楼变压器噪声治理

① 概况

徐州市某职工宿舍楼变压器位于地下室一层,共有 4 台变压器,型号为

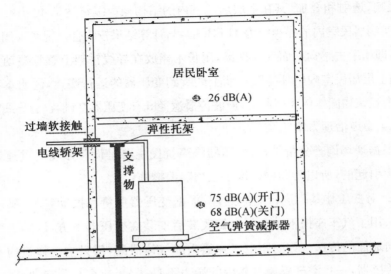

图 9 - 16　变压器隔振措施示意图

图 9 - 17　安装于变压器下方的空气弹簧

SCB10 - 2000/10,额定容量 2 000 kVA,电压等级 10 500/400 V,单台变压器重 5.32 t。变压器均加装了隔声罩,安装于型钢机座上,同时变压器上方有铜板导线桥架吊挂在机房楼板上。

　　当变压器正常运行时,在变压器隔声罩外的噪声级为 58 dB(A),打开隔声罩门的噪声级达到 73 dB(A)。但在楼上职工家中,直至 5 楼都能够听到变压器噪声,在三楼的居民家中测量变压器引起的噪声级达到 51 dB(A),对职工正常生活影响较大。

② 变压器噪声传播途径

根据现场调查,徐州市某职工宿舍楼室内的噪声是因变压器激发地面振动,地面振动在建筑物内形成了固体声波,固体声波传至职工宿舍内形成了建筑结构噪声。激发固体声波的途径主要有两个,一个是变压器振动通过底座传到地面,然后地面振动传给墙、立柱、楼板等直至居民家中;另一个途径是变压器铜排的振动通过吊架传到屋面楼板上,楼板的上面就是职工家的地面,地面振动直接向居民室内辐射结构噪声,同时楼板内的固体声波进一步传播到墙、柱上,墙、柱也向居民室内辐射结构噪声。

③ 变压器噪声治理方案

根据以上判断,对变压器噪声采取了下述治理措施:a. 对变压器基础进行减振处理,在每台变压器的机座下面都设计一个减振基础(见图 9-18);b. 将变压器输出端的铜排改成软导线,隔绝变压器振动向桥架上传递;c. 将导线轿架的吊架全部改成弹性吊架,以抑制桥架振动向楼板传递。

④ 降噪效果

上述措施实施后,三楼职工家

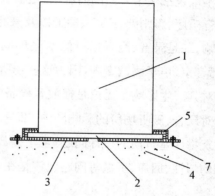

1—变压器;2—变压器机座;3—橡胶减振垫;
4—地面;5—定位弹性扣件;7—螺栓

图 9-18　变压器机座下面的减振基础

中噪声级从原来的 51 dB(A)降至 29 dB(A),总降噪量达到 22 dB,职工在家中完全听不到变压器的运行噪声。

第十章　播放音设备噪声控制和录音环境的保护

本章包括两个方面的内容,一是播放音设备对外环境的噪声污染控制,这包括音乐厅、影剧院、KTV、酒吧以及家庭等播放音设备噪声对外环境产生负面影响;二是录音、测听场所的本底环境噪声的保障,包括录音棚、听力测试室、播音室、声学测试室等,因为这些场所特别要求安静,必须防止外部噪声和振动对其产生影响。无论是播放音设备噪声对外环境的影响控制,还是外界噪声对录音、测听场所的影响防治,都只是从降低噪声干扰角度考虑的,不涉及建筑物厅堂音质的设计问题,至于播放音设备的音量大小、混响时间长短、声场均匀性、回声、颤振等问题应该是在建筑声学设计时考虑的。

第一节　播放音设备噪声的控制

1. 播放音设备噪声及其特点

本节所述播放音设备包括音乐厅、KTV、影院、酒吧和家庭等播放声音的设备,它们都是通过电动扬声器及其配套设备播放语言和音乐的电声器件,其播放内容可以人为选择,音量大小可以人工调节。

家庭用的播放音设备包括电视机、收音机、录放机等,其播放声音基本采用压电扬声器,声级一般为 60~90 dB(A)。家庭播放音设备的音量并不是很高,但由于相邻房间可能就需要安静的书房或卧室,甚至是别人家的客厅、卧室,稍不注意播放音设备噪声就可能对别人产生干扰,也容易引起邻里矛盾和纠纷。

酒吧、音乐厅、KTV、影剧院的播放音设备主要是音箱、低音炮等扬声器,其中音箱噪声级一般为 70～110 dB(A),而低音炮噪声级最大可以达到 120 dB(A)。根据播放音乐节目的频率需要,音箱内可能有高、中、低频的多个锥形扬声器,而低音炮内只有大口径的低频扬声器。因低音炮功率大、声级高、频率低,声波传播过程中衰减较慢,透射过建筑物的能力更强,因此更容易对外环境和相邻建筑物内的声环境产生干扰,影响人们的正常工作、休息和生活。

2. 播放音设备噪声的传播途径分析

(1) 播放音设备噪声的空气传播途径分析

① 家庭播放音设备噪声的空气传声

家庭播放音设备噪声会通过空气向室外传播,其传播途径可以通过开启的门窗直接传播,也可以通过建筑物墙体、楼板透射到相邻的居室内。以最常用的电视机而言,设其开机时 1 m 远处的噪声级为 90 dB(A),距离窗户或阳台 3 m,相邻两户人家的窗户相距 3 m,(见图 10-1),利用声波扩散衰减和绕射衰减公式计算,电视机噪声对相邻居民窗外的影响声级为 58.4 dB(A)。若该噪声进一步从邻居窗外传到室内,声级还可降低 10 dB(A)左右,则电视机

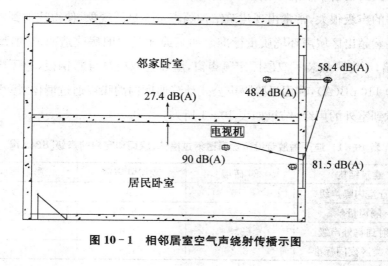

图 10-1　相邻居室空气声绕射传播示图

噪声对相邻居民室内的影响声级可以达到 48 dB(A)左右。

$$L = 90 - \Delta L_{扩} - \Delta L_{绕} = 90 - 20\log(r/r_0) - 10\log(3+20N)$$
$$= 90 - 11.8 - 19.8 = 58.4 \text{ dB(A)}$$

通过计算可以看出,电视机噪声通过开启的窗户绕射对相邻居民窗外的影响声级超出了 2 类声环境功能区夜间标准 50 dB(A),相邻居室内的噪声也超出了《民用建筑隔声设计规范》中一般住宅中的限值指标 37 dB(A)。如果关闭窗户,则电视机噪声对相邻居民窗外的声环境影响将小得多,一般可以达到 2 类声环境功能区夜间标准,不会对相邻的居民产生噪声干扰。

由于电视机与邻居家可能仅隔一道砖墙,用重质墙隔声经验公式估算声波透射到邻居家中的声级为 27.4 dB(A),说明正常情况下电视机噪声透射到邻室内的声级很小,不会对邻居产生影响。

$$L = 90 - \Delta L_{扩} - \Delta L_{透} = 90 - 20\log(r/r_0) - 18\log m - 8$$
$$= 90 - 6.0 - 56.7 = 27.4 \text{ dB(A)}$$

② 酒吧等播放音设备噪声的空气传播

酒吧、音乐厅、迪厅、KTV 等的播放音设备均位于室内,为防止噪声扰民,KTV、酒吧等放音室与敏感保护目标相邻的墙体一般都不允许设置门窗,即使存在门窗也会采取隔声量较大的隔声门窗。但是由于酒吧、迪厅内的播放音设备的声级很大,常常出现建筑结构隔声量不足的现象,使得透射到室外的噪声仍然超出区域声环境质量标准。如某迪厅是由旧房改造而成的,墙体为 24 砖墙,原窗户加装了双层固定隔声窗,屋面为双层复合彩钢板,迪厅内的噪声级为 110 dB(A),利用经验隔声公式计算迪厅内的噪声通过墙体、屋面和窗户透射到室外的声级,结果如表 10-1 所列。

表 10-1 迪厅播放音设备噪声透射过墙体、屋面和窗户的声级[dB(A)]

建筑结构	24 砖墙	双层隔声窗	彩钢屋面
放音室内噪声级	110	110	110
隔声量▲	56.7	38.2	29.6
透射到室外声级	53.3	71.8	80.4
超 2 类区夜间标准	3.3	21.8	30.4

　　由计算结果可见，由于酒吧、KTV、迪厅等播放音设备的噪声较高，即使有 24 mm 厚的实体砖墙隔声，也不能保证透射到室外的音响噪声能达到 2 类声环境功能区的夜间标准 50 dB(A)，如果采用轻质隔声结构则酒吧内播放音设备等噪声对外环境的影响将大大超出 2 类区环境噪声标准，会给附近环境带来严重噪声污染。

　　(2) 播放音设备固体传声途径和结构噪声

　　播放音设备会激发建筑物内产生固体声波，该声波沿建筑物结构传播，当传播到其他房间的内壁面时，振动的壁面又向空气中辐射声波，形成建筑物结构噪声，给室内的居民或员工带来噪声干扰。播放音设备引起建筑物内产生固体声波通常有两种途径，第一是播放音设备发声时产生振动，振动通过播放音设备底座、吊钩等传播到建筑物上；第二是高强声波直接作用在建筑物表面并在建筑物内形成固体声。

　　① 家庭播放音设备的固体传声

　　家庭用的电视机、收音机、录放机等播放音设备功率较小，辐射到空气中的噪声不容易激发起建筑物内的固体声波。但是一般的家庭播放音设备都是放在桌子上或挂在墙上，如果承载的桌面或墙面质量较轻、强度较小，又没有做好播放音设备的防振减振工作，它们也会将振动传递到桌面或墙体上，并激发起建筑物中的固体声波，该固体声波就可能影响到相邻居室内的声环境质量，邻里之间这样的噪声干扰纠纷也是存在的。

　　作者曾遇到一件意想不到的邻里噪声干扰事件，某居民小区的一户居民晚上用便携式收音机(体积约 100 mm×60 mm×25 mm)听音乐，收音机放在固定于墙上的简支平台上，第二天楼下的居民找上门，说收音机噪声影响了他家小孩学习。作者现场踏勘发现，简支于墙上的平台是一块 300 mm×300 mm 不锈钢板，厚 1.0 mm，折成 50 mm+250 mm 的角钢形状，用螺钉将 50 mm 的一面固定在墙面上，如图 10-2 所示。由于悬挂在空中的钢板较薄，刚性差，收音机振动传递到钢板上，钢板带动固定螺钉振动，激发墙体中形成固体声波，该固体声波沿墙体直接传播到下层的居民家中，并在居室内形成二次声辐射，图 10-3 是该案例中固体声波在建筑物中的传播途径简示。

进一步分析这种钢板简支结构,发现收音机振动产生的力被放大了。若将图 10-2 中螺钉固定的墙面处设为支点,认为其是刚性的,并设收音机振动产生的力为 P,P 到墙面的距离为 L,螺钉顶端的作用力为 F,F 到墙面的距离为 S,根据杠杆原理,$F=PL/S$,因为通常的螺钉较短,而简支板较长,所以螺钉作用到墙体的力被放大了。

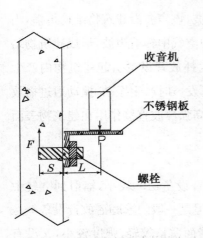

图 10-2 收音机振动力的放大

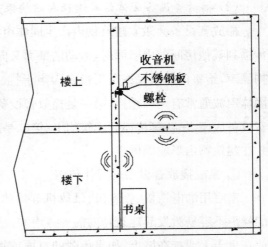

图 10-3 固体声波的产生和传播

当固体声波传播到楼下居民家中以后,墙面振动会产生二次声辐射,如果居室内采用薄板装修,则薄板振动引起的结构噪声比墙体结构噪声大得多[参见式(4-80)]。由于结构噪声是从房间的内表面向室内空气中辐射的,声波在房间内不仅没有衰减,而且多个墙面辐射的声波相互叠加,以及房间内表面对结构噪声的反射和混响,使得建筑结构噪声增大,影响到小孩的学习和休息。

② 酒吧、KTV、歌舞厅等播放音设备的固体传声

a. 播放音设备振动激发建筑物形成固体声波

KTV、歌舞厅、酒吧的音箱都是吊挂在天花板或墙壁上,低音炮都是放置在地板上,无论是音箱还是低音炮发声时振动都较大,该振动必然会传递到建筑物上。特别是吊挂的音箱振动通过吊钩传给膨胀螺钉,螺钉如同一个小槌

不停地敲打天花板或墙体,使螺钉附近的质点振动,由于质点之间的弹性作用,振动在建筑物内形成固体声波并沿建筑结构传播,直至很远的房间。同样低音炮也会将振动传递到地板上,在地板内形成固体声波并进一步在建筑物内传播。总体而言,放置在地板上的播放音设备激发产生的固体声波经过地板与墙体的直角等节点衰减,其对第三房间的影响比吊挂的播放音设备要小,但仍然不能忽视其引起的建筑物内的固体声波。联系到前面的小收音机扰民事件,酒吧、KTV等包间内的音箱与其相比功率大得多,本身的振动也强烈得多,如果将音箱刚性地吊挂于墙体或天花板上,低音炮直接地放置在地板上,播放音设备的振动必然会激发起建筑物内的固体声波,并在其他房间内形成建筑结构噪声。

b. 高强声波激发建筑物表面形成固体声波

当播放音设备发出强烈噪声时,声波的声压直接作用在建筑物表面也会在建筑物内形成固体声波。例如 100 dB 的声波其均方根声压为 2 Pa(相当于每平方米受到 0.2 kg 力),120 dB 声波的均方根声压为 20 Pa(相当于每平方米受到 2 kg 力),如果考虑其峰值声压还要增大 $\sqrt{2}$ 倍。如此高的声波脉动压力作用在建筑物表面,建筑物也会随着声波的脉动产生振动,并在建筑物内产生固体声波。现对此进行具体分析。

(a) 放音室内没有装饰的情况

i. 高强声波激发建筑物中产生纵波

现假设酒吧、迪厅等音响房间的内壁面是没有装饰的光墙和光屋顶,一组平面声波作用在建筑物的屋面上,如图 10-4 所示,分析空气中的声压激发建筑物内固体声波的情况。

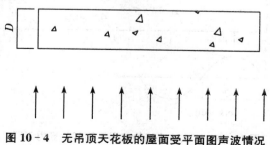

图 10-4　无吊顶天花板的屋面受平面图声波情况

当平面声波直接作用在无天花板的屋面上时,整个屋面受到一个均衡的作用力,屋面不会形成弯曲振动,因此不会激发产生弯曲波。如果平面波的频率不高,声波将使整个屋面作整体运行,此时声波的作用呈现为彻体力特性。但是如果平面波的频率很高、波长很短,声波的半个波长不能透过屋面的楼板,则声波传播到楼板内某个部位时作用力方向将会发生变化,导致楼板内的质点振动,质点振动进一步引起固体声波,该声波是沿着楼板厚度方向传播的纵波。现假设混凝土楼板内的声速为 4 000 m/s,屋面厚度为 0.2 m,根据第四章第一节中形成固体声波的条件 $a > \lambda/2$,计算可以得到固体声波的频率为 $f = c/\lambda = c/2a = 10\ 000$ Hz,可见,只有相当高的音频声波才能在楼板中形成固体纵波。如果考虑到楼板四周是与建筑物墙体连接在一起的,平面声波的作用力通过楼板传递到墙体上,则在墙体中形成纵波的频率将低得多,如果仍然以 4 000 m/s 声速、墙体高 5 m 考虑,则 5 m 高墙体中形成纵波的频率为 400 Hz,再低频率的空气声也不可能在墙体中产生固体声波。

ii. 高强声波激发建筑物中产生弯曲波

然而酒吧、KTV 等房间内的声波并不是上述的平面声波,声波不同相位作用于建筑物壁面上,这就使建筑物壁面不同部位受力不一样,从而产生弯曲振动(图 10 - 5)。设空气中的声速为 340 m/s,假设酒吧、KTV 等房间内建筑物壁面的最大线度为 5 m,则频率高于 34 Hz 的声波都可以激发墙壁产生弯曲振动,并在建筑物内形成弯曲波。这说明空气中可听声范围内的声压波动几乎都能使建筑物壁面产生弯曲振动,而且壁面越轻越薄,弯曲振动越大,建筑物墙体和楼板中形成的弯曲声波也越大。

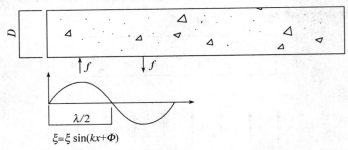

$$\xi = \xi \sin(kx + \Phi)$$

图 10 - 5 声波使建筑物壁面不同部位受力不同

一方面空气中的声波会激发建筑物壁面产生振动,另一方面产生振动的建筑物壁面也会反过来向空气中辐射结构噪声,因为噪声源所在室内的噪声很高,人们感觉不到内壁面辐射的结构噪声。但是在同栋建筑其他房间内是没有播放音设备的,其本底噪声较低,建筑物壁面辐射的结构噪声就会很明显,例如与播放音室相邻的房间内,墙体内的固体声就较大,墙表面向室内辐射的结构噪声也较强,再加上该声波在室内的反射和混响,建筑结构噪声将十分明显。

不仅如此,播放音室的壁面振动在建筑物内形成固体声波后,因其在建筑物内的传播衰减很小(见第九章相关计算),可传播到较远的与放音室相连接的其他房间,该房间的内壁面向空气中辐射结构噪声,导致房间的室内声质量变坏。所以国家明确规定,KTV 等产生噪声污染的文化娱乐场所不得建在居民楼、图书馆等对噪声敏感的建筑物内。

(b) 放音室内有装饰的情况

酒吧、迪厅、KTV 都是供人休闲娱乐的场所,其内部都要精心装饰,用大量的薄板来改造室内原始的墙面和屋面。图 10-6 为酒吧、迪厅、KTV 等包厢内的一般装修方式,包厢的墙面用薄板护面,屋面天花吊顶,天花与屋面之间留有一定高度的空间,使之成为共鸣腔,这样室内的低频声更丰富,音质更浑厚,因而室内的音质效果较好。

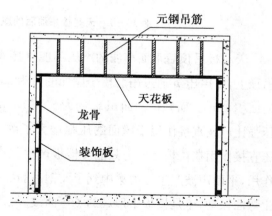

图 10-6　酒吧等包厢内的一般装修方式

但是放音室内经如此装修后更容易产生固体声波和结构噪声,这除了上面所说轻质薄板在声压作用下更容易引起弯曲振动和固体声波外,更重要的是由空气中的声压作用在建筑物表面上的力由面集中到一些点,这些点处的压强急剧增大,使建筑物墙面或屋面中弯曲振动和固体声波大大增强。现以屋面安装有吊顶天花板的情况进行受力分析,图 10-7 为吊顶天花板增大声波作用于屋面上压强的示意图。为便于分析特作以下假设:天花吊筋为 Φ10 元钢,每平方米屋面 1 根吊筋;天花板和元钢均是刚性的,没有声能损耗;作用在天花或屋面的声波为平面声波。

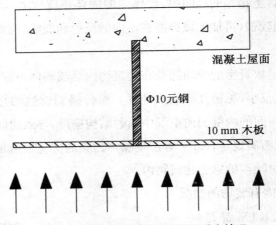

混凝土屋面

Φ10元钢

10 mm 木板

图 10-7   天花板吊顶后的屋面受力情况

天花板吊顶后平面声波的声压不能直接作用在屋面上,而是作用在木板吊顶上,则声压 p 通过吊筋传至屋面的力为 ps,s 为一根吊筋承担的木板吊顶的面积 1 m^2。而元钢的面积 s_0 约为 $8 \times 10^{-5} \text{ m}^2$,可见元钢作用于屋面的平均压强比声波直接作用于屋面的压强增大了约 1 272 倍。另外,平面声波的声压直接作用在楼板上的力只能使楼板产生很高频率的纵波,但由于天花板的作用,平面声波产生的力集中到了元钢吊筋的一个点上,使楼板受力不均匀产生弯曲振动,于是楼板中形成的了弯曲波。

如果作用于屋面上的声压级为 120 dB,则每根元钢作用于屋面上的峰值作用力约为 2.8 kg。这就如同每 1 m^2 的屋面上就有一个 2.8 kg 的力敲击,使屋面产生弯曲振动,并产生固体声波。建筑物中由元钢激发产生的固体弯曲波的频率不仅受播放音设备噪声频率的影响,还受到元钢布列间距、吊顶装饰板及其他建筑结构的影响。即使空气中的声波是平面波,楼板仍然会产生弯曲振动,建筑物内仍然会出现弯曲波。当固体弯曲波传播到建筑物其他房间后,墙体、楼板表面再向空气中辐射声波,产生建筑结构噪声污染。

此外,薄板以及薄板后面的空腔都有其固有频率,如果播放音设备噪声中的某个频率与内装饰板或空腔结构产生共振,则屋顶元钢或墙体龙骨作用到KTV、酒吧等房间内壁面上的力将大大增强,使得建筑物内的固体声波及其激发产生的再生噪声也随之增大。

3. 播放音设备噪声的控制方法

播放音设备工作时其音量应调节适当,不应为寻求刺激一味提高音量,这不仅是从源头控制噪声、保护声环境的需要,也是保护欣赏音乐者身体健康的需要,因为经常处于高噪声环境中,人的听力会受到损伤,也容易引起神经系统和心血管系统疾病。

从工程控制的技术层面分析,应该首先准确判断播放音设备噪声的传播途径,空气传声和结构传声采取的控制措施是完全不同的。

（1）空气传声的控制

当播放的声音通过空气传播产生污染时,应当采取以隔声和消声为主的噪声控制措施,例如家庭电视机声音如果是通过门窗传播影响到外环境的,则应当适当地调低音量,调整电视机的摆放位置,利用建筑物对噪声的屏蔽作用和距离扩散衰减来降低其对室外环境的影响,如果还不能达到预期的降噪目标,则应当关闭门窗,将电视机播放的声音封隔在有限的空间内。

对于酒吧、迪厅等因墙体或屋面隔声量不够引起室外噪声超标的情况,应加强相应墙体或屋面的隔声量。建筑物的墙体(或屋面)隔声量不足的可以采取双层墙体(或屋面)隔声结构;窗户等局部区域隔声量不足,则可采取多层隔声窗或采用砖块封砌;对于进出门的隔声量不足,可采取双道隔声门或声锁结构等噪声控制措施。

采取封闭隔声以后,为保证播放音室内的通风换气,可以在房间的适当位置上加设进排风消声器,严格控制播放音设备噪声向外环境传播。播放音室的内壁面也可以采取各种吸声处理,以降低室内的噪声级,减小室内噪声对外环境的影响。

（2）固体传声和再生噪声的控制

播放音设备噪声通过建筑物结构传播时，应当根据固体声波的产生机理和传播路径采取相对应的控制措施：

① 播放音设备振动激发产生固体声波的控制

因播放音设备振动产生的固体声波，应当对振动设备采取隔振减振措施。例如迪斯科舞厅内的低音炮下方加设减振底座，吊挂的音箱采用减振吊架。家庭音响和电器设备等运行时也可能激发起固体声波，则只要对这些设备加设减振垫或减振吊钩即能有效地防止固体声波的产生。上面提到的小收音机对下层居民产生噪声干扰的事件，后来在收音机下面放了两层绒布，楼下居民就听不到收音机声音了。

② 预防空气声波激发固体振动和结构噪声

对于酒吧、音乐厅、迪厅、KTV 等室内播放高强声波的建筑物，应当注意以下两点：

a. 播放高强声波的房间的墙体、地面和屋面不宜采用轻质薄壁结构，因为第一声波很容易激发轻质薄壁振动，并在其中产生固体声波，固体声波进一步传播给建筑物，并向空气中辐射结构噪声，影响建筑物周围的声环境质量。第二轻质薄壁的隔声量小，很难隔绝空气中的噪声对室外的影响。

b. 产生强烈声波的室内不应采用薄板加龙骨或吊筋结构，因为这种装修方式会使空气声波作用于薄板上的力集中到龙骨或吊筋上，从而使墙面或屋面接收到的声压不均匀，绝大多数壁面不受力，而吊筋或龙骨处接收到的力放大了数百倍甚至上千倍，造成放音室墙体和楼板内形成弯曲波，该弯曲波沿建筑物传播过程中会向其他房间内辐射结构噪声。

如果一定要在放音室内用薄板进行装修，装修的轻质薄板与建筑物墙体和屋面之间必须弹性连接，使板与放音室壁面形成相互分隔又相互弹性连接的双层结构。这样，强烈的声波只能作用到装修的轻质隔声板上，尽管薄板会受激振动并辐射结构噪声，但其仅局限于播放音室内。由于板与壁面弹性连接，隔声板受激振动产生的力传递到建筑物墙体或屋面上就大大降低，这与设备减震的原理相同。因为建筑物的墙体和屋面受力减小，其振动激发建筑物中的固体声波也就降低。此外由于播放音响室的内壁面上增加了一层隔声板,可以增大原壁面对空气噪声的隔声量,减小室内的空气噪声对外界环境的影响。

③ 固体声传播过程中的控制措施

a. 在放音室壁面上贴合或嵌合不同力阻抗的材料层

当高强声波激发建筑物壁面振动后,该振动必然会以固体声波形式在建筑物内传播,为增加固体声波在传播过程中的衰减、减小固体声波引起的再生噪声,可以在面向噪声源的壁面上贴合一层不同材质的板,或在墙壁中间嵌入一层不同材质的板,要求贴合板、嵌入板的力阻抗远大于或远小于原壁面的力阻抗,这样固体声波传播到不同材质板的界面时会产生声反射,使得固体声能量大幅度衰减。其降噪原理是声波的透射衰减公式:

$$\tau_1 = \frac{4\rho_1 c_1 \rho_2 c_2 \cos^2\theta_i}{(\rho_2 c_2 \cos\theta_i + \rho_1 c_1 \cos\theta_t)^2}$$

理论计算表明固体声波从贴合式钢板传播到混凝土墙的声能量可衰减 5.8 dB,固体声波从混凝土墙传播到嵌入式钢板再传播到墙体的声能量可衰减 11.6 dB。需要注意的是如果采用薄板贴合于播放音房间的内壁面上时,接触面之间不能形成架空层,否则声波的透射衰减量可能抵不上薄板对声压的放大作用,反而产生负效应。

b. 传声介质截面突然变化

固体传声的力阻抗除了与材料的密度与声速相关外,还与传声材料的截面相关,即力阻抗 $Z = \rho c S$,因此改变传声介质的截面积以及形状,同样可以增加固体声波的透射衰减。例如将传播固体声波的墙体拐弯、突然变薄或加厚,在墙体的适当位置增加 T 形墙或十字墙等,这部分内容详见本书第四章中固体声波传播衰减的内容。

4. 播放音设备噪声治理案例

（1）南通某文化娱乐中心播放音设备噪声治理

① 概况

该文化娱乐中心位于南通市一个居民小区的西南角,是一家集餐饮、娱乐、棋牌于一体的场所,整个娱乐中心为一栋五层独立建筑,一楼为餐饮,二楼是卡拉 OK 厅,三楼、四楼是棋牌室,五楼是迪斯科舞厅。该文化娱乐中心白天经营餐厅和棋牌室,主要设备噪声源是厨房抽油烟机和分体空调外机;夜间经营卡拉 OK 厅和迪斯科舞厅,主要噪声源为卡拉 OK 厅和迪斯科舞厅内的噪声及室外空调机组噪声。其中,五楼迪斯科舞厅内有多台音箱和低音炮,人声、歌声、播放音噪声混合在一起,十分嘈杂,室内最高声级达到 115 dB(A)。表 10 - 2 为娱乐中心的主要噪声污染源源强,图 10 - 8 为娱乐中心的平、立面布局图,图 10 - 9 为五楼迪斯科舞厅内播、放音设备噪声对外环境的影响声级分布示图。

表 10 - 2   主要噪声污染源的实测声级

噪声源	播放音设备	空调外机 34 台	厨房抽油烟机
测点位置	卡拉 OK 厅、迪斯科舞厅	设备 1 m 远处	设备 1 m 远处
声压级 / dB(A)	88~115	75	85

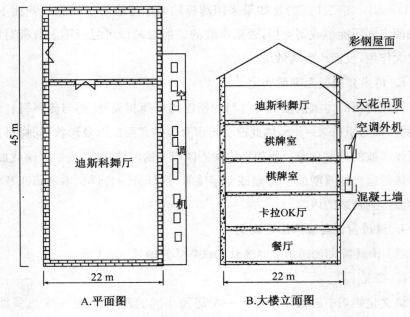

A.平面图   B.大楼立面图

图 10 - 8   文化娱乐中心平立面图

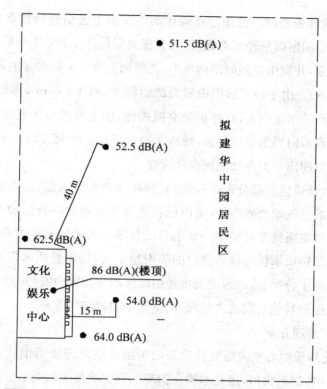

图 10－9　文化娱乐中心播放音设备噪声对外环境的影响声级

　　该文化娱乐中心 34 台空调机组分三层安装于大楼东墙外的钢架上,单台外机 1 m 远处的运行噪声级约 75 dB(A);厨房抽油烟机安装在大楼的南面,其 1 m 远处的运行噪声约 85 dB(A)。这两种设备噪声源均包含有空气动力噪声和机械噪声,通过空气直接传播,影响 50 m 范围内的声环境质量。根据噪声治理的一般原理,对气流噪声采取消声器、机械噪声采取隔声屏蔽等噪声治理措施,均可有效地控制这两种噪声源对附近环境的不利影响。

　　但是迪斯科舞厅和卡拉 OK 厅内播放的音乐声其声级高,影响范围大,按照 1 类声环境功能区夜间标准,迪斯科舞厅运营时大楼东北角 100 m 外的环境噪声仍然超标,需要重点进行控制。

　　② 播放音设备噪声传播途径分析

　　娱乐中心卡拉 OK 厅和迪斯科舞厅内的播放音设备噪声最高达到

15 dB(A),这样强烈的声波作用在舞厅的内壁面上会引起墙体和楼板振动,特别是该中心的屋面是轻质彩钢板,当五楼迪斯科舞厅播放音乐时,整个屋面振动十分严重,并发出强烈的结构噪声,在屋面上方 1 m 处测量的环境噪声级达到 86 dB(A)。由于轻质彩钢板屋面的面积大,约 1 150 m^2,屋面辐射出的结构噪声的声功率也很大,自然扩散衰减缓慢,加之声源位于五层楼的楼顶,结构噪声很容易向周围空间传播,使得距离娱乐中心大楼 100 m 以外的地面环境噪声仍然超出 2 类声功能区夜间标准。

此外,大楼墙体有部分未封砌的门、窗存在声泄漏问题,室内通风口除存在轴流风机的空气动力噪声外,室内低音炮和音箱播放的音乐和人员的活动噪声也从风口泄漏到外环境中。业主自己封堵了大楼所有的窗户,但窗户内侧增加的一层轻质木板对提高窗户的隔声量不大,相反轻质木板在强烈的声压作用下振动十分明显,该振动会传递给墙体产生固体声波,并进一步传播到大楼的外壁面和其他房间的内壁面,向空气中辐射结构噪声。

③ 噪声治理方案

a. 文化娱乐中心室内播放音设备噪声激发屋面轻质彩钢板产生强烈振动,并向外环境辐射噪声,这是本噪声治理工程中的最大污染源。为消除该噪声污染,在文化娱乐中心大楼五楼天花板上方加设了一层复合隔声层,复合隔声层由一层木工板和一层 FC 板组合而成,详见图 10 - 10,其理论隔声量可达 36 dB(A)。经复合隔声板隔声以后原来作用在轻质彩钢板上的播放音设备噪声级大大降低,彩钢板屋面受空气中声波激励产生的振动和结构噪声得到了有效控制,在彩钢板屋面上方测量,噪声级从原来的 86 dB(A)降到了 54 dB(A),实际降噪量达到了 32 dB(A)。

此外,采取复合隔声层不仅增加了空气噪声的隔声量,还有效抑制了建筑物内固体声波的传播。根据弯曲波在 T 形连接处的传声损失(见图 4 - 10),本隔声板的厚度约为墙体厚度的 1/5,墙体内的固体声波传播到隔声层连接处将产生声反射,使得传播到上面墙体中的弯曲波的声级降低约 3 dB。

b. 在轴流风机排风口加设阻性片式消声器,使得室内播放音设备噪声不能沿着通风道传播到室外环境中,同时保证了卡拉 OK 厅和迪斯科舞厅内良

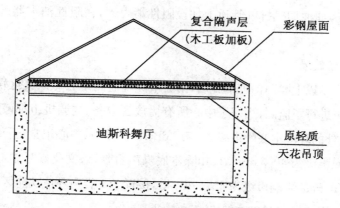

图 10 - 10 迪斯科舞厅彩钢板屋面结构噪声控制措施

好的空气流通。

c. 对原来隔声量不足的进出门改为双道隔声门,并设计成声锁结构;拆除原窗户内侧隔声木板改用砖块封砌,这样既提高了窗户隔声量,也可消除了原轻质木板振动激发墙体中的固体声波。

d. 对大楼东墙外钢架上的空调外机加设半隔声罩,空调排风口噪声加设消声锥,见图 10 - 11。

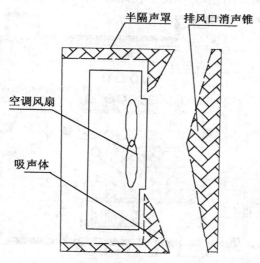

图 10 - 11 室外空调机噪声控制示意图

e. 厨房抽油烟机排气管道上加设阻性消声器,在阻性消声器前对油烟作净化处理。

④ 降噪效果

在采取了以上噪声治理措施后,南通市环境监测中心对该文化娱乐中心外的环境噪声进行了监测,当娱乐中心所有播放音设备、空调机组都停运时,距离大楼 15 m 外的环境本底噪声级为 47.2 dB(A),当娱乐中心正常运行时,同一点处的环境噪声级为 49.5 dB(A),扣除本底噪声贡献,该文化娱乐中心运营噪声对大楼 15 m 外的影响声级为 45.6 dB(A),接近于 1 类声环境功能区夜间标准。

(2) 南京某酒吧播放音设备噪声防治

① 概况

南京某酒吧位于南京市秦淮区,占地面积 300 m²,经营建筑面积约 450 m²,上下两层。酒吧东、北两边为空地或巷道,西临城市主干道,南面与多层居民住宅相接,在南京市声环境功能区划中为 2 类区。由于项目紧靠居民住宅,且酒吧南墙与居民楼的北墙共用,建设单位与业主均十分担心播放音设备噪声以及空调、抽油烟机等噪声对相邻居民产生影响,因此在工程建设过程中采取了一系列的噪声防治措施,并取得了较好的噪声防治效果。图 10-12 为酒吧

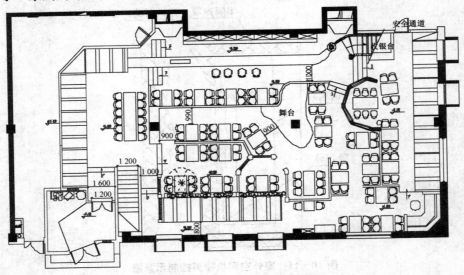

图 10-12　酒吧一楼平面布局图

一层的平面布局图。

② 主要噪声源及传播途径

a. 主要噪声源

酒吧的主要噪声源如表 10-3 所列。

表 10-3 酒吧的主要噪声源

噪声源	位置	数量	声压级/参考距离
Bose802 扬声器	室内	若干	100 dB(A)/1.0 m
低音炮	室内	若干	105 dB(A)/1.0 m
抽油烟机	室外	1	85 dB(A)/1.0 m
通风机	墙上	6	80 dB(A)/1.0 m
大金中央空调	空外	1	65 dB(A)/1.0 m

b. 声传播途径

本项目噪声源较多,建筑物与居民楼相接,既存在因空气传声引起环境噪声污染的可能性,也存在建筑物固体传声产生结构噪声污染的可能性。其中空气传声有:酒吧内的音响和人员活动噪声可能直接透射过墙体、窗户影响室外的声环境质量,空调机、通风机噪声也可以直接向空气中辐射噪声,并通过空气传播影响周围的声环境质量。

建筑结构传声有:酒吧内的播放音设备及由其产生的高强度的音乐声可能激发酒吧墙体和屋面振动,并在建筑物内形成固体声波,当该固体声波通过南墙传播到居民家中,可能在居民室内产生再生噪声;抽油烟机、中央空调机和室内通风机等的机座振动,该振动若处理不好,可能在建筑物内形成固体声波,并通过楼面和南墙传播引起居民室内的再生噪声。

③ 噪声防治措施

a. 空气噪声的防治措施

a) 提高酒吧墙体的隔声量:该酒吧墙体为 200 mm 厚砖墙,屋面是现浇混凝土屋面,为保证室内播放音设备噪声透射到室外的声级不超出 2 类区夜间环境噪声标准,采取了以下防治措施:对墙体两面作抹灰处理以消除砖墙的缝隙漏声;原墙体上的大玻璃窗均改为三层隔声窗;酒吧的进出大门采取声锁结构。

b) 通风系统:在酒吧通风系统的进排风口加设阻性消声器,设计消声器的消声量大于 35 dB(A)。

c) 厨房抽油烟机:厨房抽油烟机置于室内,排气口远离居民楼,并加设油烟净化器和消声器,要求消声器的消声量大于 30 dB(A)。

d) 中央空调机:中央空调位置尽量远离居民住宅,空调的进排风口加设消声器,消声器的消声量大于 15 dB(A)。

b. 固体噪声的防治措施

a) 酒吧内播放音设备噪声的防治措施:酒吧与居民楼共用的南墙内装饰尽可能不与墙体刚性连接,采用分离或弹性连接的方法,以防止轻质装饰板受强声波作用产生振动,并进一步传递到南墙上引起建筑物内的固体声波。如果有些装饰面必须固定在墙体上的则应采取直接贴合方式,利用装饰板和混凝土墙体的力阻抗不匹配来抑制固体声波的传播。

b) 屋面采用轻质弹性吊顶装饰,吊顶与屋面之间用弹性吊钩连接,轻质吊顶可防止强烈的声压对屋面的直接撞击,弹性吊钩又防止了轻质吊顶将振动传递到屋面上形成固体声波。

c) 为防止音箱振动引起结构噪声,对放置在地面的音箱下方加设减振底座,对吊挂在墙上的音箱加设减振吊架,防止音箱振动传至地面或墙体,杜绝因音响振动产生结构噪声。

d) 为防止空调外机和厨房抽油烟机的振动通过基础传给建筑物,对空调外机和厨房抽油烟机进行减振处理。

④ 噪声防治效果

采取了上述各项噪声防治措施后,酒吧的各种机械设备噪声和室内的播放音设备噪声均得到了有效控制,酒吧营运多年未出现噪声污染和扰民纠纷。

第二节　录音棚、测听室等的噪声防治

1. 对噪声敏感的特殊建筑

与酒吧、KTV、歌舞厅等存在播放音设备噪声对外部环境产生影响的情况相反,有些特殊建筑物虽然也是与声音相关,但其对外界的声环境质量要求特别严格,哪怕是微小的振动和噪声也会影响其工作质量,例如文化娱乐行业的录音棚,广播电台的播音室,声学研究和工业产品测量中的消声室、混响室,医疗卫生行业的听力测试室等。这些特殊建筑物对周围环境噪声十分敏感,工作时要求本底噪声和环境振动小,现分别进行介绍。

（1）录音棚

录音棚是录制音乐、语言及其他声音信号的场所,虽说是棚,实际上是经过专门声学设计的厅室。录音棚可粗略分为音乐录音棚和语言录音棚两大类,它们对本底环境噪声的要求都很高,一般音乐录音棚的本底噪声不得超过 20 dB(A),语言录音棚的本底噪声不得超过 30 dB(A),外界环境噪声稍大就会影响录音效果和录音制品的质量。

（2）广播电台、电视台播音室

广播电台、电视台播音室是用来广播节目的专用场所,好的播音室要能保证播音员音正腔圆,声音清晰、逼真,因此不能受到外界噪声的干扰,一般要求本底噪声在 25 dB(A)左右。对于一些小型的地区性演播室,由于受到设备机械运行噪声等的限制,播音室内的本底噪声可适当提高至 35～40 dB(A),但本底噪声一定要是连续均匀的,且不能带有可听懂的语言或音乐的信息。

（3）消声室和混响应室

目前消声室和混响室已经十分广泛,凡属音频范围内的研究内容都可通过消声室和混响室进行测量和检验,例如材料吸声性能的测量,结构件隔声性能的测量,乐器和电声产品的声学特性测量,电子产品、机械设备的声功率测量,航天器材的声疲劳测量等等。为保证测量结果的准确可靠,测量时不能受到外部噪声和振动的干扰,一般要求精密测量的消声室内本底噪声控制在

15 dB(A)左右,混响室内的本底噪声控制在 25 dB(A)左右。

(4) 听力测试室

听力测试室是测试人耳听力好坏的专用房间,一般有两种听力测试方法,一种是用耳机传送语音信号给被测试人,另一种是用自然声或扬声器发声,被测试人与发声源相距一定距离。前者对室内的本底噪声要求不高,但后者要求室内的本底噪声不能超过 20 dB(A)。

表 10-4 是对噪声敏感的一些特殊建筑物内本底噪声允许标准。

表 10-4 特殊建筑本底噪声允许标准

敏感建筑			允许标准(dB)	
			评价曲线 PNC	A 声级
录音播音	音乐	多声轨强吸声	20	25
		自然混响	15	20
		多功能	15	20
	对白	对白、效果	20	25
		解说词	15	20
		语言播音	20	25
		语言插播	15	20
		同期录音摄影棚	25	30
	演播	演播室	20	25
	混录	混合录音	30	35
	监听	监听控制	30	35
生理心理实验室		测听室	10	15
		条件反射实验室	10	15
声学实验室		消声室	10	15
		混响室	20	25

2. 特殊敏感建筑的噪声防治

录音棚、播音室、消声室、测听室等特殊的声敏感建筑物虽然使用功能不同,但它们的共同特点是要求在很低的本底噪声下工作,任何噪声干扰源不管它们是在建筑物内还是建筑物外,不管是通过空气传播进入室内,还是通过固体传播在室内产生再生噪声,都是不被允许的。为保证这些声敏感建筑物室内的本底噪声保持在较低的水平,首先,在工程规划和设计阶段必须做好各项噪声防治工作,特别要选择一个周围安静的没有噪声污染的建设地点;第二,将声敏感建筑物与其他建筑分开,防止振动和固体声传播到对噪声敏感的建筑中;第三,在建设过程中根据可能存在的噪声干扰源做好隔声、减振、消声等工作。现在根据进入声敏感建筑物内的噪声传播途径提出针对性的噪声防治技术措施。

（1）空气传声的防治措施

为防止外界各种噪声侵入到声敏感建筑物内,可以考虑采取以隔声为主要手段的防治措施:

① 声敏感建筑物必须采取隔声量大的厚重墙体,例如采用 240 mm 以上实心砖墙或混凝土墙,根据重质隔声经验公式,以混凝土墙体的容重为 2.4 t/m³,其隔声量可达到 57 dB(A)左右。如果要求建筑物内的本底噪声在 20 dB(A)以下,可以考虑采用双层 240 mm 砖墙或混凝土墙,两墙之间设 100 mm 以上的空气层,双层 240 mm 墙的隔声量可达到 70 dB(A)以上,即使外界有90 dB(A)的噪声干扰,通过双层墙体隔声,建筑物内的本底噪声也能满足要求。

② 建筑物的屋顶应采用 180～240 mm 钢筋混凝土浇筑,并在楼顶下面加设一层隔声吊顶。要求特别高的声敏感建筑可以采用房中房的结构,以达到墙体和屋面均是双层隔声结构。

③ 出入建筑物的门必须采用声锁式的双层隔声门,单道门的隔声量应该达到 30 dB(A)以上,隔声门的结构可采用有阻尼的双层金属板或多层复合板。隔声门与门框之间可采取各种铲口贴合形式,并进行严格的密封处理。

④ 建筑物的窗户可采用三层以上固定隔声窗,三层玻璃之间不应平行安装,厚度不要相等(如 8+5+12 mm),以防止产生共振。

（2）固体传声的防治措施

对噪声敏感的建筑必然也对振动敏感,因为振动除了会向空气中辐射噪声外,还会在固体中传播,当其传播到声敏感建筑物上时,建筑物中会产生固体声波,固体声波在传播过程中不停地向空气中辐射结构噪声,影响建筑物内的声质量。为防止振动和固体声的不利影响,可以采取以下防治措施:

① 对声敏感建筑物采取消极隔振措施:考虑到外界振动源纷繁复杂,不可能因为本建筑特别敏感就逐一对外界振动源进行控制,所以只能对敏感建筑采取被动隔振处理。以消声室为例,一般都是将整个消声室砌筑在一个减振基座上,让外界的任何振动都不能直接传递到消声室上。该减振基座一般是用钢弹簧组合成的隔振装置,其自振频率 f_0 可以达到 $1.5\sim3.0\ \text{Hz}$。对于那些要求不是很高的消声室,隔振装置也可以采用玻璃棉毡、岩棉毡或橡胶垫,但其自振频率 f_0 可达到 $5\sim8\ \text{Hz}$。结合墙体和屋面的空气隔声要求,对声敏感的建筑物实际上成了一个浮筑结构的房中房,图 10-13 为某电声设备厂消声室的减振剖面图。

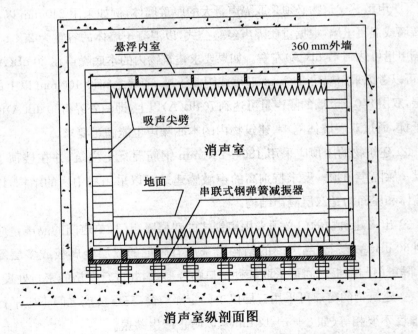

消声室纵剖面图

图 10-13　某电声厂消声室结构及减振剖面图

②敏感建筑物的地板上铺设一层弹性垫层,弹性材料可采用矿渣棉、玻璃纤维、锯屑等,这样可以有效抑制从地面传来的振动。在屋面下方可以弹性吊装一个平顶,用以防治屋顶传来的振动和撞击声,如脚步声、雨滴声等。地面的弹性垫层和屋面的吊顶对隔绝振动和抑制固体声波的效果肯定不及对整个建筑物进行隔振,因为固体声波仍然可以通过四周刚性连接的墙体传播。

③采用不连续的结构形式抑制固体声传播,这包括间隔采用不同的建筑材料和建筑截面的突变,这样固体声波在传播过程中因力阻抗的不匹配产生反射,使固体声能量得到衰减。

④防止管道将振动传播到敏感建筑物上:

a. 有些声敏感建筑物内需要供应水、气,为防止供水、供气管道将振动传递到敏感建筑物上,应在管道上加软接头;

b. 为防止管道与敏感建筑物之间的刚性接触,应在两者之间加设柔弹性材料,使管道与建筑物处于软接触状态;

c. 控制管道内流体的流速,防止流体激发产生管道振动;

d. 对于结构噪声较大的管道可以先采取隔声包扎处理。

（3）声敏感建筑物内空调系统噪声控制

①空调风口的空气动力噪声控制

在通入敏感建筑物内的空调管道上加设阻性消声器,消声器应靠近送、回风口。消声器的消声量应根据气流噪声和要求的室内本底噪声的声级差确定,然后按照阻性消声器的消声量公式决定消声器的通道截面和有效长度。考虑到空气动力噪声中的低频成分,吸声层要尽可能厚一些,容重大一些。因为建筑物内的本底噪声要求很低,所以消声器内的气流速度应控制在 2 m/s 左右,送、回风口的气流速度还要更低,以防止气流再生噪声的不利影响。

②风管的结构噪声控制

空调系统的送、排风管道振动会向建筑物内辐射结构噪声,对于中央空调系统而言,经过软接处理后管道振动主要是气流激发产生,因此应降低管道内的气流速度,主管道内的气流速度不宜大于 5 m/s,支管中的气流速度不宜大于 3 m/s。此外应该合理布置送风管道,流速快振动大的管道尽可能不进入对振动和噪声敏感的建筑物内,还可以利用天花板等建筑结构隔绝空调管道的结构噪声。

3. 声敏感建筑的噪声防治案例

（1）江苏某传播制作中心录音棚噪声防治

① 概况

某传播制作中心专门从事音像录制工作,制作中心的录音棚位于一个宾馆的二楼,一楼是宾馆营业大厅以及厨房、空调机房等,其立面布局如图 10-14。虽然录音棚内部已经做了声学设计,但当宾馆正常工作时二楼录音棚内是一片"嗡嗡"声,该传播制作中心只能等到深夜宾馆停业后才能进行录音工作。为提高录音棚的工作效率,机关主管部门要求对该录音棚采取噪声防治工程措施,保证任何时间录音棚内的本底噪声均能达到评价曲线 NR20 的标准（见表 10-6 最后一列）。

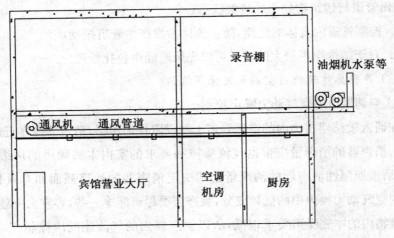

图 10-14 某宾馆立面布局图

② 噪声源及声波传播途径

录音棚内的噪声主要来自楼下的广视宾馆,具体有空调机房的中央空调机组、天花板上的通风机及管道,以及南面二楼平台上的厨房抽油烟机、通风机、水泵等。为搞清楚各设备对录音棚内的噪声影响程度和声波传递途径,采取了分别测量判别法。即单独运行一台设备关停其他设备,在录音棚中间用声级计测量不同设备运行时的室内噪声级,用震级计测量楼面振动级,与本底噪声和本底振动进行比较。凡使录音棚内声级增大的设备都存在噪声干扰,如果声级增大楼面振动级不增加说明噪声是通过空气传播的;如果声级和振动级都增大说明噪声是因固体传声引起的,或者是空气和固体传声共同引起的。采用分别比较测量判断方法得到的判断结果如表 10-5 所列。

表 10-5　干扰录音内的噪声源判断结果

设备噪声源	影响排序	传播途径	
		空气	固体
中央空调机	1	Y	Y
二楼平台设备	2	Y	N
天花板上通风机	3	N	Y

③ 噪声防治措施

鉴于本录音棚位于宾馆二楼,层高低,很难在录音棚内采取被动的防治措施,另外外部干扰噪声源主要来自宾馆,所以采取了对宾馆噪声污染源分别进行控制的措施。

a. 中央空调机组噪声控制措施

a) 将中央空调机组抬高,机组下方作减振基础;空调机进出水管中间加设橡胶软接,软接头的承压要大于 4 kg/cm²;将刚性固定在墙体上的管道与墙体分开,改用弹性支架和弹性吊架固定;将管道穿过的楼板四周凿空,然后填充柔性密封材料,完全隔断空调机组及管道振动的传递途径。

b) 在空调机房屋面下方增加一层隔声吊顶,提高机房的隔声量。

c) 机房的内墙面和吊顶下方作强吸声处理,降低空调主机房内混响声,提高机房的隔声量。

b. 天花板上通风机噪声控制措施

a) 拆开天花板重新安装通风机,做好承重支架与风机之间的减振处理,风机出风口的管道上增加一段软接头。

b) 在通风机基座减振和管道软接头后,再次在录音棚内测量噪声和振动,发现管道振动仍然影响到上面录音棚内的声质量,所以凡是管道与天花板和屋面接触的地方全部作软接触处理。

C. 二楼平台上设备噪声控制措施

a) 二楼南平台上 1 台抽油烟风机和 2 台通风机的排气口各加设了一只阻性消声器。

b) 对平台上的水泵加设了一个隔声罩。

④ 治理效果

采取以上控制措施后,录音棚内的噪声由原来 43.8 dB(A) 降低到 26.5 dB(A),楼下相同工作条件下 A 声级降低了 17.3 dB(A),各倍频程的声级也达到了业主要求的噪声评价曲线 NR20 指标,见表 10-6。

表 10-6　治理后实测降噪效果

测点		31.5	63	125	250	500	1K	2K	4K	8K	A
空调机房		68	67.5	76	75	73.5	74.0	70	62	64	78
录音棚内	本底	35	32	29	17	12					19
	治理后	41	36	39	28	16	11	10			26.5
NR20		69	51	39	30	24	20	16	14	13	

(2) 某三甲医院听力测试室噪声防治

① 概况

某医院新建门诊大楼有两间听力测试室,由于受中央空调机送排风系统的噪声影响,测听室内的噪声级达到 41 dB(A),不能满足国际标准化组织《声学听力测试方法基本纯音气骨导阈值测听》ISO 8253—1 和我国《声学纯音气导听阈测定听力保护》GB 7583—87 标准要求,因此必须对测听室内的噪声进行有效治理,要求治理后测听室内的 A 声级达到 25 dB(A) 以下。

② 噪声影响原因分析

医院测听室位于门诊大楼四楼耳鼻咽喉科里边,测听室墙体为 240 mm 实心砖墙,上下楼板均为现浇混凝土楼板,上有吸隔声吊顶,下有地毯,四周墙面是绒布饰面的 20 mm 厚超细玻璃棉吸声层。测听室的进出门设计了双层隔声门,密封性较好,窗户采取了三层固定隔声窗。在吸隔声吊顶与屋顶之间有 800 mm 空间,空调进排风管道置于其中,天花板上的进风口为 100 mm×150 mm,没有消声设计。

根据上述建筑结构进行分析,测听室的墙体、屋面和地面的隔声量总体是可行的。但是地面和屋面因撞击引起的结构传声仍然存在,在测听室外过道上有意敲打地面,室内可听到敲击声;室内吸声面的厚度太薄,中低频声波的吸声系数很小。更为重要的是中央空调为机械进风、正压排风,进风口未进行风速控制和消声处理,可以听到明显的空气动力噪声,因此初步判断空调送风管道和进风口是测听室内的主要噪声影响因素。

在门诊大楼不营业时对测听室内进行了噪声测量,当空调进风口不进风时室内的噪声级为 21.0 dB(A),当进风口进风时,I 号测听室内的噪声级为 40.0 dB(A),II 号测听室内的噪声级为 41.0 dB(A)。由此可以断定,测听室内的主要噪声影响因素是空调进风口的空气动力噪声,而楼板结构传声和室内吸声不良是次要的问题。

③ 噪声防治措施

a. 进风消声器的设计

a) 确定消声器的消声量

已知测听室内的本底噪声为 21 dB(A),治理后室内噪声级不得大于 25 dB(A),根据声能量叠加的原理,确定空调进风口的噪声级必须小于 22.8 dB(A)。又知道没有进行噪声治理情况下进风口噪声级为 41.0 dB(A),可以得到消声器的消声量必须大于 18.2 dB(A)。实际设计时考虑到门诊楼营业时本底噪声还会增大,所以确定空调进风消声器的设计消声量取 25.0 dB(A)。

b) 根据噪声频谱确定消声器结构形式

对空调进风口空气动力噪声进行频谱分析,表明该噪声源呈中、低频率特性,峰值频率在 250 Hz 倍频带内(见表 10-8)。进一步调查空调送风机的转速和叶片数,计算得到风机基频为 120 Hz,二次谐波频率为 240 Hz。所以确定消声器的消声重点放在中、低频,决定采取阻抗复合消声器。

c) 消声器设计

最终设计的阻抗复合消声器如图 10-15 所示,其包含三段消声。第一段为加内插管的扩张式抗性消声器,主要针对 120 Hz 频率的噪声;第二段为共振式抗性消声器,其消声频率为 240 Hz;第三段为阻性消声器,其主要消除中、高频噪声。

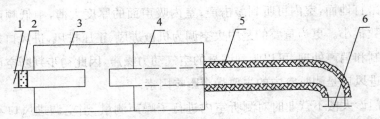

1—蝶阀;2—软接头;3—扩张式消声段;4—共振式消声段;

5—阻性消声段;6—接送风口

图 10-15 阻抗复合消声器

b. 其他噪声防治措施

除在进风管道上加设阻抗复合消声器外,在管道上也加设了风量调节阀和软接头,调节阀用以调节进风口风速,减小气流再生噪声。软接头隔绝管道壁的振动和固体传声。由于调节阀和软接头均安装在进入测听室前的管道段,因此进入测听室天花吊顶区域的管道和消声器基本没有振动,不会因管道结构噪声影响测听室内的声质量。

④ 噪声治理效果

对测听室空调进风口加设消声器后,进行了工程降噪效果的验收监测,测量仪器为 ND2 声级计,测量前后均用声级校准器进行了校准,通风和不通风情况下室内噪声如表 10-7 所列。由验收监测结果可以看出,在通风条件下两个测听室内的噪声级分别为 25.0 dB(A) 和 25.5 dB(A),基本达到了预期的降噪指标。由于验收监测时医院门诊大楼处于正常营业状态,本底噪声较工程实施前提高了 3.5~4.0 dB(A)。

将治理前后测听室内的噪声级进行比较(见表 10-8),虽然室内的本底噪声提高了,但通风条件下两个测听室内的噪声级分别降低了 15.0 dB(A) 和

15.5 dB(A),消声器的实际消声量大于 25 dB(A)。

表 10-7　工程实施后测听室内噪声验收监测

测听室	通风	声级(dB)									
		A	31.5	63	125	250	500	1 K	2 K	4 K	8 K
I	未	24.5	—	—	—	—	—	—	—	—	—
	通	25.0	43	37	32	24	22	<20	<20	<20	<20
II	未	25.0	43	34	32	26	20	<20	<20	<20	<20
	通	25.5	45	36	33	27	21	<20	<20	<20	<20

表 10-8　通风条件下治理前后测听室内噪声对比

测听室	治理前后	声级(dB)									
		A	31.5	63	125	250	500	1 K	2 K	4 K	8 K
I	前	40.0	47	47	40	47	31	31	30	25	<20
	后	25.0	43	37	32	24	22	<20	<20	<20	<20
II	前	41.0	48	47	37	48	34	33	32	25	<20
	后	25.5	45	36	33	27	21	<20	<20	<20	<20

　　因为本测听室已经建成,先天存在的结构传声和吸声效果差的问题未能予以解决,工程只是抓住主要噪声影响因素进行处理。各方对本次工程治理效果均很满意,工程实施后测听室投入正常使用。

第十一章 柴油发电机、冲床、印刷机噪声控制

第一节 柴油发电机噪声防治

1. 柴油发电机工作原理

（1）柴油发电机的结构

柴油发电机是由柴油机、燃气发电机、控制系统三大部分及其他辅助设备组合而成的可将柴油的化学能转化为电能的机械设备。首先柴油机通过燃烧将柴油的化学能转化为活塞的机械能，然后利用与活塞相连的曲轴将机械能直接传给发电机的转子，发电机转子的旋转切割磁力线产生电流，最后实现化学能—机械能—电能的转化过程。

一般柴油发电机的结构如图 11-1 所示。

（2）柴油机的工作原理

柴油机是内燃机的一种类型，它先在气缸内将柴油的化学能通过燃烧变为热能，再利用气缸内高温气体的热膨胀将热能转变为机械能对外做功。柴油发电机一般都是配套四冲程内燃机，即柴油机经过进气、压缩、膨胀、排气四个热力过程完成一个完整的对外做功。在四个冲程中柴油机的活塞在气缸内往复运动两次，活塞连杆的另一端与曲柄相连，借助曲柄将活塞的往复运行变成曲轴的旋转运动。柴油机的四个冲程的工作过程如图 11-2 所示。

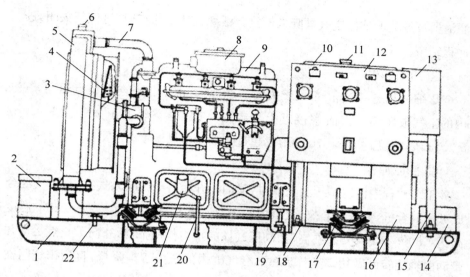

1—底盘;2—蓄电池盒;3—水泵;4—风扇;5—水箱;6—加水口;7—连接水管;8—空气滤清器;9—柴油机;10—柴油箱;11—加油口;12—控制屏;13—励磁调压器;14—备件箱;15—支架;16—同步发电机;17—减排器;18—橡胶垫;19—支承螺钉;20—油标尺;21—机油加油口;22—放水阀

图 11-1　某柴油发电机结构图

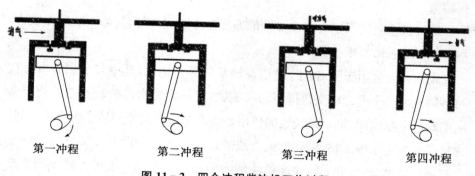

图 11-2　四个冲程柴油机工作过程

① 进气冲程

进气冲程中气缸的排气门关闭,进气门打开,活塞由上止点向下止点移动,气缸内活塞上方的容积逐渐扩大,压力降低。在大气压力的作用下,经过滤清器过滤后的洁净空气被吸入气缸。活塞到达下止点时,进气门关闭,进气冲程结束。

② 压缩冲程

压缩冲程进、排气门都处于关闭状态,活塞由下止点向上止点运动,气缸内的空气被压缩。当活塞接近上止点时,气缸内空气的压力达到 3 000～5 000 kPa,温度达 500～700 ℃,远超过柴油的自燃温度。

③ 膨胀冲程

压缩冲程中活塞接近上止点时,喷油器开始将柴油喷入气缸,与空气混合成可燃混合气,并立即自燃,气缸内的压力迅速上升到 6 000～9 000 kPa,温度高达 1 800～2 200 ℃。在高温、高压气体的推力作用下,活塞向下止点运动并带动曲轴旋转而做功。随着活塞下行气缸内的压力逐渐降低,直到排气门被打开为止。

④ 排气冲程

膨胀做功冲程结束后,缸内的燃气已成为废气,其温度下降到 800～900 ℃,压力下降到 294～392 kPa。此时排气门打开,进气门仍关闭,活塞从下止点向上止点移动,将缸内的废气排出缸外。当活塞又到上止点时,排气过程结束。

柴油机重复进行以上四个步骤的循环工作过程,周而复始不断对外做功。

(3) 发电机工作原理

发电机通常由定子、转子、端盖及轴承等部件构成,其中转子主要由磁性材料制造的多个南北极交替排列的永磁铁,定子则是由硅铸铁制造并绕有多组串联的电枢线圈,轴承及端盖的作用是将发电机的定子和转子组合在一起,使转子能在定子中旋转,做切割磁力线的运动。因无刷同步交流发电机转子与柴油机曲轴是同轴安装,柴油机曲轴的旋转运动带动发电机的转子同步旋转,于是转子轴向切割磁力线,定子中交替排列的磁极在线圈铁芯中形成交替的磁场,转子旋转一圈,磁通的方向和大小变换多次,由于磁场的交替变换作用,在线圈中就产生了大小和方向都变化的感应电流并由定子线圈输送出来。

2. 柴油发电机噪声源及传播途径分析

(1) 柴油发电机噪声源分析

柴油发电机运行时柴油机和发电机都会产生噪声,其中柴油机噪声主要来自气缸的排气噪声、进气噪声、燃烧噪声,机械噪声和冷却风机的空气动力噪声,而发电机噪声有电磁噪声和机械噪声。两个组合机械中柴油机的运行噪声比发电机大很多,可以说柴油发电机运行噪声主要来自柴油机。

① 排气噪声

柴油机的排气噪声是柴油发电机组最主要的噪声源,其噪声级高达120 dB(A)左右,从排气口排放废气的噪声直接进入大气环境中,对周围环境的影响十分严重。柴油机气缸内的燃烧废气在活塞强烈挤压下从排气口排放出来,烟气排放速度高达 70 m/s 左右,气体压力达到 4 500 pa 左右、排气温度达 460 ℃,这使得排放出来的燃烧废气本身具有很高的声能量。此外,由于燃烧废气从排气口排出时速度很高,经过排气口时又形成喷注,喷注激发产生的噪声能量比活塞挤压噪声还要大得多。柴油机每四个冲程排气一次,所以活塞挤压排出废气的噪声具有周期性脉冲特性。气缸内柴油燃烧产生的噪声频谱呈低频特点,但燃烧后的废气从排气口排出时形成的喷注噪声具有连续宽带频谱特性,所以最终柴油机排气噪声频率是连续谱,呈中高频特性,详见图 11 - 3 中的排气噪声频谱曲线。总体而言柴油机排气噪声是一种复合噪声源,其噪声级随柴油机功率和转速的增加而增大,而随转速的增大更为显著。

② 冷却风扇噪声

大部分柴油发电机组的冷却方式采用闭式水冷,机组备有冷却风机,装在柴油机前端。冷却风机一般都是轴流风机,其运行噪声主要来自叶片推动空气流动时产生的旋转噪声和涡流噪声,当叶尖的圆周速度小于 0.4 马赫时以涡流噪声为主,当叶尖的圆周速度大于 0.4 马赫时以旋转噪声为主。冷却轴流风机噪声一般在 85 dB(A)左右,但受转速的影响较大,转速提高一倍可导致其声级增加 10～15 dB(A)。

③ 机械噪声和燃烧噪声

柴油发电机的机械噪声来源于活塞的撞击、气门冲击、齿轮传动、轴承以及喷油装置的机械振动等。所有这些内部机械振动均会激发柴油机和各种零部件向大气中辐射噪声。

燃烧噪声是柴油机特有的噪声,柴油喷入含高温高压气体的气缸中燃烧时产生的剧烈气体膨胀和压力变化,引发缸盖、活塞、连轩、曲轴、机身振动,并向大气环境中辐射噪声。因此燃烧噪声最终以柴油机的结构噪声表现出来,它与机械噪声很难区分开来,但直喷式柴油机和低速运转时的柴油机燃烧噪声要高于机械噪声。柴油发电机组的机械噪声和燃烧噪声频谱曲线见图11-3,其声功率很大,但低于排气噪声。

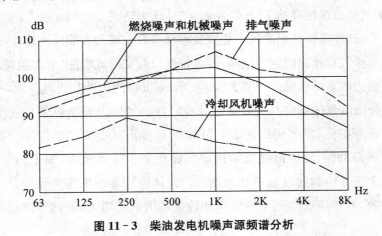

图 11-3　柴油发电机噪声源频谱分析

(2)柴油发电机噪声传播途径分析

柴油发电机辐射噪声的源点较多,其中排气噪声和冷却风机噪声属于空气动力噪声,它们都是直接向空气中辐射声波,并且以点声源的方式在空气中传播。

柴油发电机的机械噪声和燃烧噪声都表现为机身的强烈振动,凡机身与空气接触的表面都会向空气中辐射机械噪声;凡机身与基础、建筑物等固体接触的部位都会向固体传递振动,并在基础、建筑结构中形成固体声波。柴油机的机械振动十分强烈,因此基础、地面和建筑物中的固体声波也很强,会传播很远的距离,并且在传播过程中不断地向空气中辐射结构噪声,对远距离的室内外声环境产生不利影响。

柴油机机械振动和结构噪声十分严重的原因是由其燃烧方式决定:因为柴油机压燃点火要求压缩比很高(一般都达到 20 左右),当气体被压缩到很高压力时突然完全燃烧,会使气缸内的气体迅速膨胀,这样活塞会受到一个强烈的迅猛往下的作用力,同时因为发动机的运转惯性,活塞不能很顺畅地往下运动,这样就会导致敲缸,也就是活塞裙部与气缸壁相碰撞。另外燃烧发生前活塞在气缸里是向上运动的,强大的气体膨胀压力迫使活塞瞬间改变运动方向,这也不可避免地产生强烈的振动和结构噪声。

3. 柴油发电机噪声控制措施

从声源着手降低柴油发电机噪声是最根本的办法,但是就目前国内外的制造技术水平而言,柴油发电机的运行噪声普遍为 $90 \sim 120$ dB(A)。针对现有的柴油发电机噪声水平,要降低其噪声对周围环境的影响只有两条途径:

第一,合理规划布局,将柴油发电机安装在远离敏感目标的地方,即使机组运行噪声很高,但可以避免其对需要保护的敏感目标产生负面影响,发电机房特别要注意避让开居民、学校、医院、办公区等目标。在难以避让的情况下,可以考虑将发电机放到地下室或其他封闭较好的房间里,充分利用建筑物具有的隔声性能降低空气噪声传播。

第二,采取被动的噪声治理措施,根据柴油发电机噪声的不同传播路径采取隔声、吸声、消声、隔振、减振等控制手段,消除发电机噪声对环境和人群的不利影响。

(1) 空气传声的控制

① 柴油发电机排气口加设消声器

排气噪声是柴油发电机中声级最高的噪声源,属于空气动力噪声,一般采取消声器的控制措施,但是该噪声源具有特殊的脉冲特性,频带宽,中低频成分丰富,且排气速度快、压力大、温度高,使得噪声治理难度大大增加。目前对柴油机排气噪声治理一般都采用抗性消声器,但一般抗性消声器的消声量不足 20 dB(A),120 dB(A)左右的排气噪声降低 20 dB 仍然不能满足环境保护要求,所以常常又在抗性消声器后串接其他消声器,这样一来排气消声器的阻力大大增加,影响了柴油发电机的效率。

这里介绍作者的一项专利技术,柴油机移频消声器,专利号为 ZL 02 2 19138.0。柴油机移频消声器的结构见第六章的图 6-15,它是由移频装置和消声装置有机组合而成的。柴油机移频消声器直接安装在柴油机的排气口上,当气缸内的高速高压气流从排气口出来后首先经过消声器前端的小孔调制,使气流噪声的频率大大升高,使得原来的中、高频噪声超出人耳听觉的敏感区域,原来的低频噪声提高为高频噪声,使总的 A 声级大大降低;接着高频噪声的气流进入扩张室,被扩张室壁面上的吸声体吸声,这里既有扩张降噪效果也有吸声降噪效果;然后气流通过变径管进入第二扩张室,第二扩张室也具有抗性消声和阻性消声效果,高频噪声经过这几道消声后气流中的噪声能量已经很小,理论计算移频消声器的消声量可达 50 dB(A)。移频消声器总阻力损失似乎较大,但与无节制地串接多节抗性和阻性消声器相比阻力损失仍然是小的。柴油机排气背压可达 4 500 Pa 左右,移频消声器总阻力损失是完全可以接受的。天津某企业两台特大型柴油机排气口噪声级高达 130 dB(A),采取这种移频消声器治理后取得了良好的降噪效果。

② 机房的隔声和吸声

柴油发电机的机械噪声和燃烧噪声十分强烈,因其通过整个机组的表面向空气中辐射噪声,辐射噪声的面积大,所以其声功率级应该是柴油发电机各个噪声源中最大的。为有效地控制柴油发电机向空气中辐射的机械噪声,必须采取以隔声为主的降噪措施,一般柴油发电机均安装于专门的机房内,利用机房的隔声性能降低机械噪声对周围环境的影响。因机房的隔声效果会受到多种因素的影响,所以机房隔声要做好以下几方面的工作:

a. 柴油发电机房的墙体和屋面应尽可能采用厚重材料:如墙体采用240 mm 及以上的实心砖墙结构,屋顶用 150 mm 以上的混凝土现浇楼板,墙体和楼板的两面应粉刷严实,防止缝隙漏声,墙体和屋面的隔声量应达到50 dB(A)以上。

b. 加强机房门窗等的隔声:柴油发电机房的隔声量除了与墙体、屋面的隔声量相关外,还会受到门窗隔声效果的影响,所以还要对机房门窗认真进行隔声设计。一般柴油发电机房应该尽可能不留窗户,这样就不存在窗户漏声问题,如果必须要设窗户则应考虑采用双层以上的固定隔声窗,窗面积尽量小一些,窗户仅作为采光用途。隔声门应采取多层复合结构,不仅门扇要有较高的隔声量,还应做好门与门框之间的密封处理,严格防止门缝漏声。门、窗的隔声量应尽可能与墙体、屋面的隔声量相匹配,一般不宜小于 35 dB(A)。位于声环境质量要求较高地区的发电机房,可考虑采用双层隔声门,或直接将进出门做成声锁结构,声锁可以大大提高进出门的隔声效果。此外柴油发电机的排气管道、机房通风排气管道及消声装置穿越墙体时也要做好密封处理,防止缝隙引起的漏声。

　　c. 机房内作吸声处理:机房作隔声、密封处理后,机房室内的噪声会因声波的反射和混响增大,因此必须对机房内壁面作强吸声处理,尽可能地消除混响引起的声级增加。

　　③ 冷却风机加设阻性消声器

　　柴油发电机冷却所用的轴流风机压头较低,用消声器降低其空气动力噪声时只宜采用阻性片式消声器。虽然柴油发电机冷却风机的运行噪声比排气噪声和机械噪声低很多,但是发电机的机械噪声也会从冷却风机的排风口随气流一道传播到外环境中,所以冷却排风消声器的降噪量也要达到 35 dB(A)以上。高消声量和低阻力损失的要求使得冷却风机消声器的设计难度增加,因此设计时应该注意以下三点:消声器内的气流速度宜控制在 5～6 m/s;消声器及其配套管道内的压力损失尽可能小一些,一般不要超过 5～6 mm 水柱;因冷却轴流风机噪声以低频噪声为主,所以阻性消声器吸声层的厚度要大一些,吸声材料的密度要大一些。

　　④ 机房通风散热消声器

　　柴油发电机房采取隔声密封处理以后,机房内的通风散热及机组的冷却风量必须另行组织,一般都是在机房冷却排风口对面的墙体上再加通风散热消声器。因机房内的噪声很大,通风散热消声器的消声量也要达到 30 dB(A)以上,消声器可以采用阻性片式消声器。对于闭式水冷柴油发电机组,通风散热消声器主要起新风进口功能,排风则完全利用冷却风机。对于开式水冷机组,发电机房内则需要同时加设进、排风消声器,采取下进上排方式布置消声器,有利于室内的通风散热。

(2) 固体声波传播控制

柴油发电机的振动十分强烈,虽然有些生产厂商在发电机组与底盘之间进行了减振处理,但配套的减振器并不能完全隔绝振动,绝大多数机组仍然存在振动通过底盘传递到基础上,并进一步以固体声波的形式从地面传播到建筑物上,使整个发电机房及毗邻建筑向空气中辐射建筑结构噪声,因此必须要在底盘与基础之间进行隔振减振处理。

基础隔振减振处理时应根据柴油发电机组的重量和振动频率选择合适的减振器,其中机组的重量应当是机组的湿重(包含燃料油和冷却水)和底盘重量,振动频率可以根据柴油机的转速 r 和气缸数 N 通过 $f = rN/120$ 公式计算得到,也可以通过实地测量振动的频率和振动级选择。减振器应当安装在基础和底盘之间,最好选择橡胶钢弹簧组合型隔振器,其不仅能有效隔绝低频振动,更能防止高频振动的穿流现象。根据柴油发电机组的总质量计算需要的隔振器数量,根据机组的重心位置,合理布置各个隔振器。如果发电机组在安装前就已经考虑噪声治理问题,则可以设计一个重质基础块,柴油发电机安装在基础块上,在基础块与地基之间进行减振处理,此时在基础块下方铺一定厚度的玻璃纤维板或矿棉板,就能取得良好的减振效果。

4. 柴油发电机噪声治理案例

(1) 镇江某大厦柴油发电机噪声治理

① 概况

镇江某大厦是一座 34 层的商住楼,为保证大楼的正常供电,大厦于主楼东侧的辅助用房内安装了一台 1 280 kW Cummins/onan 柴油发电机组。发电机房距离东侧和南侧厂界 4 m,界外即是居民楼,机房北侧隔一间变电房就是一所医院,周围环境敏感,发电机房周围的平面布局如图 11 - 4。为防止柴油发电机运行噪声对周围居民、医院以及大厦主楼的影响,建设单位在机组安装过程中同时进行了噪声防治工程的设计和施工。

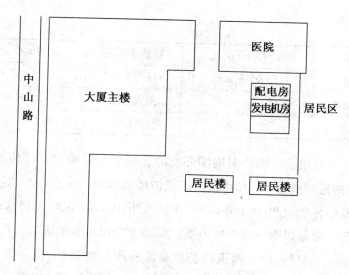

图 11 - 4　镇江某大厦发电机房周围环境状况示图

② 噪声源及污染途径分析

如前所述,柴油发电机噪声主要来自排气噪声、机械噪声(含柴油机的燃烧噪声)和冷却风机噪声,本噪声防治工程是与主机安装同步实施的,无法实测机组的运行噪声级,所以只能类比其他发电机组。该机组有两个排气口(管径 280 mm),均配备了抗性消声器,类比同型号柴油发电机,配备抗性消声器后排气噪声级仍能达到 105 dB(A)左右;冷却风机的排风口面积为1.772 m×1.753 m,考虑到机械噪声也会从这里泄漏出去,预计排风口噪声级也达到 100 dB(A)以上;机房内的机械噪声级预计为 110 dB(A)。噪声防治设计的技术参数完全遵照 Cummins/onan1 280 kW 柴油发电机说明书,具体见表 11 - 1。

表 11 - 1　Cummins/onan1 280 kW 柴油发电机技术参数

机型	12setca2k	机组重量	11 000 kg
功率	1 280 kW (后备 1 320 kW)	机组尺寸	5 500×2 300×3 000
缸径	160 mm	缸排列	V12

行程	190 mm	散热通风量	1 830 m^3/m
转速	1 500 rpm	排气温度	466 ℃
烟气流量	274 m^3/m	最大背压	441H_2O
排烟量	2.18 kg	运行噪声级	109 dB(A)(配抗性消声器)

　　柴油发电机运行噪声对周围环境的影响主要是通过空气传播到外环境的,机组的振动也会以固体声波的形式传播到建筑物上引起机房振动和结构噪声。其中排气口和冷却排风口均在机房外,面向居民区,所以这两个空气动力噪声源主要是以空气为介质传播。柴油发电机房有两道进出门,机组的机械噪声通过空气传播时,两道门是重要的噪声外泄途径;机房为 240 mm 砖墙,用经验隔声公式计算其隔声量为 53 dB,而机房内的噪声级以 110 dB(A)考虑,显然机械噪声透射过墙体的声级仍达到 57 dB(A)以上,不能满足 2 类声环境功能区夜间的质量标准要求。

　　除空气传声外,柴油发电机振动剧烈,虽然机组配备了减振器,但本机房距离居民区和主楼都较近,为防止机组振动通过地面传播到居民区,引起居民室内的建筑结构噪声,必须对发电机组进一步采取减振措施,以保证相邻建筑物内的声环境质量。

　　③ 噪声防治方案

　　a. 排气口阻抗复合消声道:针对排气噪声设计一只大的砖砌阻抗复合消声器,两个排气口的气流首先经过扩张室消声,然后再经过阻性消声,最后通过一根烟道将柴油机废气排口引至机房西侧,以避开敏感居民区。机组原来配备的两只抗性消声器阻力大而消声量小,所以废弃未用。

　　b. 冷却排风口阻性消声道:冷却排风口正对东侧的居民区,因排风口不仅有轴流风机噪声,还有柴油发电机的机械噪声从这里泄漏出去,所以在冷却排风口加设了一只砖外壳的阻性消声器。因风机的冷却风量大、压头低,所以消声器的内截面积达 10.5 m^2,总长度达 5 m,设计消声量为 56 dB。

　　为保证机房内有足够的新风,在机房西墙角下方和南墙上方加设两个进风口,并配备阻性消声器。发电机运行时两只消声器均是新风进口,停机时南墙上方的消声器就成了排风散热口。

c. 加强机房的隔声性能:机房墙体隔声量不足,为减小透射声波对东侧居民区的影响,在东墙内侧 200 mm 距离增加一道 120 mm 砖墙,使机房东墙成为双层隔声结构;机房西侧的大门改为声锁结构;机房南侧的小门改为双层隔声门。

d. 机房内吸声处理:对机房内的墙面和屋面作强吸声处理。

e. 基础减振沟:为消除振动和建筑结构噪声对周围环境的影响,保留原机组配套的弹簧减振器,另外在机座四周加设减振沟,减振沟宽 200 mm,深 1800 mm,沟内填满黄沙。

图 11-5 为采取的噪声防治措施示意图。

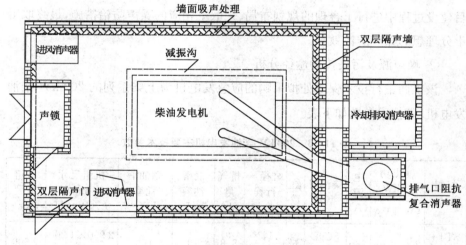

图 11-5 噪声防治措施示意图

④ 效果

上述噪声防治措施实施后,机组试运行时测量机房内外的噪声级(见表 11-2),结果表明柴油发电机运行噪声对室外环境的贡献声级为 52.7 dB(A),低于该区域内的环境本底噪声,接近于 2 类声环境功能区夜间标准,噪声治理措施达到了预期的设计指标。

表 11 - 2　发电机组运行噪声对机房内外的影响声级

测点	机组运行时	停机时	机组贡献值
机房内	112 dB(A)	46 dB(A)	112 dB(A)
东围墙外	57.0 dB(A)	55.0 dB(A)	52.7 dB(A)

（2）某工商银行柴油发电机噪声治理

① 概况

省工商银行技术保障处这里是工商银行在全省范围的数据存储中心。为保证储户资金账户及存储数据的安全，技术保障处必须全天候 24 h 不间断供电，因此技术保障处拟在办公楼的半地下室内配备一台柴油发电机组，以便市电中断后能立即自行供电。工行办公楼的东南两侧都是居民区，在城市声环境功能区划中为 2 类区，为防止发电机运行噪声对周围环境产生不利影响，项目建设过程中进行了合理的规划布局、采取了相应的噪声防治措施，最终取得十分理想的噪声防治效果。

② 噪声源及污染传播途径分析

该工商银行技术保障处拟采购的应急发电机为上柴系列的 200 kW 柴油发电机，其技术参数如下表。

表 11 - 3　200 kW 柴油发电机主要技术参数

机组型号	输出功率(kW)		电流(A)	柴油机型号	缸数	缸径＊行程(mm)	排气量(L)	润滑油容量(L)	燃油消耗率 g/kW·h	机组尺寸(mm) L×W×H	机组重量 kg
	kW	kVA									
STT - 200GF	200	250	360	SC9D 280D2	6	114× 144	8.8	19	198	2 900×1 200 ×1 800	2 600

柴油发电机噪声主要来自排气噪声、机械噪声和冷却风机噪声，参照同类型的柴油发电机运行噪声，预计本机组三个噪声源的声级分别为 105 dB(A)、100 dB(A)和 95 dB(A)左右。

柴油发电机拟安装于半地下室内，因半地下室没有墙壁隔断，空间面积很大，发电机的运行噪声必然会对整个地下室内的声环境产生严重影响，并进一步通过大门和通风窗传播到地面上的外环境中,造成局部区域的环境噪声超标。机组的振动也会激发地下室的地面振动,并进一步以固体声波的形式传播到工行办公楼上方,引起上层办公室内的振动和结构噪声。

③ 噪声防治方案

a. 合理规划布局

工行办公楼半地下室面积很大,所以首先要确定发电机安装的位置,既要便于柴油发电机的燃烧废气和冷却热风能够顺利排放到室外环境中,也要使柴油发电机运行噪声对地下室内、外环境的影响尽可能小。经对办公大楼平立面结构的调查,在办公楼东南角有一个 2.5 m×1.5 m 混凝土竖向风道,可以用作柴油发电机废气和冷却风的排放通道,废气和冷却风从半地下室进入该竖向排风道内,再从高出地面1.5 m 的白叶窗排放到室外环境中,排放口十分隐蔽,只要控制好排气和冷却通风产生的空气动力噪声,就不会对外环境和行人产生影响,因此确定将发电机安装在靠近该风道的地方。为了控制柴油发电机的运行噪声,决定在地下室隔出一个约 27 m^2 的独立房间作为发电机房,要求机房的隔声性能良好,以减小发电机运行噪声对机房外的影响。另外根据消防安全要求,柴油发电机房需要有火灾监控和报警装置,所以在发电机房北侧再隔一个宽1.8 m 长5.6 m 的小房间,小房间西边作为消防设备间和发电机房值班室,东边设计为声锁结构的进出通道,以防止机房内的噪声从进出门泄漏到外环境中。

b. 隔声机房的设计

柴油发电机隔声房的平面布局及其功能如图 11-6 所示,机房由主机房、值班间和声锁式进出通道三块组成。整个机房南墙、地面和屋面均利用原建筑,其他墙体都是用 200 mm 空心砖砌筑,砌筑时要求灰缝砂浆饱满,墙体内外均用纸筋石灰粉面,以提高墙体的隔声量。其中主机房与声锁之间有一道隔声门,声锁与地下室有一道隔声门,两道隔声门可以保证机房内的噪声不会轻易地从进出门泄漏到机房外面。值班室与主机房之间有一扇三层固定隔声窗。主机房的东墙面预留排气管道和冷却排风道洞口,西墙预留两个进风消声器口。机房、声锁和操作室的内墙面和屋面均作强吸声处理,以减小发电机

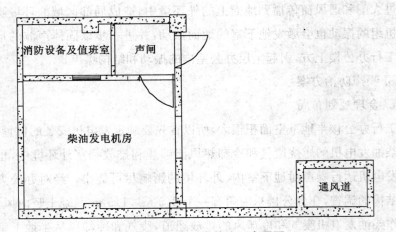

图 11-6　隔声机房的平面布局图

运行噪声在室内的反射和混响,以保证机房的隔声降噪效果。

　　c. 排气口加设移频消声器

柴油机排气口噪声大、压头高,是柴油发电机噪声治理成败的关键,本次工程中采用了一只柴油机移频消声器和一只阻性消声器串接在排气管道上,然后引入到地下室的竖向通风井中。气流进入井道后因截面的突然扩大,实际上起到了抗性消声和消烟除尘器的作用。烟气最后从通风井东面和南面的白叶窗排放到外环境中。

　　d. 冷却排风口加设阻性消声器

在冷却排风口上加设了一只消声弯头,然后接 3.5 m 长的阻性消声器,阻性消声器出口与地下室的竖向通风井相连,最后冷却排风与柴油机燃烧废气一道从通风井的白叶窗排放到外环境中。

为保证机房内有足够的新风,在机房西南和西北墙角各加设一只阻性进风消声器。

　　e. 隔振减振,防止办公楼振动和结构噪声

为防止柴油发电机组的振动传递到地面,并进一步沿建筑结构传播到工商银行办公楼上层,影响员工的工作环境。在柴油发电机组底盘与地面之间加设了减振机座,该减振机座是一项专利技术(专利号 ZL 200620072202.8),

是由两层弹性橡胶和钢板叠合而成的双层减振装置,其对防治固体声波和结构噪声具有良好的效果。

工商银行柴油发电机噪声防治措施示意图见图 11-7。

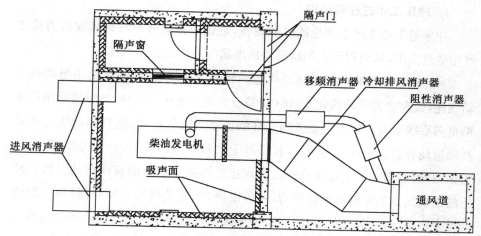

图 11-7　柴油发电机噪声防治措施示意图

④ 效果

上述噪声防治措施实施后,柴油发电机正常运行时外环境几乎听不到设备运行噪声,环境监测站进行了环保验收监测,结果表明,外环境两个监测点的噪声主要受社会生活噪声影响,详见表 11-4。

表 11-4　工行柴油发电机项目环保验收噪声监测结果

测点	发电机旁	值班室内	机房东界外	机房东界外	南界排风口	南界排风口
状态及距离	开机 1.0 m	开机	开机	关机	开机	关机
声级 dB(A)	102.6	57.6	56.2	55.6	57.1	58.5
主要噪声源	发电机	发电机	社会	社会	社会	社会

柴油发电机正常运行时,办公楼上层办公室内员工感觉不到发电机振动,更听不到发电机的运行噪声。

第二节　冲床噪声控制

1. 冲床工作过程和结构

冲床是工业生产中常见的机械设备,它是一种能够对材料施加压力使之产生塑性变形,从而得到人们所需要的形状与精度的加工机床。

冲床的工作过程首先是将圆周运动转换为直线运动,冲床的主电动机带动飞轮,经离合器带动齿轮、曲轴(或偏心齿轮)、连杆等运转,最后使滑块产生铅垂向直线运动。从主电动机到连杆的运动为圆周运动,连杆和滑块之间是圆周运动和直线运动的转接点,其设计上大致有两种机构,一种为球形,一种为销型(圆柱形),经由这个机构将圆周运动转换成滑块的直线运动。然后冲床的滑块向待加工材料施以压力,并借助模具(分上模与下模)将材料切割或塑性变形成所要求的形状与精度。冲床加工时施加于材料上的力所引起的反作用力,被冲床机身所吸收,激起冲床的振动,并向空气中辐射结构噪声。

冲床按其传动结构不同分为手动冲压机、机械冲床、液压冲床、气动冲床、高速机械冲床等。一般钣金冲压加工大部分使用机械冲床,而机械冲床又可按其加工精度、使用范围、外形和吨位进一步分类。

图 11-8 为 JC23-63 开式可倾压力机实物照片,其主要结构件有:床座、床身(床壁)、飞轮、电动机、制动器、曲轴、连杆、大齿轮、转键离合器、滑块、操纵器、工作台等。

2. 冲床噪声源分析

(1) 冲床噪声源分析

① 空载噪声

冲床噪声可分为空载和负载两种情况,冲床的空载噪声主要来自电动机、飞轮、传动轴、大小齿轮、连杆和滑块等构件的运转,属于相对平稳的机械噪声,声级重复性较好。冲床单次空程运行时还存在转键离合器的工作键与凸轮的碰撞噪声、操纵器电磁吸铁噪声以及制动器的摩擦噪声。

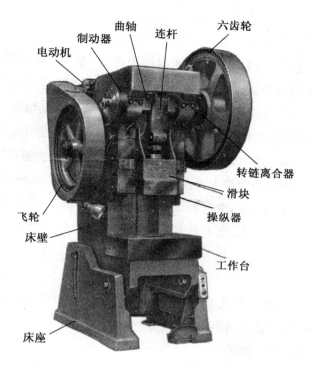

图 11 - 8　JC23 - 63 开式可倾压力机

② 负载噪声

当冲床冲裁工件时除了空载运转时的各种噪声外,还有更重要的撞击噪声、冲裁噪声以及卸料噪声。

a. 撞击噪声

撞击噪声是冲床的冲头和板料相接触时产生的,它又可分为加速度噪声和自鸣噪声。冲头冲击坯料时,受到阻力而突然停止所产生的噪声称为加速度噪声。加速度噪声的大小与冲头撞击坯料时的速度 v_0 和冲头从运动到停止的时间 t_0 密切相关,加速度噪声变化量 ΔL 与两者的关系可以近为:$\Delta L \propto 30\log(t_0/v_0)$。

被冲击的板料和床身由于受击而发生振动,该振动向空气中辐射的噪声叫自鸣噪声,自鸣噪声属于结构噪声,其大小与板料和床身的材料、结构、尺寸等特性相关。

b. 冲裁噪声

冲裁噪声是冲床负载噪声中最重要的噪声源,冲裁过程可以分为三个阶段:第一阶段是弹性形变阶段,板料受力产生弹性压缩和弯曲,直至应力达到材料的屈服限,同时冲床机架也产生弹性形变;第二阶段是塑性形变阶段,坯料和模具刃口接触位置因应力集中引起断裂,形成光滑的塑性剪切带,当凸模进入0.3倍板厚的深度时,冲床架积聚的弹性势能趋于最大值;第三阶段是板料出现裂隙并沿切口迅速扩大直至全部分离,此时冲床系统积聚的弹性位能在几毫秒之内转变为动能,激起冲床各零部件的剧烈振动,并向空气中辐射噪声,该噪声属于结构噪声。因此冲裁噪声主要是由板料的断裂噪声和冲床床身的结构噪声组成。

c. 卸料噪声

卸料噪声主要是冲裁成形的产品及废料掉落产生的噪声,其大小与板料的特性和落差相关,其声功率相对较小。

d. 负载噪声的时变曲线

图11-9为冲床负载工作一个循环的声压和声能时变曲线,图中清楚地显示了离合器噪声、凸模与工件的碰撞噪声、材料断裂时的冲裁噪声以及落料噪声。可以看出:材料断裂时发出的冲裁噪声最强烈,下面依次为离合器工作噪声,接触撞击噪声和卸料噪声。

e. 负载噪声的声能分布

图11-10是冲床负载工作一个循环过程中随时间不同各个频带的声能分布情况。图中的多面体表示该声源的等效声能的大小,从图中可以看出冲裁噪声和离合器噪声的多面体体积最大。但是当冲床连续运行时离合器是闭合状不分开的,因此冲床连续负载运行时的主要噪声源是冲裁噪声。冲床噪声的大小与冲床型号、规格和吨位大小相关,也与其冲裁的工件特性相关。

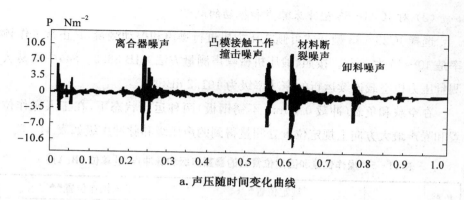

a. 声压随时间变化曲线

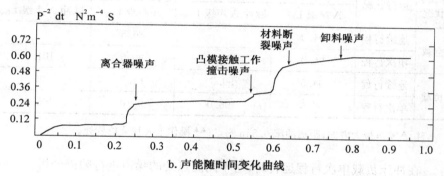

b. 声能随时间变化曲线

图 11-9　冲床负载运行一个工作循环的声压和声能时变曲线

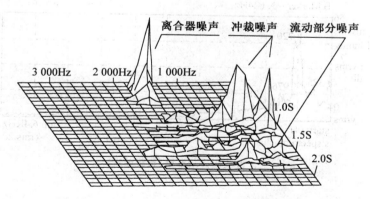

图 11-10　冲床工作时噪声能量分布图

(2) 对 JC23 - 63 型冲床噪声和振动的测量

选择 JC23 - 63 型开式可倾式压力机进行噪声和振动测量,其正常工作频率是 40~45 次/min。按照《锻压机械噪声测量方法》(JB 3623—84)中简易法测量压力机空载连续运行的声功率级为 101.2 dB(A)。

在空载和负载(冲裁 0.5 mm 不锈钢板)两种运行状态下,在工人操作位置和噪声最大方向上规定位置处测量得到的声压级和脉冲声级如表 11 - 5。

表 11 - 5 操作位置和固定位置处的暴露声级和脉冲声级[单位 dB(A)]

负载状况	运行状况	规定位置▲		工人操作位置▲▲	
		A 声级 L_{PA}	脉冲 A 声级 L_{PAI}	A 声级 L_{PA}	脉冲 A 声级 L_{PAI}
空载	连续行程	94.0		86.5	
	单次行程	96.0	104.5	90.5	101.5
负载	连续行程	94.5	99.5	88.5	99
	单次行程	97.5	106.0	95.0	105.0

注:▲噪声最大方向,距离冲床 0.5 m 测点;▲▲操作工人耳朵位置处。

在冲床负载单次行程运转时,对不同测点处的噪声进行频谱分析,声功率谱密度见图 11 - 11,图中每根谱线均是由 20 段信号平均计算得到的。

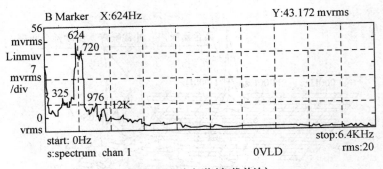

a. 冲头噪声功率谱(负载单次)

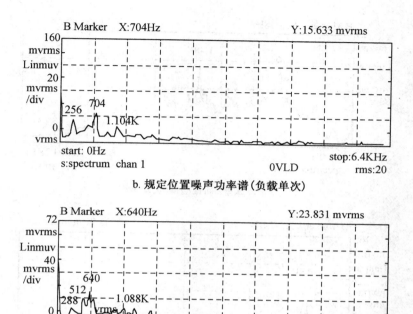

b. 规定位置噪声功率谱（负载单次）

c. 操作位置噪声功率谱（负载单次）

图 11－11　冲床负载单次行程运转时不同测点处的噪声频谱

表 11－6 为负载单次行程运转下不同测点处的 A 声级及主要频率。

表 11－6　负载单次行程运转下不同测点声级及主要频率

	位置	声级 dB(A)	主要频率
A	冲头	95.6	325　624　720　976　1.12 K
B	规定位置	95.1	256　704　1.104 K
C	操作位置	91.4	288　512　640　1.088 K

冲床运行时床身各个部位的振动是十分强烈的,该振动激发产生的机械噪声也较大,所以对 JC23－63 型开式可倾冲床不同位置上的振动进行测量,单次负载振动频谱见图 11－12。

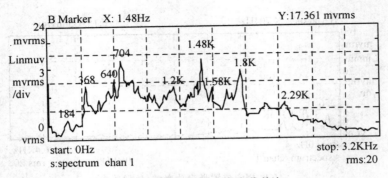

a. 床壁Z向振动谱(负载单次)

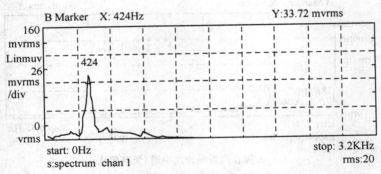

b. 床座Z向振动谱(负载单次)

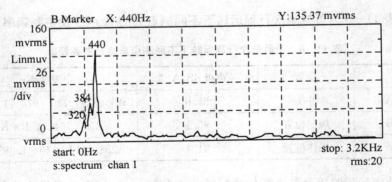

c. 工作台Z向振动谱(负载单次)

图 11－12　单次负载振动频谱曲线

（3）冲床噪声传播途径

冲床工作时的机械振动会直接向周围空气中辐射噪声，并通过空气传播到远处，在传播过程中声能会因扩散而衰减，遇到障碍物会产生反射、透射和屏蔽效应等。

冲床的强烈振动会通过基础传递到地面，并进一步传播到建筑物上形成固体声波。由于冲床的机械振动十分强烈，且呈脉冲特性，如果没有有效的减振措施该振动常常会沿地面和建筑物传播到很远的距离，并且在传播过程中不断地向空气中辐射结构噪声，对相邻的建筑物室内的声环境质量产生不利的影响。

3. 冲床噪声的防治措施

（1）降低冲床噪声源强

冲床降噪的根本措施在于声源控制，这里分冲床空载噪声控制和负载噪声控制介绍。

① 降低冲床的空载噪声

冲床的空载噪声主要来自电动机、飞轮、传动轴、大小齿轮、连杆和滑块等构件。从这些空载噪声源可以看出，除电动机外，其他都是传动构件因为相互撞击引起振动而产生的机械噪声。而电动机是外购件，其噪声在空载时并不显著，因此降低冲床的空载噪声应该从提高冲床的加工精度、减小传动构件的相互作用力、降低各个结构件的声辐射效率等方面入手。

a. 提高冲床的加工精度

曲柄连杆、离合器、轴承、凹凸模等零部件应按规定要求安装，零部件之间配合间隙要适当，以减小不必要的碰撞、摩擦，这既可以降低冲床的运行噪声，还能延长设备的使用寿命。有研究证明合理地选择凹凸模的配合间隙，就能降低冲床噪声 5 dB(A)左右。

b. 改进结构和工艺降低相互作用力

改进冲床零件的结构和运行工艺可以减小零部件之间的相互作用力，从而降低冲床的运行噪声。例如，冲床的传动系统多用正齿轮传动，冲床运行时齿轮啮合就会发出声响，如果改用斜齿轮或人字齿轮传动，就可以有效降低撞击和摩擦噪声;再如将电磁离合器改为摩擦离合器减小电磁离合器的吸合噪声;曲轴连杆减缓反冲装置可有效降低传动噪声;新型液压伺服冲床,可使冲头按预定的运动规律工作,降低冲裁噪声等,这些都是已经被证实的通过改进工艺和结构的降低冲床噪声的方法。

c. 降低结构件声辐射效率

设法降低冲床声辐射效率,可以起到十分明显的降低结构噪声的效果,具体的做法是对振动大、声辐射严重的零部件采取阻尼、减振、更换高阻尼材料等方法。例如冲床单次运转时工作键与凸轮的撞击噪声十分显著,可以在工作键横杆内填充橡胶以降低撞击噪声;在齿轮轮缘内涂阻尼材料降低啮合噪声;在冲床的金属床壁上粘贴阻尼材料以降低其声辐射效率等;轴承内采用黏度较高的润滑油以增大阻尼,降低轴承的运转噪声。另外可以在金属件相互撞击部位垫入橡胶、塑料或其他高阻尼材料并固定牢靠,可以有效降低撞击噪声。还有对于一些辐射噪声严重的零部件,可以用高强度的阻尼系数大的非金属和哑金属材料来替代。

② 降低冲床的负载噪声

a. 撞击噪声的降低

冲床冲裁工件时的冲裁力都是在极短时间内发生和消失,要完成冲裁工作,冲头必须具备足够的冲量,这就相当于对冲床系统施加了一个强脉冲激振力,引起冲床各部件振动并向空气中辐射噪声,因此降低撞击噪声的主要途径是控制撞击力、撞击时间和撞击速度 v_0。英国的理查兹(Richards)把撞击噪声方面的理论研究应用到冲床上,通过控制撞击时间和撞击速度 v_0 使冲床噪声下降了约 30 dB(A)。目前较为普遍的降低撞击噪声的方法是在冲压模具上加设缓冲器,由于缓冲器的存在,在凸模与待冲压坯料接触前缓冲器已经提前接触,既减缓冲击力又延长了冲击时间;当冲裁结束后惯性力使冲头还要下行一段,此时缓冲器进一步阻止其下行,并延缓了冲裁力时间。冲压模具上的缓冲器可以是橡胶减振器、金属弹簧、空气弹簧、液压缓冲器等,可以根据模具形状和生产工艺要求设计。因液压缓冲器参数可调,所以其更容易控制冲裁力的作用时间,降低撞击噪声的效果更可靠。

b. 冲裁噪声的降低

降低冲裁噪声首先要注意合理地选择凹凸模的配合间隙及其径向百分比间隙,冲模百分比间隙对材料断裂形式和受力特性都有较大的影响。间隙较小时噪声级较低,凹凸模的配合间隙好坏能使冲裁噪声相差 5 dB(A)以上。

改变凸模的几何形状,用阶梯模、斜刃模代替平口模,能降低冲裁噪声 5~10 dBA。因为阶梯模和斜刃模可使板料逐渐分离,从而减小了冲裁力、延长了冲裁时间,降低了冲裁噪声。实验表明斜刃模的降噪量与剪切角有关,剪切角增大降噪量也相应增大。但剪切角过大时会影响冲裁产品的质量,使之出现毛边和不平整,因此针对不同材质和厚度的加工板材,可以找到一个最佳剪切角,在保证产品质量的前提下使冲裁噪声最小。

③ 隔声、吸音降低冲床的局部噪声源

对冲床的各个局部噪声源进行隔声、吸声处理来降低冲床的运行噪声。例如把冲床的飞轮及其传动系统用隔声罩封闭起来,能显著降低传动部分的噪声;对于功率大、噪声高的电动机配置局部隔声罩或封闭式隔声罩;在冲床滑块下部或模具工作区外侧,安装活动的防护隔声罩降低冲床的撞击噪声和冲裁噪声等,隔声罩内壁应该铺贴吸声材料,以提高隔声罩的降噪效果。

(2)传播途径上的噪声控制

① 空气传声的控制

为防止冲床噪声通过空气传播对周围环境产生不利影响,可以在噪声传播途径上采取各种吸声、隔声、消声、屏障等控制措施,这些降噪技术都是比较成熟的。对于在车间厂房内的冲床或压力机,可以在厂房内进行吸声处理,一般可以取得 6 dB(A)左右的降噪效果。也可以利用车间厂房进行隔声降噪,采取隔声门窗,全面提高厂房的隔声能力,将冲床噪声完全封闭在厂房内,厂房隔声可以使车间外部的环境噪声下降 20~50 dB(A)。封闭以后的车间内采取机械通风方式,以保证室内的空气流通,为防止风机的空气动力噪声和室内噪声从通风口泄漏到室外环境中,进排风口必须加设消声器。

对于没有专门厂房的冲压机械,可以采取隔声罩、声屏障等技术措施来控制冲床噪声,也能取得 10~20 dB(A)的降噪效果。

② 固体传声的控制

冲床的振动十分强烈,且呈脉冲特性,为防止冲床振动通过基础传播到地面和厂房建筑上,引起建筑结构的固体传声,冲床安装时一般都要进行减振隔振处理。可以针对具体冲床设计一个重质基础块,冲床安装在基础块上,在基础块与地基之间进行减振处理。可以采用橡胶减振器、钢弹簧减振器、玻纤板或矿棉板等,均能取得良好的减振效果。

4. 冲床噪声治理案例

(1) JC23-63 型开式可倾压力机降噪

这里介绍的内容是一个降低冲床噪声源的研究课题,研究对象为 JC23-63 型开式可倾压力机,这是一种工业中广泛使用的大型冲压设备。噪声控制试验研究分为空载和负载两种运行状态。由于课题经费的限制,借用了某工厂一台现成的 JC23-63 型开式可倾压力机,一些试验只能在现状允许的条件下进行。

① 冲床空载噪声控制

a. 对小齿轮修正降噪

冲床空载时的噪声主要来自电动机、飞轮、传动轴、大小齿轮等构件的运转。供研究用的 JC23-63 型开式可倾压力机在大小齿轮啮合时撞击力激发产生的噪声较为明显,两齿轮啮合时大齿轮轮辐的轴向振动和轮缘的径向振动都很严重,说明齿轮的加工精度较差,啮合时两个齿轮间相互碰撞和摩擦产生了较大噪声。JC23-63 型开式可倾压力机大齿轮有 88 齿,辐条式结构,小齿轮仅为 18 齿,为降低齿轮啮合噪声,决定将小齿轮的倒角加大,由原来的 $3\times45°$ 加大到 $4\times8°$,这样可以防止小齿轮的齿顶在承载前撞击大齿轮的对应齿,同时也避免脱离啮合时撞击前面大齿轮的齿根,从而达到降低齿轮噪声的目的。图 11-13 为小齿轮倒角示意图,表 11-7 为小齿轮改进前后的啮合噪声级变化情况。从表 11-7 可以看出小齿轮改进后,冲床空载时的齿轮啮合噪声的线性声级降低了 7.0 dB,A 声级降低了 7.5 dB(A)。

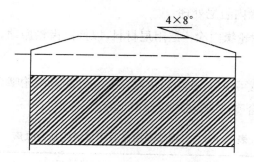

$4 \times 8°$

图 11 - 13　齿轮倒角示意图

表 11 - 7　小齿轮改进前后的啮合噪声级变化

改进前后	主要峰值频率及声压级					线性声级	A声级	降噪量	
								线性	A
前	峰频	512	656	1 152	1 520	叠加	99.5	98.5	7.0	7.5
	dB	96.6	92.3	84.9	82.7	98.3				
后	峰频	512	656	1 152	1 520	叠加	92.5	71.0		
	dB	90.5	79.8	78.0	74.3	91.2				

b. 齿轮防护罩改为隔声罩

　　JC23 - 63 型开式可倾压力机齿轮防护罩是为安全设计的,是敞开式的,只有安全防护作用没有降噪功能。所以拆除敞开式齿轮防护罩,设计了一款封闭式隔声防护罩(如图 11 - 14),将齿轮的啮合噪声隔绝在隔声防护罩内,取得了 10 dB 以上的降噪效果。

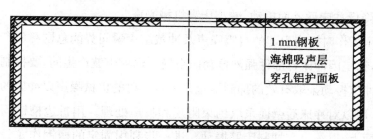

1 mm钢板

海棉吸声层

穿孔铝护面板

图 11 - 14　齿轮隔声防护罩

c. 大齿轮轮缘内阻尼处理

另外在大齿轮轮缘内涂一层阻尼材料,以抑制齿轮振动,减小齿轮向空气中的声辐射效率。

以上三项措施实施后,在距离齿轮 0.5 m 处测量齿轮啮合噪声为 79.5 dB(A),降低齿轮啮合噪声 19 dB(A),详见表 11-8。

表 11-8　三项降噪措施后测量齿轮啮合噪声

项目	治理前	治理措施后		降噪量
		小齿轮倒角	三项措施	
A 声级	99.5	91.0	79.5	19.0
线性声级	98.5	92.5	83.0	16.5

d. 降低离合器噪声

冲床单次运转时离合器系统的工作键与凸轮之间撞击噪声较为明显,为消除该噪声源,首先在工作键横杆内填充阻尼橡胶,以降低工作键与凸轮撞击时的声辐射效率。其次采取局部隔声的方法,将工作键、凸轮、离合器和操纵器连杆均置于该隔声罩内,隔声罩结构、材质同齿轮隔声罩。两项措施使冲床单次运转时离合器工作噪声降低了 6.5 dB(A),脉冲噪声级降低了 8.0 dB(A)。

e. 降低飞轮和制动器噪声

将 JC23-63 压力机的原有飞轮安全防护罩改为隔声罩,考虑到相邻的制动器,适当放大隔声罩以便将制动器部分罩住。该隔声罩降低飞轮运转噪声 9.0 dB(A),降低制动器脉冲噪声 4.5 dB(A)。

f. 降低冲床后壁面振动,减小床身机械噪声

冲床工作时撞击引起的自鸣噪声及冲裁结束瞬间势能急剧释放产生的结构噪声,都是因冲床各部件强烈振动向空气中辐射声波产生的,要控制该噪声必须对冲床振动采取有效的抑制措施。床身辐射的机械噪声以冲床的后壁最为严重,所以对冲床后壁面采取约束阻尼和吸声处理。用折边槽钢固定在冲床的壁面上,以约束和抑制床壁振动。进一步利用固定的槽钢作龙骨在冲床后壁面上敷设一层吸声面,详见图 11-15。由于两个壁面之间是落料口,落

342

料时的金属撞击噪声频率较高,频带较宽,敷设的吸声面可以有效地吸收并降低落料噪声。对冲床后壁面的振动加速度进行测量,采取约束阻尼和吸声处理前后,冲床后壁面 Z 向振动加速度级降低了 6.0 dB,落料噪声降低了 1.0 dB(A)。

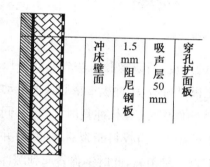

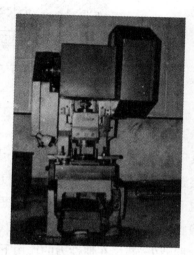

图 11 - 15　冲床后壁面阻尼减振和吸声　　图 11 - 16　各项控制措施实施后 JC23 - 63 型压力机照片

　　冲床空载噪声的各项控制措施实施后,JC23 - 63 型开式可倾压力机的实物照片如图 11 - 16 所示。

　　② 冲床负载噪声源控制

　　a. 缓冲器降低撞击噪声

　　为降低 JC23 - 63 压力机负载时的撞击噪声,根据冲模的特点设计制作了针对性的橡胶弹簧组合式缓冲器,这是由缓冲压板、钢弹簧和橡胶压块组合而成的装置。缓冲压板厚 7 mm,中间开一个 90.1 mm×48.1 mm 的方口供凸模进出,压板置凹模上方,其底面到凹模口间隙 5 mm,缓冲压板下方与钢弹簧上端相连接,弹簧下端固定在凹模外侧。另在凸模两侧固定缓冲橡胶块(参见图 11 - 17)。

　　当冲床滑块下行冲切工件时,凸模首先进入缓冲压板的长方形口中,由于

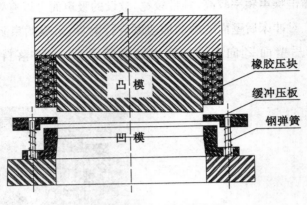

图 11 - 17 弹簧式缓冲器

橡胶压块距离凸模刃口仅 5 mm,小于压板的厚度,所以橡胶压块先与缓冲压板接触,橡胶压块被压缩后凸模才与待加工板材撞击,缓冲板在橡胶块的推动下也下行一段距离,橡胶压块在这里起到缓冲作用力、延长冲裁时间作用,同时橡胶的阻尼作用也抑制了凸模的振动和声辐射。当板料断裂后,冲裁力并未立即消失,凸模在惯性力的作用下还将下行一段距离,此时钢弹簧起到缓冲作用,延长了撞击力消失时间,降低了冲床整个结构件弹性势能瞬间释放产生的结构噪声。经过现场测试,加设弹簧缓冲器后撞击噪声比未加时降低了 2 dB(A)。

后来进一步为本冲床设计了一款液压缓冲器,使冲床的撞击噪声降低了 3.5 dB(A)。

b. 斜刃模降低冲裁噪声

斜刃模可有效延长冲裁时间、减小冲裁力,使冲裁噪声下降。JC23 - 63 压力机负载试验的工况确定为冲裁 0.3 mm 的不锈钢板,工件长 90 mm,宽 48 mm。根据冲裁力计算公式:

$$F_{\max} = 1.25 t L \tau$$

式中,$F_{\max}$ 为最大冲裁力(kgf),t 为板厚 0.3 mm,L 为工件的周长 276 mm,τ 为抗剪强度,这里取 30 kgf/ mm²,得到 $F_{\max} = 3\ 105$ kgf。平刃模具冲裁时测试得到冲裁时间为 10.2 ms,其中冲裁力上升时间为 9.8 ms,下降时间 0.4 s。

　　将原凸模上的平口刃改变为斜刃,斜刃角从 0°逐渐增大到 7.0°,测量不同角度下冲床的冲裁噪声,结果见表 11-9。

表 11-9　冲床的冲裁噪声随斜刃的角度变化的测量结果

斜刃角度	冲床的冲裁噪声	降噪量
0°	100.5	0
0.5°	99.0	1.5
1.0°	98.0	2.5
1.5°	97.0	3.5
2.0°	96.0	4.5
2.5°	95.5	5.0
3.0°	94.5	6.0
4.0°	95.0	5.5
5.0°	95.5	5.0
6.0°	工件开始翘曲	
7.0	工件变形报废	

　　从不同斜刃角降低冲裁噪声的测试结果可以看出,随着斜刃角从 0°增大冲裁噪声逐步降低,但当斜刃角达到 3°以后,角度再增大声级反而回升,当斜刃角达到 6°时工件开始翘曲变形,达到 7°时工件则完全报废。因此对于本次冲压的 0.3 mm 不锈钢板坯件,3°的斜刃角降噪效果最好,达到 6 dB(A)的降噪量,且工件精度不受影响。图 11-18 为斜刃角与降噪量的关系曲线。

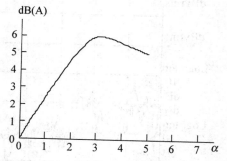

图 11-18　凸模斜刃角与降噪量的关系曲线

　　③ 总体降噪效果

　　作者所在课题组通过对 JC23-63 型开式可倾压力机采取多项噪声控制措施后,压力机负载运行噪声得到大幅度降低,图 11-19 和图 11-20 分别为

规定位　　A Marker　　X:600 Hz　　　　　　　　Y:-23.167 dBvrms
　　　　　B Marker　　X:608 Hz　　　　　　　　Y:-38.759 dBvrms

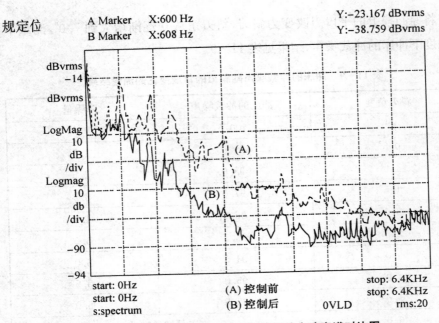

start: 0Hz　　　　　　　　　　　　　　　　stop: 6.4KHz
start: 0Hz　　　　　　(A) 控制前　　　　　stop: 6.4KHz
s:spectrum　　　　　　(B) 控制后　　0VLD　　rms:20

图 11-19　规定位置噪声控制前后的声功率谱对比图

　　　A Marker　　X:640 Hz　　　　　　　　Y:-32.487 dBvrms
　　　B Marker　　X:576 Hz　　　　　　　　Y:-41.572 dBvrms

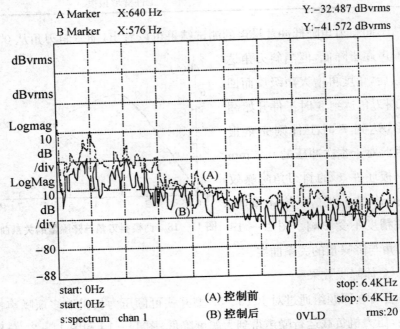

start: 0Hz　　　　　　　　　　　　　　　　stop: 6.4KHz
start: 0Hz　　　　　　(A) 控制前　　　　　stop: 6.4KHz
s:spectrum　chan 1　　(B) 控制后　　0VLD　　rms:20

图 11-20　工人操作位置控制前后声功率谱对比图

和工人操作位置冲床噪声源降噪工程实施前后的声功率谱对比图，两个测点的 A 声级分别降低了 13.0 dB(A)和 5 dB(A)，脉冲声级分别降低了 13.0 dB(A)和 7 dB(A)。

（2）某电机厂冲压车间噪声治理

① 概况

某电机厂位于南京市白下区，与南京市某中学教学区仅相隔一条 8 m 宽的巷道（图 11 - 21），当工厂冲压车间正常工作时，冲床噪声严重影响周围和学校的声环境质量。

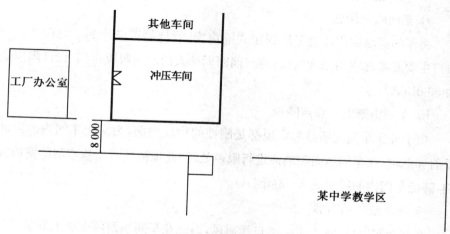

图 11 - 21　冲压车间与学校位置关系图

② 噪声源及主要传播途径

电机厂冲压车间面积约 200 m²，车间内布置了 40 t、60 t、80 t 等不同吨位的冲床二十余台。当冲压车间正常工作时，车间内的声级达到 90～105 dB(A)，大冲床冲裁时的峰值噪声级更是超过 100 dB(A)，而与车间相邻的三中教学区北大门环境噪声达 78 dB(A)，严重影响了周围的声环境质量和学校的教学工作。冲床振动影响到车间西侧的两层办公楼及其他相邻建筑，在建筑物内肉眼可见地板和办公桌振动，并不断听到"咚咚"的冲压噪声。

冲压车间厂房是一层建筑，车间东、北两面均为砖墙，没有门窗，南墙西半边有推拉窗提供车间内通风和采光，西面有一道 6 m² 的大门，可让工人和设备进出。车间生产噪声可以通过空气传播到室外环境中,主要传声通道为南面的窗户和西侧的大门;也可以通过砖墙和屋面透射到周围环境中。由于二十余台冲床都是直接安装于混凝土地面上,冲床工作时的振动无疑会传递到地面上,并进一步传播到整个厂房及相邻的办公楼和生产车间,建筑物表面振动又向空气中辐射建筑结构噪声,使整个冲压车间成了一个巨大的噪声污染源。

③ 噪声防治方案

a. 空气噪声控制

a) 车间隔声措施

将车间南墙窗户改为三层固定式隔声窗,设计隔声量达到 35 dB(A),该窗户主要是考虑室内采光需要;将车间西面的大门改为吸隔声门,设计隔声量为 30 dB(A)。

b) 车间内壁面的吸声降噪

由于冲压车间的墙体和屋顶都是刚性的声反射面,为防止车间内的声波反射和混响,在车间屋面和墙面进行吸声处理,此项措施可以基本消除室内混响,降低车间内的噪声级 5~8 dB(A)。

c) 通风散热消声器

车间封闭以后,室内失去了自然通风,因此在车间东西两面墙上安装 4 只通风消声器,其中两只带有进风风机的消声器安装在东墙的底部,两只没有风机的消声器安装在西墙的上部,采取增压排风的方法实现车间内的空气流通。消声器为阻性消声弯头,设计消声量 35 dB(A)。

针对冲压车间空气噪声的控制措施如图 11-22 所示。

d) 大冲床减振处理

本车间内共有二十余台冲床,40 t 以上的冲床振动较大,它们引起的地面振动更加明显,为降低建筑物的振动和结构噪声,对 10 台 40 t 以上的冲床采取的减振处理。具体做法是针对不同吨位的冲床配制混凝土基础块,基础块与基础之间垫 10 cm 的酚醛树脂玻璃纤维板,冲床与基础块之间加设 18 mm 厚的 WJ-60 橡胶减振垫,详见图 11-23。混凝土基础块可以降低冲

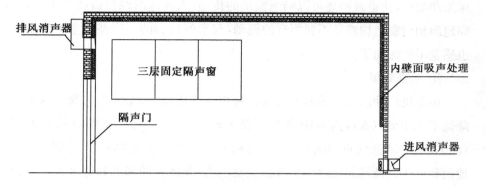

图 11 - 22　空气噪声的控制措施立面示意图

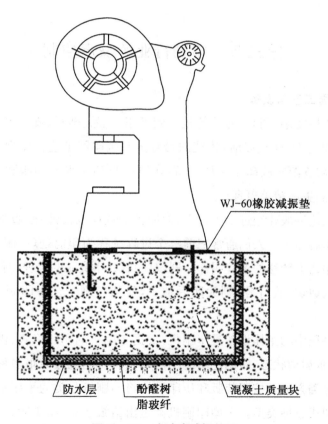

图 11 - 23　大冲床减振处理

床振动幅值,两道减振垫可以隔绝振动的传递,大冲床的减振措施完成后,车间地面和门窗上均感觉不到原有的振动,与车间毗邻的工厂办公室木地板上也感觉不到振动了。

④ 治理效果

该电机厂冲压车间采取上述综合噪声治理措施后,车间内的噪声级平均降低了 7.5 dB(A),南面距离车间仅 8 m 的校门口处环境噪声从原来的 78.0 dB(A)降低到 60 dB(A)以下,达到了 2 类声环境功能区白天标准;车间地面和厂房以及相邻建筑物原有的振动消失;车间内的采光和通风条件均得到改善,工人反映良好,学校、工厂及环保主管部门均感到满意。

第三节　印刷行业的噪声控制

1. 印刷工艺和设备

印刷是将文字、图画、照片等复制到纸张、织品、塑料、皮革等材料表面的技术。20 世纪 50 年代以前,传统的铅合金凸版印刷工艺在印刷业中占据统治地位,以后逐渐被胶印工艺所代替,印刷的自动化水平和印刷速度不断提高,印刷产品更加精美逼真。

印刷工艺一般要经过 5 个过程,即原稿的选择或设计、原版制作、印版晒制、印刷、印后加工。人们通常把前三个过程统称为印前处理,而把印版上的油墨向承印物上转移的过程叫作印刷,对印刷后半成品的处理(对印刷品进行干燥、冷却、剪切、装订等)则为印后加工,显然印刷工艺中印刷过程是最主要的。

印刷过程中的主体设备是印刷机,根据印刷机的印版形式、供纸方式、压印结构、印版运动状态、印刷色彩的不同可以将印刷机分为很多种类型,其中最常用的分类方法是按照装版和压印结构将印刷机分类为平压平式、圆压平式和圆压圆式三种类型。大型印刷机都是由给纸装置、印刷装置和收纸装置组成,其中给纸装置分为电动和气动两种给纸方式,均包括卷筒纸支承、上纸、接纸等；印刷装置包括印版和承印体的支承结构、转运和输墨（输水）系统，收纸装置则是对印好的半成品进行复卷或折页、收帖。总体而言印刷机结构较为复杂，其由多个驱动机械、传输系统、收集处理装置及辅助装置组合而成。

2. 印刷行业的主要噪声源及其传播途径

印刷行业的生产噪声主要来自印刷和印后加工过程中。印刷过程中的印刷机是由多个动力机械和传动系统组成，既有印版和承印体的运转，又有输纸、接纸、收纸动作，还有输墨辊轴向的串动，这些都需要动力机械的驱动，它们有的是电动机，有的是风机，这些都是动力噪声源。印后加工过程中有印刷后的烘干、冷却、裁剪、装订等。一般而言印刷机中的各种驱动电机噪声级随其功率增加而增大，大的驱动电机噪声级可达 85 dB(A)，压缩空气的噪声可达到 90 dB(A) 左右，印后加工中的烘干机、折叠机、剪切机、装订机等噪声级一般为 80～100 dB(A)。

印刷机的噪声不仅来源于动力噪声源，更重要的是各个传动系统零部件之间相互撞击引起振动，进而向周围辐射机械噪声。例如滚筒等旋转件的离心惯性力、递纸机往复运动产生的惯性力、轴承齿轮的啮合产生的冲击力等都会引起结构件之间的力传递而产生强迫振动。另外，各种力在传递过程中可能引起某些零部件的自激振动，并向空气中辐射结构噪声，使印刷机的运行噪声大大增强。可以说印刷机噪声水平和性能好坏在很大程度上取决于其受激振动引起的机械噪声大小，因此提高印刷机的加工精度、装配水平，努力减小力传递过程中的撞击是特别重要的。

图 11－24 是某国产单色印刷机不同部位噪声现状分析图，从中可以看出印刷机运行过程中收纸机部位的噪声最大，其次是驱动电机、传动齿轮等。如果印刷机是气动给纸，则压缩空气的空气动力噪声较为突出。

印刷噪声会通过空气向周围环境中传播，其振动也会通过基础在地面或建筑物中以固体声波传播，当固体声波传播到与空气接触的表面时，又再次向空气中辐射噪声，特别当传播固体声波的介质是轻薄结构件时，还会激发该结构件的固有振动，使结构噪声辐射的效率大大增强。

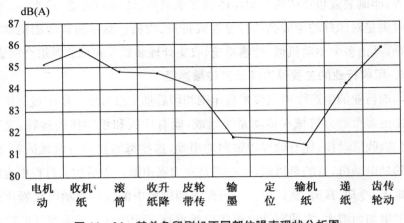

图 11-24 某单色印刷机不同部位噪声现状分析图

3. 印刷设备噪声控制措施

印刷行业的噪声治理首先要考虑降低设备噪声源强,由于印刷机存在多种传输系统,各系统结构件之间力的传递与配合不精确,运动零部件的惯性力等都可能产生撞击和机械噪声,特别是高速印刷时印刷机的机械噪声更加突出。控制印刷机的机械噪声应该努力提高印刷机的整体性能,减小各个运动部件惯性力的急速变化,减小零件之间的撞击力,提高零件的加工精度和装配水平,抑制各结构件的振动,降低机械噪声的辐射效率等,这些工作当然主要是印刷机制造商的责任。

作为一般的印刷企业,为防止工厂生产噪声对周围环境产生不利影响,在工厂建设初期就应该合理规划布局,将生产噪声大的工艺和设备远离敏感区域,以避免可能的噪声污染危害。另外根据拟采用生产设备运行噪声水平和可能的声传播途径,采取针对性的噪声控制工程措施。

(1) 空气声传播的控制

控制印刷车间空气声传播的最常用方法是采取隔声、吸声和消声等措施。对于车间外面的声环境质量或敏感保护目标,首先可以利用车间厂房进行隔声降噪,该方法首先要分析清楚空气声波的传播途径,找到厂房漏声或易于透声的地方,然后采取针对性的控制措施。例如一般印刷车间厂房的门窗是漏声的主要环节,可以采取隔声门、隔声窗措施,车间的通风散热口漏声可以加设消声器,隔声量不足的墙体可以改为厚重墙或双层墙,缝隙漏声可进行密封处理等。其次对车间内壁面作吸声处理,减小生产车间内的声波反射和混响。利用车间厂房隔绝空气噪声传播具有许多优点:第一是利用厂房隔声降噪效果显著,可以达到 20 至 50 dB(A)降噪量;第二是噪声控制的工程量相对较小,只要针对隔声薄弱的地方采取强化隔声措施即可,因而工程投资少;第三是降噪措施对车间内的生产工艺和设备很少负面影响。其不足之处是可能影响车间内的通风和采光,但这在工程中可以采取机械通风和透明隔声材料予以解决。

对于印刷车间内部有噪声防护要求的情况,可以对具体的高噪声设备加设隔声罩、半隔声罩或声屏障等,隔声构件一般由隔声板、吸声材料和支撑骨架组成。由于印刷机系统复杂、材料进出口多,隔声罩就需要预留相应的开口,会影响隔声罩的降噪效果,一般而言大型印刷机隔声罩的隔降噪效果达到 15 dB(A)就比较好了。图 11 - 25 是某轮转式印刷机加设隔声罩前后的噪声谱对比图,其总的声压级降低了 16 dB(A)。在印刷机上加设隔声罩时应当注意:第一,不能影响印刷机的纸张输入、输出,为防治纸张进出口的声泄漏,可以将进出口设计为消声通道;第二,不能影响机组维修保养,可在隔声罩的适当位置预留检修用的隔声门窗等;第三,不能影响机组的通风散热,应设计好

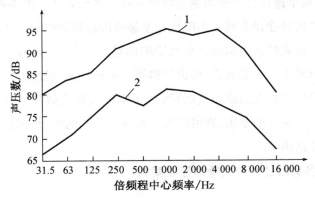

1—加隔声罩前;2—加隔声罩后

图 11 - 25　某轮转式印刷机加设隔声罩前后的噪声对比

隔声罩内的通风散热系统,并在通风口加设消声器。此外,为减小印刷车间内的声反射和混响,车间的内墙面和屋面可进行强吸声处理,此举可降低车间内的噪声 5 dB(A)左右。

(2) 固体声传播和结构噪声的控制

印刷机运行时的振动会通过机座传递到基础上,并进一步以固体声波的形式在建筑物中传播,当固体声波传播到与空气接触的表面时会向空气中辐射结构噪声。为防止建筑结构噪声的产生,应采取以隔振为主要手段的控制措施。

① 印刷机基础减振

由于印刷机部件之间的撞击和惯性力的突变,其运行时振动是不可避免的,而且振动频率较为丰富。为防止印刷机将振动传递到基础上,应当在机组安装时在机座和基础之间加设减振器。

根据印刷机的重量和振动频率选择合适的减振器,设计减振系统的频率应以振动源的基频为主。可以采用橡胶减振器、复合弹簧减振器、钢丝绳减振器、橡胶减振垫等。

② 固体声波和结构噪声的控制

对于有些印刷机在安装时未作减振处理,而生产过程中又不允许重新进行基础减振,此时可以根据具体情况在固体声波传播途径上采取相应的控制措施,例如将两个连接在一起的建筑结构分隔开来使固体声波不能传递,也可以在固体声波传播途径上插入力阻抗相差悬殊的材料使声波产生反射等。

对于已经形成建筑结构噪声负面影响的情况,可以采取抑制结构件振动来降低声辐射效率。一般而言,形成结构噪声的构件都是轻而薄的板材,可以将其更换为阻尼系数大的厚而重的板,或在原板表面敷贴阻尼材料。如果该板没有隔绝空气噪声的要求,则可以将平板改为空心的网板,通过减小声波辐射面积来降低结构噪声。

4. 某印务有限公司结构噪声控制案例

(1) 概况

某印务有限公司位于苏州市吴中区龙西路,是新华日报社在苏州印刷扬子晚报和现代快报的专业工厂。公司东厂界外是一个居民住宅小区,居民楼与公司主印刷车间不到 10 m。该印务有限公司为消除生产噪声对东侧居民小区的影响,曾先后委托三家环保工程公司对印刷车间的噪声进行治理,但仍然无法使东厂界外的环境噪声达标,最近居民楼外的环境噪声仍然达到 52.6~54.5 dB(A),超出 2 类区夜间环境噪声标准。

公司生产厂房是一栋长 45 m、宽 15 m、高 10 m 的二层混凝土建筑,主印刷车间位于生产厂房北段,长约 21 m,车间东墙上下层均各有 4 扇窗户。印刷车间一楼主要为卷纸机,二楼为印刷机及主控仪表。公司生产厂房东侧 8 m 为厂界围墙,厂房与围墙之间为一条机动车道,围墙外 1 m 多即为多层居民住宅楼。主生产车间与东厂界外居民楼平面位置关系见图 11 - 26。

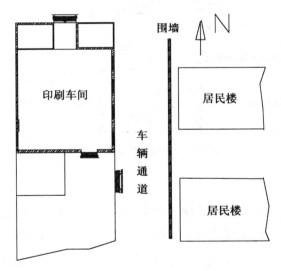

图 11 - 26 生产车间与东侧居民楼平面位置关系图

该印务有限公司多次噪声治理所采取的主要措施为:将印刷车间东侧上下两层窗户改成双层隔声窗,每层窗户均采用了中空双层玻璃,目的是防止车间内的噪声向外环境中传播;上层车间的内墙面上加铺吸声层,吸声材料为超细玻璃棉,以减小车间内的混响;在车间东侧新建一个轻钢龙骨大棚,隔绝公司生产厂房一楼噪声向居民区传播;在轻钢龙骨大棚上方的印刷车间东墙外

1.0 m 位置再加一道轻质吸隔声屏障,进一步隔绝从二楼印刷车间内透射出来的噪声。经过前期多次噪声治理后,印刷车间及其东侧立面示意图如图 11 - 27 所示。

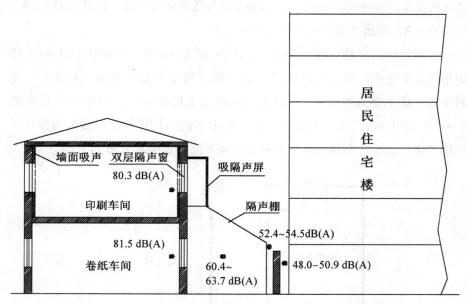

图 11 - 27 前三期噪声治理后生产车间与居民楼的立面示意图

（2）噪声污染分析

为探求公司东侧居民小区噪声污染原因,对该印务有限公司车间内的生产噪声、隔声大棚内、外噪声和居民区环境噪声进行了详细测量,不同测点的监测声级标示在图 11 - 27 中。对测量结果进行分析发现,车间内的噪声级与大棚内的噪声级相差不到 20 dB(A),考虑到大棚内壁面为刚性面存在混响,会使大棚内声级增加 5 dB(A)左右,则印刷车间厂房实际上的隔声量达到 25 dB(A)。但用双层隔声经验公式$[TL = 13\log(m_1 + m_2) + 14 + \Delta]$计算,一般双层隔声窗的隔声量应该达到 35 dB(A)左右,一般墙体的隔声量可以达到 50 dB(A),显然车间东墙和隔声窗没有达到其应有的降噪效果。

再分析隔声大棚的实际降噪效果:已知隔声大棚的隔声板为 1 mm 彩钢

板,按照轻质隔声公式计算 $\Delta L=13\log m+14=25$ dB(A)。但是从测量得到的大棚内外的声级可以看出,两者声级只相差 8~9 dB(A),大棚实际的降噪量比理论值小 15 dB(A)以上。如果进一步考虑混响使大棚内的声级增大,则大棚实际的隔声降噪效果仍然较小。

大棚的隔声量比计算值小 15 dB(A)以上,双层隔声窗的隔声量也比计算值小 15 dB(A)左右。分析其原因,首先考虑到是否因漏声导致隔声量下降。但现场通过观察隔声大棚的密闭性较好,隔声板均为 1 mm 彩钢板,彩钢板之间搭接良好,不存在隔声薄弱环节;隔声窗也安装很好,玻璃与窗框有工字密封条、窗框与墙体之间封闭严密,也不存在缝隙漏声问题。

进一步检查是否存在结构振动,使大棚向空气中辐射结构噪声。现场观察隔声大棚的横梁是直接搭接在印刷车间的东墙上,当印刷机工作时其振动可通过楼板传播到东墙上,并进一步通过搭接点传播到大棚的横梁和彩钢板上。因为大棚彩钢板是轻质结构,阻尼系数小,一旦受到振动很容易产生弯曲振动,并向空气中辐射结构噪声。为证明这一点,爬上棚顶将手触摸在大棚隔声板上,明显感觉到彩钢板存在振动,且越靠近印刷车间,彩钢板的振动越强烈。该振动必然向大棚内、外辐射结构噪声。由于大棚彩钢板的结构噪声造成大棚内外的噪声级增大,使得前期的降噪工程不能达到预期的治理效果。

(3)控制措施

为消除大棚振动产生的结构噪声,可以从源头进行治理,对印刷设备进行隔振处理,但是印务有限公司认为印刷设备是高精度的加工机械,不能在其基础下方加设减振器。考虑到大棚辐射结构噪声是因为车间东墙的振动传递到了大棚上,因此提出将隔声大棚的钢结构及轻钢屋面与生产厂房完全分隔开。具体做法在距离车间东墙 0.5 m 处设四根 360×180×12 的工字钢立柱,支承现在的隔声大棚横梁,并用型钢斜拉稳固,立柱下方采取钢筋混凝土基础。立柱承重以后将原来的横梁及屋面与墙体分离,彻底隔断生产厂房的向大棚传递通道振动。为保证大棚屋面的密封性能,用柔软橡胶密封条将墙体与屋面连接起来,详见图 11-8。

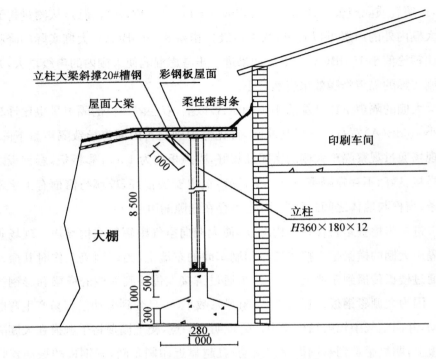

图 11-28 隔声大棚的隔振处理示图

（4）效果

采取上述噪声治理措施后，对隔声大棚内外和居民楼外的噪声进行了监测，结果见表 11-10 所示。结果表明工厂正常生产时，厂界东侧居民区环境噪声降低了 6.7 dB(A)，达到了 1 类声功能区夜间标准，印务公司和居民均十分满意。

表 11-10 印刷厂生产噪声治理效果[dB(A)]

测点	治理前	治理后	平均降噪量
大棚内	60.4～63.7	55.6～57.0	5.8
大棚外	52.4～54.5	46.5～48.0	6.2
小区围墙上方	48.0～50.9	40.5～45.0	6.7

参考文献

1. 程建春. 声学原理. 北京:科学出版社,2012

2. 杜功焕等. 声学基础. 第二版. 南京:南京大学出版社,2001

3. 赵松龄. 噪声的降低和隔离(上、下册). 上海:同济大学出版社,1985

4. B. A. 奥尔特. 固体中的声场和波. 孙承平译. 北京:科学出版社,1982

5. 马大猷等. 噪声和振动控制工程手册. 北京:机械工业出版社,2002

6. 明瑞森. 声强技术. 杭州:浙江大学出版社,1995

7. 何琳等. 声学理论与工程应用. 北京:科学出版社,2006

8. D. A. 比斯等. 工程噪声控制:理论与实践. 邱小军等译. 北京:科学出版社,2013

9. 孙广荣,吴启学. 环境声学基础. 南京:南京大学出版社,1995

10. 孙万钢. 建筑声学设计. 北京:中国建筑工业出版社,1979

11. 马大猷等. 声学手册. 北京:科学出版社,1983

12. 孙家麒等. 振动的危害和控制技术. 石家庄:河北科学技术出版社,1991

13. 方丹群等. 噪声控制工程学. 北京:科学出版社,2013

14. 孙家麒等. 城市轨道交通振动和噪声控制简明手册. 北京:中国科学技术出版社,2002

15. 中华人民共和国城乡建设环境保护部. GB 50118—2010 民用建筑隔声设计规范. 北京:中国标准出版社,2010

16. 盛美萍等. 噪声和振动控制技术基础. 北京:科学出版社,2007

17. Mechanical Vibration and Shock Measurement Brüel&Kjær

18. Noise Control Principles and Practice Brüel&Kjær

19. 项端祈. 实用建筑声学. 北京：中国建筑工业出版社，1992

20. 冯瑀正. 轻结构隔声原理与应用技术. 北京：科学出版社，1987

21. 杨玉致. 机械噪声控制技术. 北京：中国农业机械出版社，1983

22. 方丹群. 噪声的危害及防治. 北京：中国建筑工业出版社，1980

23. 沈保罗. 柴油发电机组和冷却塔噪声治理技术. 汕头：汕头大学出版社，1996

24. 陈绎勤. 噪声与振动的控制. 北京：中国铁道出版社，1981

25. 张建寿等. 机械和液压噪声及其控制. 上海：上海科学技术出版社，1987

26. 李允武等. 声音. 北京：科学出版社，1981

27. N.Г.舒波夫. 电机的噪声和振动. 沈官秋译. 北京：机械工业出版社，1980

28. 任文堂等. 交通噪声及其控制. 北京：人民交通出版社，1984

29. 嵇正毓. 电梯结构噪声分析和控制. 污染防治技术，2011，24（2）：57-61

30. 嵇正毓. 橡树林居民小区变压器结构噪声的控制. 四川环境，2015，34（1）：167-170

31. 嵇正毓. 固体声在建筑物内的衰减、反射和透射. 污染防治技术，201124（3）：1-5

32. 丁子佳等. 电梯噪声分析与控制. 噪声与振动控制，20056：57-59

33. 余林等. 无机房电梯噪声分析与改进. 中国电梯，2008，19（5）

34. 孙亚飞等. 应用黏弹阻尼材料的飞机座舱振动噪声控制实验研究. 机械科学与技术，2003，3

35. 淳庆等. 减振沟在强夯施工时的减振效果研究. 振动与冲击，2010，29（6）

36. 吴熊勋等. 环境振动学概论. 江苏省环境科学学会噪声和振动专业委

员会,1983

37. 卢庆普.两个典型室内声环境质量问题个案分析.全国环境声学学术会议报告,2009